'金丝'苔草、橘红苔草、'花叶'蒲苇（袁小环 摄）

画眉草、蓝羊茅、金发苔草（张秀新 摄）

木贼、'花叶'芦竹（袁小环　摄）

'卡尔'拂子茅（张秀新　摄）

'紫叶'狼尾草、'金酒吧'芒、'花叶'芒
（袁小环　摄）

蒲苇的花序是水景园无可争议的焦点（袁小环 摄）

紫穗狼尾草（张秀新 摄）

石菖蒲（秦霞 摄）

'细叶'芒冬景（袁小环　摄）

粗放管理的观赏草圃秋景（袁小环　摄）

香蒲秋景（张秀新　摄）

高等院校草业科学专业"十二五"规划教材

观赏草资源学

杨春华　张　建　张　璐　主编

中国林业出版社

内容简介

《观赏草资源学》一书较系统地阐述了观赏草的观赏性及其应用。内容包括观赏草的生物学、生态学特性及分类，生长发育规律及繁殖，观赏草资源的开发、评价与利用，观赏草的景观应用及配置等，并详细介绍了一些国内外常见观赏草的形态特征、产地与习性、繁殖与栽培，以及在园林中的观赏价值与应用。

本书可作为草业科学、草坪管理、园林、园艺、花卉、城乡规划、环境科学、水土保持与荒漠化防治专业本科生教材，也可作为环境保护、资源管理、旅游管理、生态学方面从事人员的参考书。

图书在版编目 (CIP) 数据

观赏草资源学 / 杨春华，张建，张璐主编 . —北京：中国林业出版社，2015.3
高等院校草业科学专业"十二五"规划教材
ISBN 978-7-5038-7909-8

Ⅰ . ①观…　Ⅱ . ①杨…　②张…③张…　Ⅲ . ①草本植物 – 观赏园艺 – 高等学校 – 教材
Ⅳ . ①S68

中国版本图书馆 CIP 数据核字 (2015) 第 048409 号

中国林业出版社·教育出版分社

策　划：肖基浒		责任编辑：肖基浒　高兴荣	
电　话：(010)83143555		传　真：(010)83143516	

出版发行　中国林业出版社 (100009　北京市西城区德内大街刘海胡同 7 号)
　　　　　E-mail：jiaocaipublic@163.com　电话：(010)83143500
　　　　　http：//lycb. forestry. gov. cn
经　销　新华书店
印　刷　北京市昌平百善印刷厂
版　次　2015 年 5 月第 1 版
印　次　2015 年 5 月第 1 次印刷
开　本　850mm×1168mm　1/16
印　张　13.25　　插页　4
字　数　320 千字
定　价　32.00 元

《观赏草资源学》编写人员

主　　编　杨春华　张　建　张　璐

编写人员(以姓氏笔画排序)

方强恩(甘肃农业大学)

刘明秀(西南大学)

刘　琳(四川农业大学)

杨春华(四川农业大学)

杨　烈(安徽农业大学)

张　建(四川农业大学)

张　璐(东北农业大学)

赵　波(沈阳农业大学)

姜　华(云南农业大学)

郭玉霞(河南农业大学)

蒋文君(湖南农业大学)

主　　审

袁小环(北京市农林科学院)

前　言

随着草坪科学的发展，草坪学从草业科学的一门课程逐渐升级成为独立的专业，但目前相关的课程体系建设尚不完备。伴随着近年来我国草坪业发展，观赏草作为草坪的陪衬、装饰，也得到迅猛发展。观赏草是一类株型优美、色彩丰富、观赏价值高的草本植物。由于观赏草具有实用性广、管护成本低、形态多姿多彩等特点，应用范围逐渐扩大，种类数量增加而备受国内外植物造景应用关注。观赏草有狭义和广义之分，狭义的观赏草是指外形优美、具有观赏价值而可以应用于绿地的禾本科草本植物；广义的观赏草除禾本科草本植物外，还包括其他单子叶植物，如莎草科、灯心草科、香蒲科、花蔺科、天南星科菖蒲属、百合科具有同样观赏价值的植物，此外还包括木贼科植物。

观赏草资源学是一门以观赏草为对象，研究其分类、习性、分布与产地、繁殖与栽培以及应用等理论和技术的综合学科。因此，观赏草资源学作为草坪科学课程体系的重要组成部分，已变得愈来愈重要。但国内尚无正式教材出版，这也影响着人才培养方案的实施，制约着学科的发展，中国林业出版社组织编写"十二五"教材，是对国内同类教材的空白的填补。

本书共7章，包括总论（1~5章）和各论（6~7章）两部分内容。总论内容涉及观赏草的生物学特性及分类、观赏草生长发育规律及繁殖、观赏草的生态学特性、观赏草的应用、观赏草的配置，常见观赏草的形态特征、产地与习性、繁殖与栽培、观赏价值与园林价值、观赏草资源的开发与应用等。各论详细介绍了常见观赏植物品种的分类方法、识别要点和观赏特性。本书主要是草业科学、草坪管理专业的教材，也可作为园林、园艺、花卉、城乡规划、环境科学专业的高等学校参考教科书，还可以作为环保、资源管理、旅游、生态工作者的参考书。

本书由四川农业大学草业科学系杨春华、张建和东北农业大学张璐担任主编，参编的有甘肃农业大学方强恩、河南农业大学郭玉霞、云南农业大学姜华、湖南农业大学蒋文君、西南大学刘明秀、四川农业大学刘琳、安徽农业大学杨烈、沈阳农业大学赵波。本书的统稿由杨春华、张建和张璐完成。具体编写分工为：绪论、第4章（杨春华），第1章（方强恩），第2、5章（杨烈），第3章（张建），第6章（方强恩、蒋文君、刘琳、刘明秀、张璐、赵波、郭玉霞、杨春华、杨烈、姜华），第7章（张璐、赵波、郭玉霞、方强恩、姜华）。

非常感谢全体参编人员给予本书的结构和文字所提出的宝贵建议，使本书编写质量得到提高。本书在编写过程中参考和引用了国内外很多书籍和网站的相关内容，部分图片素材和一些具体实例也来源于网络和相关书籍，限于篇幅，无法一一列举，在此一并致以诚挚的感谢。感谢蒋新民、唐智松、何凌菲、舒思敏、刘晓波、澹台国银、陈灵鸳等对本书录入排版的大力支持和辛勤付出。由于时间紧促、学识有限，书中难免存在不足和疏漏之处，恳请广大读者见谅，并将意见和建议反馈给我们，力求在后续版本中不断臻于完善。

编　者

2015年1月

目 录

绪　论

0.1　观赏草的概念

目前国内外对观赏草的定义还没有完全统一。观赏草是形态美丽、色彩丰富的草本观赏植物的统称，在欧美园艺界人们称之为 Ornamental grass。观赏草类植物是个相当庞大的族群，其观赏价值通常表现在形态、颜色、质地等许多方面。观赏草最初专指特定的科属植物，即禾本科中一些具有观赏价值的植物。如今，除园林景观中具有观赏价值的禾本科植物外，莎草科、灯心草科、香蒲科以及天南星科菖蒲属一些具观赏特性的植物都在观赏草之列。

观赏草茎干姿态优美，单株分蘖密集，多呈丛状，也有瀑布、火焰状。叶多呈线形或线状披针形，具平行脉；叶色多彩，除了常见的绿色外，还有醒目的翠蓝色、白色、金色甚至红色，有些种类具斑纹，绿色间有黄色或乳白色、红色等条纹。一般花小，花序形态多姿，有聚伞花序、圆锥花序、头状花序等，花序下常密生柔毛，形似羽毛、云团状，有绿、金黄、红棕、银白等各种颜色，五彩斑斓。有的种类叶色、花色还会随季节而变化。

0.2　国内外观赏草资源

国内外观赏草资源丰富，种类繁多，根据经典分类归属主要包括禾本科(Poaceae)、莎草科(Cyperaceae)、灯心草科(Juncaceae)、香蒲科(Typhaceae)、木贼科(Equisetaceae)、花蔺科(Butomaceae)和天南星科(Araceae)菖蒲属(*Acorus*)植物。已发现且应用广泛的观赏草大部分属于禾本科，其次是莎草科，灯心草科仅两个属的植物多用作观赏草，即灯心草属(*Juncus*)和地杨梅属(*Luzula*)。

目前，国内外已开发利用的观赏草资源仅仅是整个植物王国的冰山一角，还有很大一部分有待我们去开发搜集、研究利用。据研究，国外的观赏草种类已有400多种，而国内目前只有几十种。

我国北京、上海、青岛、西安等地从国外引进了大量观赏草草种，北京、上海、大庆、重庆等地同时还对本地观赏草资源开展了调查、收集和鉴定利用的研究。

0.3　观赏草栽培历史

国外观赏草栽培历史较长。欧洲早在文艺复兴时期，就已开始在庭院种植观赏草。15世纪后期，宽叶的草花和细叶的观赏草之间相映成趣，自然而优雅，常作为画家笔下的尤物。20世纪中叶，由于受到草坪草的流行冲击，观赏草暂时被大众所忽视，但逐渐随着园林节水、低养护管理的要求，20世纪70年代，观赏草重新出现在人们的视野中。20世纪八九十年代，观赏草在国外呈现惊人的发展速度。目前，观赏草在美国、英国、澳大利亚等国已得到了广泛的栽培应用，其搭配内容、景观配置方式也愈来愈丰富，甚至在许多城市的街道绿化工程中，观赏草也是首选绿化草种。

国内对观赏草的研究和栽培利用是近几年才兴起的。由于观赏草大多原为野草，与我国传统的审美观点有一定的差异，国内很多人甚至包括行业从业人员对观赏草了解不多，不为大多数人接受，应用范围也比较狭窄。观赏草在园林应用方面的研究报道不多，观赏草资源研究、开发及生产现状还滞后于园林建设的迫切需求，表现为园林中应用的观赏草种类偏少，应用形式、配置手法单一，从业人员对观赏草的概念理解模糊，盲目地运用观赏草造景，对各类观赏草生长习性的了解及观赏效果所持的鉴赏力具有局限性，未能充分发挥出观赏草应有的景观价值和生态效益。

观赏草最早是在20世纪90年代中后期引入国内试种并进行商业栽培应用。2000年，上海市园林局设立了"观赏草引种示范研究"课题；2003年，北京市科委设立了"多年生观赏草资源搜集、筛选、扩繁和应用技术"专题，使观赏草在的研究和推广正式在北京得到迅速发展起来；2008年，北京奥运会鸟巢周边种植了大量矢羽芒，使观众对观赏草有了进一步的了解。但总体而言，观赏草在我国仍处于起步阶段，科研课题少，研究基础薄弱，商业化生产规模较小，各项质量标准还没有进行统一规范。

尽管观赏草栽培历史在国内较短，但随着返璞归真、田园野趣逐渐成为现代都市人群的时尚追求，只要国内园林景观设计师和施工人员对观赏草的种类、适应性、配置、种植要领充分领会，观赏草终将大放异彩。

0.4   观赏草栽培的意义

观赏草种类繁多，且繁殖容易、养护管理相对简单，适应各种不同的城市绿地环境条件。同时，在构建节约型园林中，观赏草也将发挥着重要的作用。一旦观赏草大面积的在园林中应用，将大大降低目前绿地的养护成本，减轻绿地用水对城市水资源的压力。

观赏草在园林造景中有着不可低估的作用，不仅能丰富城市园林绿化的植物材料，增加城市园林绿化景观配置的多样性与特色，提升城市园林绿化的水平，而且能给人们以田园式风光的自然美感的享受，具有其他园林植物不可比拟的优越性。目前，观赏草已成为欧美国家景观建设中的新宠。近几年来，北京、上海、杭州等地开始将观赏草应用于城市绿化建设，体现了园林绿化植物的物种丰富性和景观多样性，并在园林景观造景中发挥了重要作用。

0.5   观赏草资源学的学习目的、任务和方法

学习观赏草资源学的目的和任务主要包括两个方面：一是了解观赏草的种类、观赏特性、栽培适应性，掌握景观配置方式及其建植养护基本技能；二是激发学生对美的感悟。观赏草本是野草，但由于它们具有顽强的生命力和自然的美感，人们匠心独具，将其应用在园林景观上，使杂乱的野草一夜之间成为了大众的追捧喜爱。通过本书的学习，使学生了解自

然、崇尚自然、呵护自然，并为建造美丽中国、园林城市作出不懈的努力。

学习观赏草资源需结合园林花卉学、树木学以及草坪学进行有机地学习，将园林景观这几条主线串起来，相通的地方进行举一反三，做到触类旁通。同时课堂学习要紧密结合实际操作和一定的教学实习，将书本上的知识转变成握在手上的实战经验。

第1章

观赏草的概念与生物学特性

1.1 观赏草的概念

观赏草是具有观赏价值的单子叶多年生草本植物的统称，形态美丽，色彩丰富，已成为一些国家园林绿化的新宠。

(a)

(b)

(c)

(d)

图1-1　观赏草植物的形态

(a)禾本科观赏草 芨芨草(*Achnatherum splendens*)　(b)莎草科观赏草 苔草(*Carex tristachya*)

(c)灯心草科观赏草 尖锐灯心草(*Juncos acutus*)　(d)天南星科观赏草 石菖蒲(*Acoros gramineus*)

广义的观赏草包括真观赏草和类观赏草两大类，真观赏草特指禾本科中有观赏价值的种类，类观赏草则包括莎草科、灯心草科、帚灯草科、香蒲科、木贼科、花蔺科、天南星科菖蒲属和百合科山麦冬属、沿阶草属等有观赏价值的植物。这几个科形态结构非常相似，共性很多，例如：单株常分蘖密集呈丛状，茎呈秆状，叶常为线形或线状披针形，具平行脉等（图 1-1），因此在实践中很容易混淆。

1.2　观赏草的生物学特性

每个物种因适应不同生存环境，其根、茎、叶、花、果等器官均呈现出不同的变异，从描述植物学（Phytography）的角度来看，利用专门的术语可以准确地描述出这些形态差异，便于识别和区分植物。熟悉和掌握观赏草的主要形态术语，对观赏草的鉴定、品种选择应用、栽培与欣赏等至关重要。

观赏草和其他种子植物一样，是由根、茎、叶、花、果实和种子六种器官组成的。其中根、茎、叶具有吸收、制造、运输和贮藏营养物质等功能，称为营养器官（vegetative organ）；花、果实、种子具有繁衍后代延续种族的功能，称为繁殖器官（reproductive organ）。各器官间在生理上和结构上有着明显的差异，但彼此间又密切联系，相互协调，构成一个完整的植物体。

1.2.1　观赏草的根

观赏草的根系主要为须根系，其根变态主要有贮藏根、气生根和水生根三类。

（1）贮藏根

例如，萱草属（*Hemerocallis*）（图 1-2）阔叶山麦冬（*Liriope muscari*）（图 1-3）等观赏草属于贮藏根中的块根。

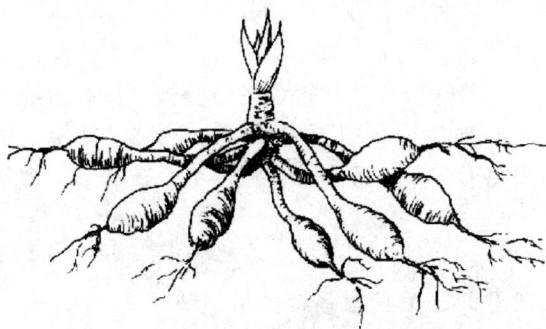

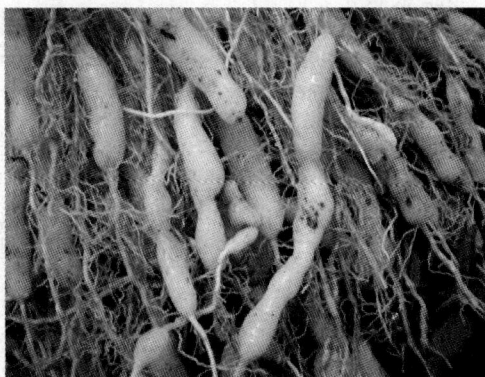

图 1-2　萱草属块根图　　　　图 1-3　阔叶山麦冬的肉质块根

（2）气生根

观赏草吊兰（*Chlorophytum comosum*）、石斛（*Dendrobium nobile*）等的根属于气生根。

（3）水生根

水禾（*Hygroryza aristata*）（图 1-4）、莎草、灯心草等植物生长在水中的根属于水生根。有些植物的根较易发生不定芽形成根蘖苗，利用这种特性可以进行分株或根插繁殖。生

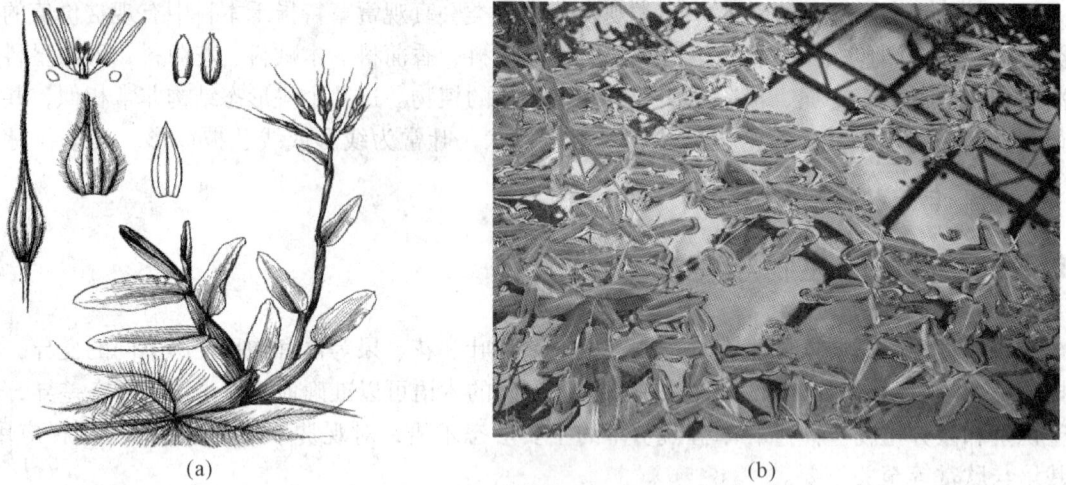

图1-4　水禾的水生根
（a）植物结构绘图　（b）在水中生长

产上很多观赏草采用分株繁殖，如发草（*Deschampsia cespitosa*）、拂子茅（*Calamagrostis epigeios*）、芨芨草（*Achnatherum calamagrostis*）、宽叶香蒲（*Typha latifolia*）等。

1.2.2　观赏草的茎

有些观赏草的茎在形态上发生变化，如禾本科、木贼科植物的茎中空，莎草科植物的茎多为三棱形（图1-5）。茎上着生有叶和芽，与根在外形上有明显的区别。禾本科观赏草的地上茎特称为"秆"（culm），节非常明显，稍突起，节间中空，节部有居间分生组织，其生长分化使节间伸长。不同植物的节间长短不一，莎草科、灯心草科、香蒲科、花蔺科、天南星科、百合科观赏草的茎常短缩，节间不明显，叶如同从根上生出，称基生叶。

观赏草茎的分枝方式主要有合轴分枝（sympodial branching）和分蘖（tiller，tillow）两大类。前者如鸢尾科植物根状茎和花序轴的分枝；后者主要是禾本科植物的分枝。

1.2.2.1　禾本科观赏草的分蘖

禾本科植物的分枝与一般植物不同，地上茎的节间较长，却很少发生分枝，只有植物地下茎的部分才产生分枝。这种从地下的茎节向地上产生分枝（向下产生不定根）的特性，称为分蘖。分蘖是禾本科观赏草进行无性繁殖的主要形式。一般划分为根茎型、疏丛型、密丛型、根茎疏丛型和匍匐茎型五类。

（1）根茎型

绝大多数观赏草属于根茎型。根茎有较长的寿命，个别根茎寿命可达20~25年。禾本科植物的根茎保持生活状态不超过2~3年，莎草科苔草属如原柱苔草（*Carex hyperborea*）达10~15年，百合科的多花黄精（*Polygonatum cyrtonema*）达16~18年。根茎型观赏禾草要求疏松而有结构的土壤，主要有无芒雀麦（*Bromus inermis*）、赖草（*Leymus secalinus*）、拂子茅（*Calamagrostis epigeios*）等。根茎型莎草科观赏草有寸草苔（*Carex duriuscula*）、黑穗苔草（*C. atrata*）等。

（2）疏丛型

疏丛型草类由于分蘖节接近地表，对通气要求不甚严格，但对水分要求较高，因此抗旱

图 1-5　观赏草茎的形态多样

(a) *Achnatherum calamagrostis* 的秆叶　　(b) *Carex appressa* 的茎为三棱形

(c) 灯心草的茎实心　　　　　　　　　　(d) 灯心草可用来编织农具和工艺品

性差。属于此类的观赏草有鸭茅（*Dactylis glomerata*）、多年生黑麦草（*Perennial ryegrass*）及莎草科莎草属的一些植物。

（3）密丛型

密丛草类是一类抗旱、抗寒、株丛低矮的植物，这类草适于作草坪草。

（4）根茎疏丛型

根茎疏丛型草是由短根茎把许多疏丛型株丛紧密地联系在一起，形成稠密的网状，如草地早熟禾（*Poa pratensis*）、莎草科的卵穗细嵩草（*Kobresia schoenoides*）、苔草属（*Carex*）植物及披碱草属中的一些种，如肥披碱草（*Elymus excelsus*）等。这类草能形成平坦而有弹性和不易破裂的生草土，因此大多数也是优良的草坪草。

（5）匍匐茎型

根据株丛内枝条性质和植株高度将禾本科草划分为上繁草和下繁草。下繁草植株矮小，多由仅具叶而无茎的短营养枝组成，叶主要从基部长出，株丛内多由短营养枝组成，如草地早熟禾等，多作草坪草。上繁草一般株丛较高，有较高的茎，叶均分布在茎上，是作观赏草的优良材料。

1.2.2.2　观赏草茎的基本类型、变态

观赏草的茎复杂多样，但按其生长习性分为以下几种基本类型：直立茎(erect stem)，如芦竹(*Arundo donax*)等；斜倚茎(decumbent stem)；平卧茎(prostrate stem)，如地锦(*Parthenocisus tricuspidata*)等；匍匐茎(repent stem)，如吊兰、细叶沿阶草(*Ophiopogon japonicus*)等；攀缘茎(scandent stem)，如嘉兰属(*Gloriosa*)、菝葜属(*Smilax*)植物等。

有些植物的茎为了适应不同的环境，执行特殊的生理功能，发生了形态结构上的异常改变，构成茎的形态多样性。地上茎的变态类型较多，常见的有肉质茎、茎卷须、茎刺等。观赏草的地上茎变态主要是天门冬属(*Asparagus*)植物的叶状茎(phylloclade)，其叶完全退化或不发达(鳞叶)，茎变为扁平、绿色的叶状体(图1-6)，代叶进行光合作用。

图1-6　天门冬属植物的叶状茎

一些植物的茎、枝生于地下，常变态为肉质的贮藏器官或营养繁殖器官。常见有以下类型：①块茎(tuber)，如莎草科油莎草(*Cyperus esculentus*)；②鳞茎(bulb)，如洋葱(*Allium cepa*)、大蒜(*A. sativum*)；③球茎(corm)，如唐菖蒲(*Gladiolus hybrids*)、荸荠(*Eleocharis dulcis*)和慈姑(*Sagittaria sagittifolia*)；④根状茎(rhizome)，如莲、鸢尾等。很多观赏草有根状茎，而且形态差异很大(图1-7)。

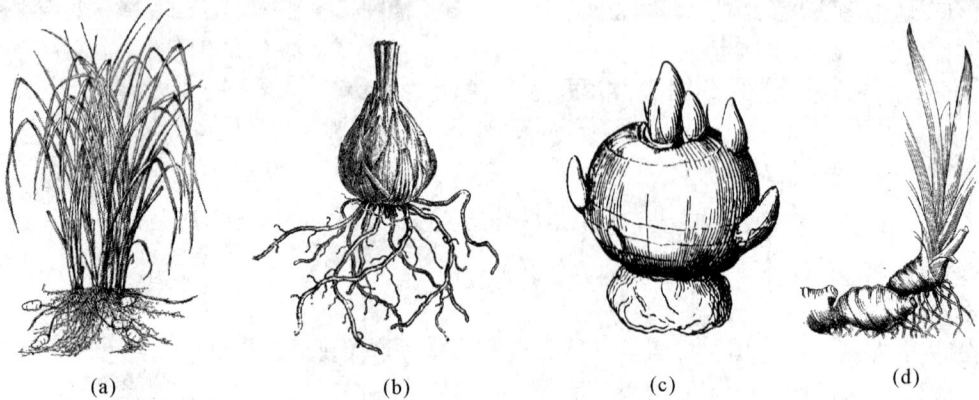

(a)　　　　(b)　　　　(c)　　　　(d)

图1-7　观赏草地下茎的变态
(a)油莎草的块茎　(b)百合属的鳞茎　(c)番红花属的球茎　(d)鸢尾属的根状茎

1.2.2.3　观赏草的株高

观赏草的高度有很大差别，矮的仅有几厘米，高的达6m多。对于同一种观赏草来说，在一个生长季节中的高度也可能有不同的变化，例如，有的观赏草出花前只有30cm，出花后接近5m。在园林应用中，高度通常是选择观赏草需要考虑的主要因素，例如，1.2~1.8m高的大针茅(*Stipa gigantea*)等，其观赏效果就格外突出，尤其在室外，阳光和微风能充分展示其娇嫩的花序和羽状果穗。芦竹具有更大的视觉冲击力，其宽大的羽状叶能延伸到3~6m高的任何地方。

观赏草按株高一般分为三类：

（1）大型观赏草

体型高大的观赏草（株高 1.8～4.5m），如芦竹、蒲苇等，可创造出一种具有良好视觉效果、富于变化的轮廓线，作花境背景材料效果较好，也可用于确定边界、营造空间、隐藏不雅景观、为户外休憩或就餐创造隐蔽环境。草类一般比传统的绿篱生长、成型更迅速。暖季型草，如巨芒草，短短一个生长季就可达 3m 以上。在冬天寒冷地区，观赏草也可作为灌木的理想替代品，因为冰雪的堆积不会对它们造成永久性的损害，绿篱则不然。作为屏障和边界，观赏草比树篱更具另一独特的优势，当它们在风中摇曳，发出的沙沙声能有效消除交通和附近的噪声，同时也可营造出屏障的效果，即便只是种上窄窄的一排。观赏草没有灌木那样密集繁茂的枝叶，不会给人及动物的通行带来不便。但如果要用作天然屏障，芒属植物和蒲苇都有很锋利的叶片，可以非常有效地遏制人们穿越。类似的植物还有须芒草属（*Andropogon*）的大须芒草（*A. gerardii*），芦竹属的芦竹（*Arundo donax*），拂子茅属的羽毛芦苇草（*Calamagrostis acutiflora*），蒲苇属（*Cortaderia*）的 *C. richardii*、蒲苇（*C. selloana*），芒属的巨芒草、芒、高山芒，麦氏草属（*Molinia*）的天蓝沼湿草（*M. caerulea*）的品种'Skyracer'、'Windspiel'，甘蔗属（*Saccharum*）的 *S. contortum*、*S. ravennae*，高粱属（*Sorghum*）的黄假高粱（*S. nutans*）。

（2）中型观赏草

中等规格的观赏草，株高一般在 0.6～1.8m，如荻（*Miscanthus sacchariflorus*）、柳枝稷（*Panicum virgatum*）等，可群植，或与春季球根花卉配置，可创造优美的早春景观。这类观赏草占多数。

（3）小型观赏草

低矮的观赏草，株高＜0.6m，如狼尾草、羊茅等，是灌木林很好的镶边地被植物种类，与常绿地被相互补充，相得益彰。低矮草也可作为草坪的替代品，与生长缓慢的球根植物和多年生植物配置营造出一个小型的草场。要想达到草坪般效果，最好采用成熟时不超过30cm 高的观赏草，高仅 15cm 的观赏草可以形成草皮一样的效果。当考虑用观赏草取代草坪时，需要注意的是，大部分的观赏草无法承受草坪草可忍受的践踏程度。一般而言，观赏草不适合应用在儿童游乐区或一周至少要走好几次的场地，除非通过添加踏脚石或其他一些手段供人们穿过种植区。这类植物有：石菖蒲（*Acorus gramineus*），野牛草，蓝羊茅（*Festuca idahoensis*）、*F. amethystine*，地杨梅，沿阶草属（*Ophiopogon*）的麦冬（*O. japonicus*）、黑沿阶草（*O. planiscapus*），山麦冬属（*Liriope*）的疏花山麦冬（*L. muscari*）、山麦冬（*L. spicata*），天蓝草属（*Molinia*）的秋禾草（*M. autumnalis*）、天蓝沼湿草（*M. caerulea*），草原鼠尾粟（*Sporobolus heterolepis*），细茎针茅（*Stipa tenuissima*），苔草属（*Carex*）的雪线苔草（*C. conica* 'Snowline'）、柔弱苔草（*C. flacca*）、*C. morrowii*、*C. pensylvanica*、*C. woodii* 等。

观赏草的茎（秆）绝大多数为绿色，但也有部分植物的茎秆具有鲜艳色彩。

1.2.3　观赏草的叶

常见观赏草的叶片都是单叶，与一般植物的叶不同，叶片多呈线形或线状披针形，常无典型的叶柄，具叶鞘等特殊结构，其中以禾本科观赏草的叶最为特殊。禾本科植物的叶子排成两行二列的（distichous）或者 1/2 叶序（phyllotaxy），所以第三片叶子在第一片叶子上。莎

图1-8 叶 序

(a) 花叶芦竹 *Arundo donax var. versciolor* 'Variegata' (b) 成二列排列的图形表述
(c) 香港珍珠茅 *Scleria radula* (d) 成三列排列的图形表述

草是三轮叶，三列的（tristichous）或者1/3叶序（phyllotaxy）（图1-8）。很多观赏草的叶只从基部发出，常呈莲座状，称为基生叶。例如，唐菖蒲、风信子等。

1. 2. 3. 1 叶色的多样性

多数观赏草的叶色为绿色，如大针茅（*Stipa gigantea*），也有紫、红、蓝、青、金黄、银灰等色，且各色中有深浅、混杂、镶色等变化。

（1）黄色

黄叶观赏草常见的有两类，一类叶全黄色，如疏花山麦冬（*Liriope muscari* 'PeeDee Ingot'），一类叶绿色，兼有黄色条纹，如金叶球穗草（*Hakonechloa macra* 'Auriola'）。选用黄叶观赏草能营造出令人激动的颜色组合。例如，仅通过组合2种观叶植物便可有效地反映从春季到秋季的反差特性。鲜黄色的草，如金叶知风草（*Hakonechloa macra* 'All Gold'）或金木粟，可与深绿色、粟色或近黑色叶子的植物搭配，形成简洁美观的对比效果。黄叶观赏草在阴凉、阳光充足的气候条件下生长良好；在夏季炎热地区，午后强烈的阳光可能导致其叶面褪色或变成褐色，所以全天有轻微遮阴或早上见光、下午遮阴的地方是比较理想的种植地，保持土壤湿润也能防止黄叶草被阳光灼伤。黄叶观赏草主要有：金叶矮石菖蒲（*Acorus gramineus* 'Minimus Aureus'）、发草（*Carex elata*）、无芒雀麦（*Bromus inermis* 'Skinner's Gold'）、金发蓝羊茅（*Festuca glauca* 'Golden Toupee'）、金叶知风草[图1-9（a）]、疏花山麦冬、金叶地杨梅（*Luzula sylvatica* 'Aurea'）、金木粟、金黄曲芒发草（*Deschampsia flexuosa* 'Aurea'）、金色箱根草（*Hakonechloa macra* 'Aureola'）、欧根石菖蒲（*Acorus gramineus* 'Ogon'）、草原看麦娘（*Alopecurus pratensis* 'Variegatus'）、金黄苔草（*Carex elata* 'Aurea'）、粟草（*Milium effusum* 'Aureum'）等。

（2）青铜色和橙色

大部分青铜色的观赏草不是禾本科植物，而是产自新西兰的莎草（大多是苔草属植物）。另两种古铜色叶的观赏草也来自新西兰，一种是新西兰风草（*Anemanthele lessoniana*，也称

Stipa arundinacea)；另一种是新西兰鸢尾(*Libertia peregrinans*)。不同的青铜色莎草习性有些差异，但总体来说都偏好湿润、排水良好的土壤，然而现实中很难有这种土壤条件，如果要使青铜色莎草在特殊的环境中生存，需要对土壤进行测试(如酸碱度、土壤田间含水量等)。该类观赏草主要有：新西兰风草，青铜新西兰发状苔草(*Carex comans* 'Bronze')、*C. bchananii*、*C. flagellifera*、*C. testacea*，红钩灯心草(*Uncinia rubra*)、*U. uncinata*，新西兰鸢尾等。

图 1-9　观赏草叶色的多样性

(a)金叶知风草　(b)蓝芽草　(c)黑沿阶草　(d)红叶白茅　(e)刺毛狼尾草

(f)丝带草　(g)花叶芦竹

（3）蓝绿色和灰色

蓝色观赏草从明亮的银蓝色到接近灰色，可以在丰富多彩的花园组合中扮演多种角色。该色彩组里的草，其季相变化和生长需求都很不相同，所以决定在某一特定场合使用何种品种之前有必要做一些研究。一些羊茅属植物叶色在春季和初夏最为鲜艳，另外，'达拉斯蓝'柳枝稷和'苏蓝'黄假高粱（Sorghastrum nutans 'Sioux Blue'）在夏末至秋季之间生长最为茂盛。作为蓝色和灰色类的草，它们能在全光下生存，许多可以耐阴，但同其他许多观赏草一样，在部分遮阴条件下，叶色就不那么鲜艳了。主要草种有：苔草属（Carex）的 C. flacca、C. flaccosperma，蓝芽草（Elymus magellanicus）[图 1-9（b）]，蓝羊茅（Festuca glauca）、休波帕羊茅（F. amethystina 'Superba'）、爱荷达羊茅（F. idahoensis 'Siskiyou Blue'），欧洲异燕麦（Helictotrichon sempervirens）、蓝燕麦（H. sempervirens），开展灯心草（Juncus patens），细粉洽草（Koeleria glauca），赖草属（Leymus）的峡谷王子赖草（L. condensatus 'Canyon Prince'）、大赖草（L. racemosus）、L. arenarius 'Glaucus'，乱子草属的鹿草（Stemmacantha carthamoides），稷属的 Panicum amarum 'Dewey Blue'、达拉斯蓝柳枝稷（P. virgatum 'Dallas Blues'）、九彩柳枝稷（P. virgatum 'Cloud Nine'），布鲁斯裂稃草（Schizachyrium scoparium）、宝蓝帚芒草（S. scoparium 'The Blues'），天蓝草（Sesleria coerulea），黄假高粱（Sorghastrum nutans）的品种'Indian Steel'及'Sioux Blue'。

（4）深色

在观赏草的所有叶色中，深色是最引人注目的色调之一，从宝石红到近纯黑色，此类观赏草能够营造出令人难忘的效果。在仲夏到夏末的花境及容器种植中，它们显得尤为出众。就搭配颜色而言，深色系观赏草，包括红色系、栗色系、黑色系可与许多不同的颜色互相搭配，如与水苏属（Stachys）的绵毛水苏（S. byzantina）的银色叶子搭配尤为出众。

对日益增长的深色叶观赏草的需求很难一概而论，尤其是黑沿阶草（Ophiopogon planiscarpus 'Nigrescens'）[图 1-9（c）]和新西兰麻属（Phormium）植物，它们只是具有像观赏草一样的叶子，并不属于真正意义上的草类，但它们大部分都喜欢充足的阳光。在一些阴暗的场地，红色和紫色往往会消褪，整体效果偏绿。许多深色叶观赏草，包括一些长柔毛狼尾草，在气温低于 4.4℃ 的地区不能存活，但生长速度很快，在较凉爽的地区可作为一年生植物栽培，供夏秋欣赏。深色观赏草主要有：红叶白茅（Imperata cylindrical var. koenigii 'Red Baron'）[图 1-9（d）]，黑沿阶草[图 1-9（c）]，圣蓝多柳枝稷（P. virgatum 'Shenandoah'）、小丑御谷（Pennisetum glaucum 'Jester'）、紫御（P. glaucum 'Purple Majesty'）、'暗红巨人'（P. macrostachyum 'Burgundy Giant'）、刺毛狼尾草'玫红'（P. setaceum 'Rubrum'）[图 1-9（e）]、P. setaceum 'Eaton Canyon'，新西兰麻（Phormium tenax）的品种'Baby Bronze'、'Dark Delight'、'Dusky Chief'、'Platt's Black'、'Rubrum'等。

（5）斑叶

斑叶草常常是深色的叶面上带有白色或黄色条纹，非常夺人眼球[图 1-9（f）（g）]。黄色条纹的观赏草与黄色的花朵配合非常协调。例如，具有浅黄色带的金条芒（Miscanthus sinensis 'Gold Bar'），可与嫩黄色花朵的月光轮叶金鸡菊（Coreopsis verticillata 'Moonbeam'）巧妙呼应。同样，具有白色条纹的观赏草是白色植物的理想搭配对象，如晨光芒和白色的烟草属植物(*Nicotiana sylvestris*)。白色斑草也可与花园中喷刷白漆的部分如白色围栏、廊架、乔木等互相呼应。

在作观赏草的配置规划时，需要了解斑叶草的外观可能会随着生长季节而变化。例如，斑叶芒(*Miscanthus sinensis* 'Zebrinus')和棕榈叶苔草(*Carex muskingumensis* 'Oehme')发芽时叶面只呈现绿色，到了暮春和初夏才会长出斑纹。花叶芦竹的叶斑条纹春季为亮白色，到了夏季会呈现更多的奶油色。许多斑叶草在春季和秋季阴凉的气温条件下会呈现粉红色。

一般情况下，最好在小空间如小花园中应用斑叶草，因为在大型的景观布置中，无论雅致的条纹还是强烈的条纹都不会显眼，如斑色巨人芦苇，从一段距离之外看可能显示为纯色(虽然比在全绿时显得苍白)。大部分斑叶草在灯光下、全天遮阴处或是上午阳光照射、下午遮阴处生长最佳，过多日晒可能会烤焦白色条纹，使它们变成褐色，尤其当土壤干燥时，在过于阴暗的场地，斑叶草可能会变成近绿或纯绿色。

常见斑叶草有：花叶大看麦娘(*Alopecurus pratensis* 'Variegatus')，银边草(*Arrhenatherum elatius* var. *bulbosum* 'Variegatum')，花叶芦竹(*Arundo donax* 'Variegata')[图 1-9(g)]，拂子茅属的羽毛芦苇草(*Calamagrostis acutiflora*)及品种 'Avalanche'、'Eldorado'、'Overdam'，蒲苇的品种 'Albolineata'、'Aureolineata'、'Silver Comet'，'北极光' 发草(*Deschampsia cespitosa* 'Northern Lights')，花叶大甜茅(*Glyceria maxima* 'Variegata')，金知风草的品种 'Albovariegata'、'Aureola'，地杨梅属的(*Luzula sylvatica* 'Marginata')，芒及其品种 'Cabaret'、'Cosmopolitan'、'Gold Bar'、'Hinjo'、'Morning Light'、'Strictus'、'Variegatus'、'Zebrinus'，花叶天蓝沼湿草，小蜜蜂狼尾草(*Pennisetum alopecuroides* 'Little Honey')、刺毛狼尾草 '焰火'(*P. setaceum* 'Fireworks')，带状虉草(*Phalaris arundinacea* 'Dwarf Garters')、丝带草(*Phalaris arundinacea* var. *picta*)[图 1-9(f)]及其品种 'Aureovariegata'、'Feesey'、'Luteopicta'、'Luteovariegata'、'Tricolor'，花叶网茅，条纹钝叶草，欧根石菖蒲(*Acorus gramineus* 'Ogon')，火烈鸟新西兰亚麻(*Phormium cookianum* 'Flamingo')，银边绒毛草(*Holcus lanatus* 'Variegatus')，劲芒(*Miscanthus sinensis* 'Strictus')、密集芒(*M. sinensis* var. *condensatus* 'Cosmopolitan')，棕叶狗尾草(*Setaria palmifolia* 'Varigata')，苔草属(*Carex*)的斑叶苔草(*Carex morrowii* 'Variegata')、*C. morrowii* 'Gold Band'、'Ice Dance'、亮眸苔草(*C. phyllocephala* 'Sparkler')、*C. conica* 'Snowline'、*C. dolichostachya* 'Kaga-nishiki'、*C. oshimensis* 'Evergold'、*C. phyllocephala* 'Sparkler'、*C. siderosticha* 'Variegata' 等。

(6)常绿

叶色终年常绿，全年一致，如天门冬、水竹、旱伞草、沿阶草属(*Ophiopogon*)植物。也有四季常青但叶色变化的，如美国哈特种子公司研发并培育成功的转基因蓝色羊茅草在 -28℃时比松柏还绿，而进入 5~6 月时，会渐渐变成蓝色，该草现已在我国推广。

1.2.3.2　叶色的季节变化

很多观赏草的叶色会随着季节的变化而变化。春夏季多呈深浅不一的绿色，随着秋天到来，叶色多呈橘黄色、栗色、褐色、金色等色调，有的夹杂些粉色、白色、乳白色等，还有的看似枯黄死掉，其实是它独特的铜褐色叶色。例如，垂穗假高粱(*Sorghastrum alopecuroides*

'Moudry'），叶蓝绿色，秋天变黄。狼尾草'孟德利'（*Pennisetum alopecuroides* 'Moudry'），叶绿色有光泽，弧形，秋天叶变为黄色或橙色。黄背草（*Themeda japonica*），绿色叶在秋天变为红橙色，冬天变铜色。红叶白茅（*Imperata cylindrical* 'Red Baron'），春天叶绿，叶尖红色，秋初彻底变红。弯芒蔗茅（*Saccharum eontortum*），叶绿色或蓝绿色，秋季叶为紫色或红色。

此类观赏草还有：花叶大看麦娘（*Alopecurus pratensis* 'Variegatus'），银边草（*Arrhenatherum elatius* var. *bulbosum* 'Variegatum'），花叶芦竹（*Arundo donax* 'Variegata'），拂子茅属（*Calamagrostis*）植物，苔草属（*Carex*）的许多种，蒲苇（*Cortaderia selloana*），蓝麦草（*Elymus magellanicus*），羊茅属（*Festuca*）的紫昌羊茅（*F. amethystina*）、蓝羊茅（*F. glauca*）、爱荷达羊茅（*F. idahoensis*），甘蔗属（*Saccharum*）的弯芒蔗茅（*S. contortum*），金知风草（*Hakonechloa macra*），芒（*Miscanthus sinensis*），金木粟（*Milium effusum* 'Aureum'），天蓝沼湿草（*Molinia caerulea*），乱子草属（*Muhlenbergia*）的 *M. capillaries*、*M. dumosa*、*M. lindheimeri*、鹿草（*M. rigens*），柳枝稷（*Panicum virgatum*）、狼尾草（*P. alopecuroides*）、东方狼尾草（*P. orientale*）、绒毛狼尾草（*P. setaceum*）、长柔毛狼尾草（*P. villosum*），黄假高粱（*Sorghastrum nutans*），大油芒（*Spodiopogon sibiricus*），草原鼠尾粟（*Sporobolus heterolepis*），大针茅（*Stipa gigantea*）、细茎针茅（*S. tenuissima*）。

影响植物叶色的原因很多，但主要是遗传因素，其次是环境因子。通常来讲，叶片上规则性彩斑是基因控制的，这些基因位于细胞核内，可以通过有性杂交进行遗传分析；不规则彩斑的成因主要是质体的分离和缺失、嵌合体、易变基因和体细胞突变、基因位置效应、染色体畸变、病毒侵入等引起。

一般来讲，正常叶片中叶绿素与类胡萝卜素的分子比例约为3:1，从而使叶片呈现绿色，但在落叶时，由于这种比例发生改变，或者是由于花青素的存在等，使叶片的颜色发生改变，呈现红、紫、黄等色。

1.2.3.3　观赏草叶的质地

观赏草叶有不同的质地，每一种质地都有独到的欣赏之处，不仅在触觉上可以感知，有的用视觉就可以判定。不同质地的观赏草协调搭配其他植物可以给人以触觉和视觉上的冲击，有的观赏草茎叶细腻光滑，有光泽，如灯心草（*Juncus effasus*）；有的观赏草叶片质地较厚，较光滑，如花叶香蒲（*Typha latifolia* 'Variegata'）；有的观赏草叶表粗糙有毛，如玉簪属（*Hosta*）植物。

1.2.4　观赏草的花

花是被子植物最富多样性的器官，观赏草花的多样性主要体现在花的组成部分、花序类型及其颜色等方面。

1.2.4.1　观赏草花的结构

不同科属观赏草花的结构不同，这些差异也是识别观赏草的重要依据。禾本科植物的花与一般植物不同，其花高度特化，通常由2枚浆片（lodicule）、3或6枚（如水稻）雄蕊、1枚雌蕊以及外稃（lemma）和内稃（palea）组成，特称小花（floret）。浆片是花被的特化，也称鳞被。开花时，浆片吸水，撑开内、外稃，使花药和柱头外露，适应风媒传粉。外稃和内稃则是小花基部的苞片，外稃渐尖或具小尖头，甚至具硬芒（主脉所延伸而成的针状物），具平行脉,有些植物外稃基部加厚而变硬,称为基盘。内稃位于外稃相对的近轴面,它与前出叶同源,质地较薄,先端钝圆或微凹,背部常具二脊。浆片膜质,具维管束脉纹,某些种类无鳞被。雄蕊花丝细长,分离或少有联合为管状,花药2室纵裂。子房上位,1室,具1枚倒生胚珠,子房先端收缩变细为花柱,1枚或2~3枚,实心或稀中空,顶端具呈羽毛状或试管刷状的柱头(图1-10)。

莎草科的花也很小,不明显,普遍风媒,两性(莎草属、藨草属)或单性(珍珠茅属),很少有雌雄异株。每一花单生于鳞片(颖片)腋间,由2至多数花(极少仅具1花)排成穗状花序,称为小穗;无花被或花被退化为下位鳞片(灯心莎属、湖瓜草属)或下位刚毛,有的雌花为先出叶所形成的果囊包被;雄蕊大多3枚,有时仅有2枚或1枚;心皮3枚,合生为1复合、上位、单室子房,花柱顶生,柱头2或3分枝,分枝数与心皮相同。花的类型可分为以下6种(图1-11):

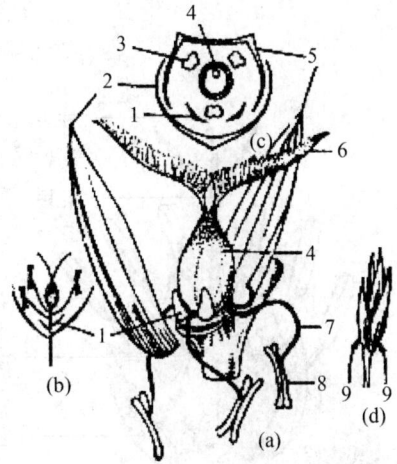

图1-10　禾本科植物的花序与花的结构
(a)花的解剖,示各部分与结构
(b)花的纵向示意图　(c)花的
　横切面示意图　(d)不孕小穗
1. 浆片　2. 外稃　3. 雄蕊　4. 子房
5. 内稃　6. 柱头　7. 花丝　8. 花药　9. 颖片

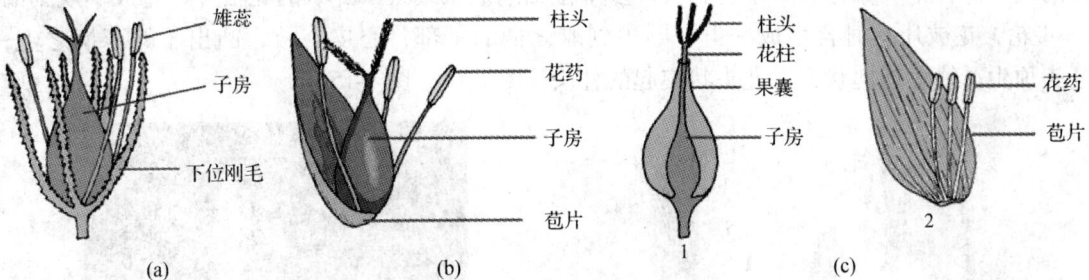

图1-11　莎草科植物的花类型
(a)藨草属的两性花　(b)莎草属的两性花　(c)苔草属的单性花
1. 雌花　2. 雄花

①藨草型 *Scirpus*　花两性,具6条下位刚毛。

②刺子莞型 *Rhynchospora*　具两性花和单性花,具下位鳞片或刚毛;花柱基部扩大,宿存于坚果之顶而成一喙;柱头2。

③莎草型 *Cyperus*　花两性,无下位刚毛或鳞片。

④割鸡芒型 *Hypolytrum*　具两性和单性,雄花有1枚雄蕊,两性花有2枚雄蕊,小穗基部有舟状小鳞片。

⑤珍珠茅型 *Scleria*　花单性,小坚果具有下位盘。

⑥苔草型 *Carex*　花单性,雌花具有囊包。

灯心草科植物的花小,不明显,常两性,辐射对称,3基数。花被片6枚,排列成两轮,离生,绿色、棕色或黑色,革质或干膜质。大多风媒。雄蕊6枚,分离,排成2轮,雌蕊群具3枚合生心皮,子房上位,花柱3或1,柱头3(图1-12、图1-13)。

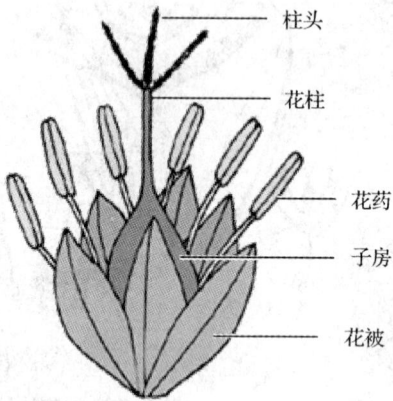

图 1-12　灯心草科植物花的结构

图 1-13　地杨梅属 *Luzula pilosa* 正在开花

香蒲科植物的花小，单性，雌雄同株，风媒，花数极多，排成密集、长圆柱形、复合的穗状花序，腋生于短刚毛状的苞片里，上部为雄花序，下部为雌花序，这两部分区别明显。雄花具 0~3（~8）枚饰变了的细刚毛状或细鳞片状的花被片，雄蕊多 3（~8）枚，花丝短，分离或大部合生。雌花具 1 雌蕊，具许多下位细刚毛状或狭鳞片状的花被片，排成不规则的1~4 轮，花被片有时合生成一群，贴生到雌蕊柄的下部；心皮 1 枚，凸出于雌蕊柄之上；柱头顶生，线形或匙状，无乳头状突起的柱头（图 1-14、图 1-15）。

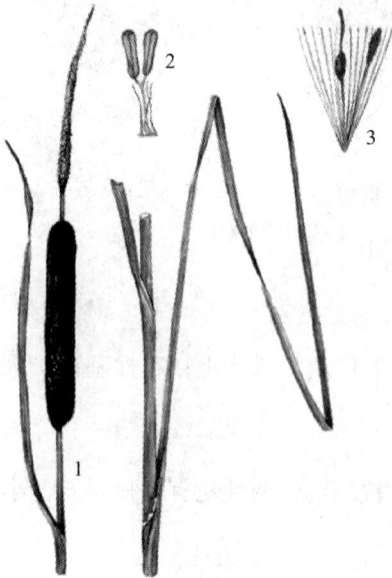

图 1-14　水烛 *Typha angustifolia*

1. 花序，下段为雌花序，上段为雄花序

2. 雄花　3. 雌花

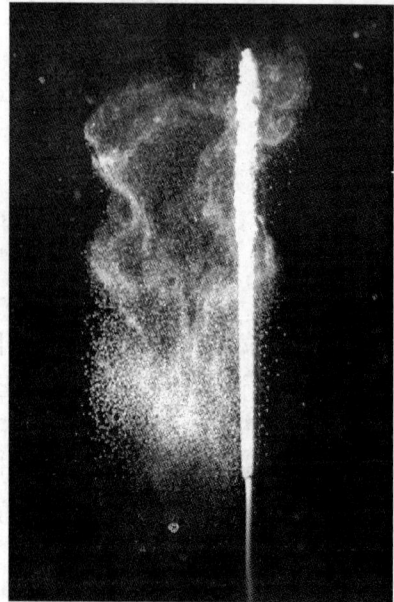

图 1-15　宽叶香蒲 *Typha latifolia* 的风媒传粉

天南星科观赏草如菖蒲属欧根石菖蒲(*Acorus gramineus* 'Ogon')等，花两性，花被片 6 枚，拱形，靠合，外轮 3 片；雄蕊 6 枚，花丝长线形，与花被片等长，子房倒圆锥状长圆形，与花被片等长，2～3 室；花柱极短；柱头小 (图 1-16、图 1-17)。

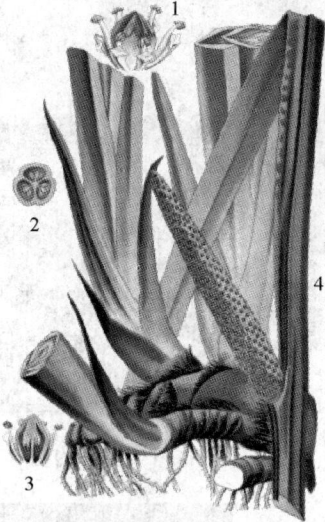

图 1-16　菖蒲 *Acorus calamus*
　　1. 小花　2. 子房横切面
　　3. 小花纵切面　4. 全株

图 1-17　菖蒲花序中小花有规律地紧密排列

花蔺科观赏草的花两性，辐射对称，花被片 6 枚，宿存，排成 2 轮，外轮 3 枚较小，萼片状，多数绿色；内轮 3 枚花瓣状，粉红色，早落；雄蕊 9 枚，外轮 3 对斜对萼片，内轮 3 枚直接对花瓣；花药基生；雌蕊具 6 枚对折、末端开放的心皮，在基部合生成一环，其余分离，每一心皮具一短的、顶生花柱，其顶端为具乳头突起、短 2 裂柱头，心皮蜜腺位于下侧表面。雄蕊先熟，虫媒或部分水媒(图 1-18)。

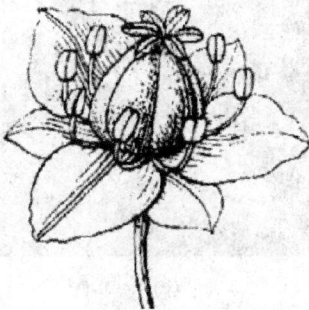

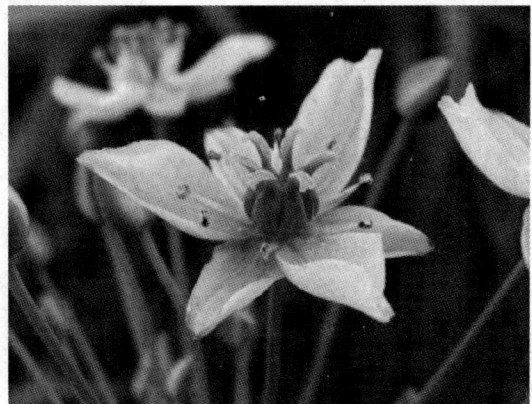

图 1-18　花蔺 *Butomus umbellatus* 的花

百合科观赏草如山麦冬属的阔叶山麦冬(*Liriope muscari*)(图 1-19)等，花通常较小，几朵簇生于苞片腋内；苞片小，干膜质；小苞片很小，位于花梗基部；花梗直立，具关节；花被片6，分离，两轮排列，淡紫色或白色；雄蕊6枚，着生于花被片基部；花丝稍长，狭条形；花药基生；子房上位，3室，每室具2胚珠；花柱三棱柱形，柱头小，略具3齿裂。

1.2.4.2　观赏草的花序类型

在无限花序（indefinite inflorescence）中，观赏草主要有：①总状花序（raceme），如山麦冬、沿阶草等［图1-20（b）］；②穗状花序（spike），如大麦；③肉穗花序（spadix），如石菖蒲、香蒲、马蹄莲（*Zantedeschia aethiopica*）等［图1-20（c）］，大多数花序下面有大型的佛焰苞片，故也称佛焰花序；④伞形花序（umbel），如花蔺等［图1-20（d）］；⑤头状花序（head），如灯心草属的 *Juncus torreyi*［图1-20（a）］；⑥圆锥花序（复总状花序，panicle），如玉米的雄花、水稻、丝兰属（*Yucca*）；⑦复穗状花序（compound spike），如多花黑麦草等［图1-20（e）］。

图1-19　阔叶山麦冬的花

（a）

（b）

（c）

（d）

（e）

图1-20　观赏草的花序

（a）头状花序（*Juncus torreyi*）　（b）总状花序（山麦冬 *Liriope muscari*）　（c）肉穗花序（菖蒲 *Acorus calamus*）
（d）伞形花序（花蔺）　（e）复穗状花序（多花黑麦草 *Lolium multiflorum*）

很多禾本科观赏草因拥有漂亮的花序而成为园林焦点植物的绝佳选择。例如，蒲苇因其硕大、密集的羽状花序，成为美国气候温和地区应用最广泛的焦点观赏草之一。美丽而不太

图 1-21 *Cortaderia richardii* 的花序

图 1-22 *Miscanthus sinensis* 'Malepartus' 的花序

知名的蒲苇属（*Cortaderia*）植物 *C. richardii*，具有很强的适应性和优雅的弧形花簇（图 1-21）。大油芒及其芒类品种的花序很像马尾，也能成为很好的观赏焦点（图 1-22）。

禾本科观赏草花序形态特殊而多样，种间差异较大，是识别该科植物的主要依据。禾本科植物的花序为复花序（compound inflorescence），其组成花序的基本单位是小穗（spikelet）。小穗在花序轴上有规律的排列方式，称为花序。换言之，禾本科不像其他被子植物那样是以花为基本单位来组成花序，而是小穗来组成花序。

禾本科观赏草以小穗为单位组成的复花序主要有：①穗状花序，如黑麦草属（*Lolium*）等；②总状花序，如毛蕊草属、短柄草属、甜茅属等；有些种类的总状花序，小穗紧缩呈穗状，如大麦属（*Hordeum*）、裂稃草属（*Schizachyrium*）；③圆锥花序，如燕麦、粟、梯牧草等。圆锥花序又可分以下几种类型：

a. 分枝穗状，互生（alternate），如格兰马草属（*Bouteloua*）；

b. 分枝穗状，从花序轴顶端分出呈指状（digitate），又称指状花序，如狗牙根属（*Cynodon*）；

c. 分枝穗状，近指状（subdigitate）排列，如穇属（*Eleusine*）牛筋草；

d. 分枝穗状，轮生（verticillate），如虎尾草属（*Chloris*）；

e. 分枝总状，互生，如孔颖草属（*Bothriochloa*）；

f. 分枝总状，近指状（subdigitate）排列，如须芒草属（*Andropogon*）；

g. 二回分枝（rebranched），小枝总状，如高粱属（*Sorghum*）；

h. 分枝基部有佛焰苞（spatheate），如香茅属。

莎草科花序由小的穗状花序组成，此花序有时也称为小穗，但是不同于禾本科的小穗，禾本科小穗基部具 2 枚颖片，并且每朵小花包于内稃和外稃之间。莎草科每个小穗外常具 1 枚苞片（先出叶），苞片（鳞片）在轴（称小穗轴）上呈螺旋状排列（一本芒属）或两列排列（莎草属），每枚苞片腋内有 1 花；小穗（小穗状花序）簇生成穗状花序、圆锥花序、头状或伞状花序，整个花序包在 1 枚或多枚叶状总苞内（图 1-23）。

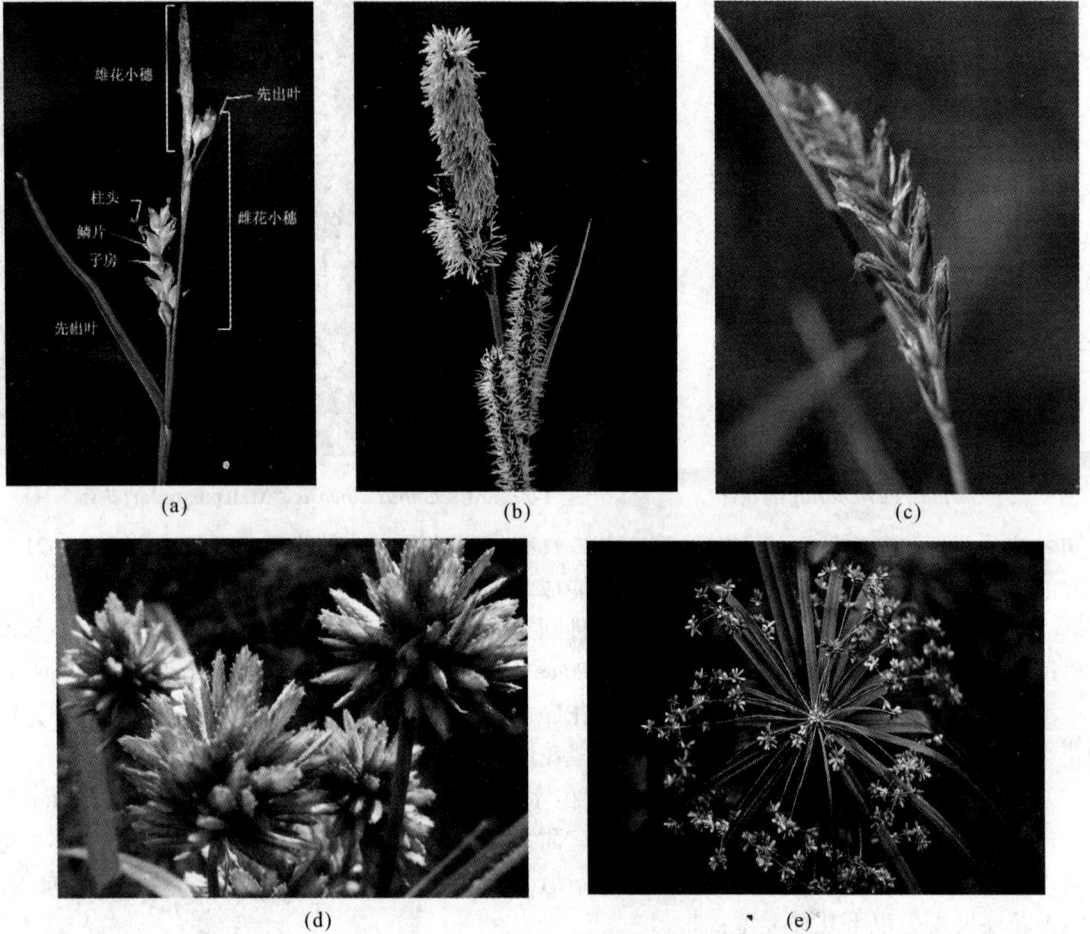

图 1-23　莎草科观赏草的花序

(a)莎草科的花序　(b) *Typha minima* 的圆锥花序　(c)扁穗草 *Blysmus compressus* 的穗状花序
(d) *Cyperus eragrostis* 的头状花序　(e)伞莎草 *Cyperus alternifolius* 的伞状花序

1.2.4.3　观赏草花(花序)色的多样性

观赏草的花和花序颜色不如叶片有价值，但同样色彩丰富，如柳枝稷和芒属的很多品种在秋季长出巨大的亮红色或银白色花序。一年生禾草和谷类，如高粱属(*Sorghum* spp.)也有颜色出众的花序，种植在公园中对人们具有很强的吸引力。概括起来，主要有以下5类(图1-24)：

①红(紫)色　丽色画眉草(*Eragrostis spectabilis*)，圆锥花序紫色；疏花山麦冬(*Liriope muscari* 'PeeDee Ingot')，花穗为深紫色，叶黄；弯芒蔗茅(*Saccharum eontortum*)，穗状花序狭长，红色或紫褐色。

②褐色　灯心草(*Juncus effusus*)，花序褐色；劲芒(*Miscanthus sinensis* 'Strictus')，花序红褐色。

③银色　宽叶野青茅(*Calamagrostis bracytricha*)。

④白(粉)色　斑叶芦竹(*Arundo donax* 'Variegata')，圆锥花序大。

图 1-24　观赏草花序的多样性

（a）丽色画眉草　（b）疏花山麦冬　（c）宽叶野青茅　（d）蒲苇　（e）刺毛狼尾草

⑤其他　沙生蔗茅（*Saccharum ravennae*），羽状花序，白中带紫。

还有很多观赏草的花序颜色会随着季节而发生变化，如大丛乱子草（*Muhlinbergia rigens*），圆锥花序细弱呈银白色，仲夏花序逐渐变为黄褐色。芒（*Miscanthus sinensis* 'Giantenus'），花序刷状为红褐色，后变为银色。

观赏草的子房位置类型主要有上位子房（epigynous ovary）（如百合、灯心草、花蔺等）；下位子房（inferior ovary）（如鸢尾等）；半下位子房（semi-inferior ovary）。

1.2.5　观赏草的果

观赏草的果实主要有以下几种类型：

①蓇葖果（follicle）　花蔺的果实一般合称为聚合蓇葖果［图 1-25（a）］。

②蒴果（capsule）　有些观赏草的蒴果早期外果皮破裂，露出种子，最后仅一颗种子发育，浆果状，如百合科山麦冬属、沿阶草属观赏草，种子浆果状，早期绿色，成熟后常呈暗蓝色，甚为美观［图 1-25（f）］。

③颖果（caryopsis）　是禾本科观赏草特有的果实，如狼尾草、芒、蒲苇的果实［图 1-25（c）］。

④坚果（nut）　如莎草科观赏草的果实［图1-25（d）］。

⑤浆果（berry）　如天门冬属（*Asparagus*）的果实［图1-25（e）］。

图 1-25　观赏草果实的多样性

（a）花蔺的聚合蓇葖果　（b）鸢尾属的蒴果开裂，种子有红色肉质种皮

（c）香茅属 *Cymbopogon citrata* 的颖果　（d）*Carex baccans* 的小坚果　（e）芦笋 *Asparagus officinalis* 的浆果

（f）沿阶草 *Ophiopogon japonicus* 的蒴果早裂，种子浆果状

1.3　观赏草的分类

　　观赏草家族种类繁多，多姿多彩，为园林应用提供了丰富的植物资源。为了便于交流和认识这些种类繁多的草种，需要有一定的相对统一的分类表述方法。观赏草的分类有多种表

述方法，但以植物学分类法即自然分类系统分类最为科学，也是其他分类方法的基础。

自然分类系统以种为分类的基本单位，相近的种集为一属，相近的属归于一科，以客观地反映出植物界的亲缘关系和演化关系为目的。根据自然分类系统分类，观赏草可分为禾本科、莎草科、灯心草科、香蒲科、花蔺科等，各科植物有不同的形态特征（表 1-1）。自然分类系统中对种有明确的形态描述，便于识别、鉴定，采用拉丁文表示的双名法对植物进行唯一的命名，称为学名，利于不同地区之间植物的交流和传递，也为其他分类方法提供了方便，如芒的学名为 *Miscanthus sinensis*。

表 1-1　不同科观赏草的形态特征

形态特征	根	茎	叶	花序	小穗	花	果实
禾本科 Poaceae	有须根及根状茎	秆圆柱状，中空有节，很少实心	叶有开裂或闭合的叶鞘，叶片平行脉，有叶舌与叶耳	穗状、总状、指状或圆锥状等	由小穗轴和 2 至多个苞片以及花组成小穗	花被退化呈透明膜质的小片，称鳞被或浆片，通常 2~6 片；花两性或单性；有雄蕊 1~6 枚；子房 1 室	常为颖果，罕为囊果或浆果
莎草科 Cyperaceae	有须根及根状茎	秆中实，常为三棱形，地上无节	线形，基生或秆生，基部常有闭合的叶鞘，有时有叶鞘而无叶片	穗状、总状、圆锥状、头状或聚伞状等	花外包有鳞片状苞片，在小穗轴上螺旋状或成 2 列排列成小穗	两性或单性，花被常退化成刚毛状、鳞片状或毛鬃状	小坚果
灯心草科 Juncaceae	有须根及根状茎	圆柱状，常在基部簇生	常基生，叶片线形或线状披针形	聚伞、伞房、圆锥状或头状，很少单生	不形成小穗	花被片绿色、白色或褐色，常革质，2 或很少 1 轮，每轮 3 片	蒴果
香蒲科 Typhaceae	有须根及根状茎	茎直立，常成群密生	叶基生或近基生，叶片扁平、平行脉、基部鞘状，海绵质	复穗状，长圆柱形	不形成小穗	单性雌雄同株，腋生于刚毛状的苞片里，花被片 0~3 枚，饰变为刚毛状或鳞片状	瘦果或小坚果，具长柔毛
花蔺科 Butomaceae	有须根及根状茎	有匍匐茎及直立花茎	常基生，线形至剑形	伞形顶生，其下有卵状披针形的苞片	不形成小穗	花被片花瓣状，排成 2 轮，外轮 3 片，内轮 3 片	蓇葖果，聚合

注：参考刘建秀《草坪·地被植物·观赏草》。

在自然分类系统以外，基于"种"的概念基础存在许多人工培育出的植物，称为"品种"，品种具有较大的经济价值，作为生产资料广泛应用。如芒具有多个品种，分别为 *Miscanthus sinensis* 'Variegatus'、'Silberfeder'、'Cosmopolitan'、'Cabaret'、'Morning Light'、'Goldfeder'、'Zebrinus'、'Strictus'、'Gracillimus'、'Malepartus' 等。

在生产实践中，为了交流、描述方便，人们大多喜欢采用其他的分类表述方法，如按照植物形态、生长习性、温度反应、生活类型等分类。这些方法简便、易懂，便于掌握。下面就各个种类的观赏草分类进行介绍。

1.3.1　按植株生长习性分类

（1）直立丛生型观赏草

这类观赏草茎秆密集直立，形成紧密的束状或丛状，地下根茎不向四周扩散。大多数观赏草属于这一类，如狼尾草、蒲苇、大油芒、芨芨草等。由于丛生型观赏草基本不向四周扩展，或扩展的速度很慢，所以不对周边环境构成任何入侵风险，可以使整个花境保持整洁状态（图1-26）。这类观赏草具有丰富多彩的形状、色彩、株型，深受园林设计师的青睐，在园林景观中增添了许多独特的观赏效果。

图1-26 蒲苇（*Cortaderia selloana*）生长多年，仍然能保持整洁的状态

直立丛生型观赏草从株型上还可以进一步划分为以下几个类型：簇生型（tufted）、铺地型（mounded）、发散型（upright divergent）、直立型（upright）、下垂型（或瀑布型，arching）、拱形（或喷泉型，upright arching）（图1-27）。一般最矮的观赏草是簇生型，最高的是拱型。

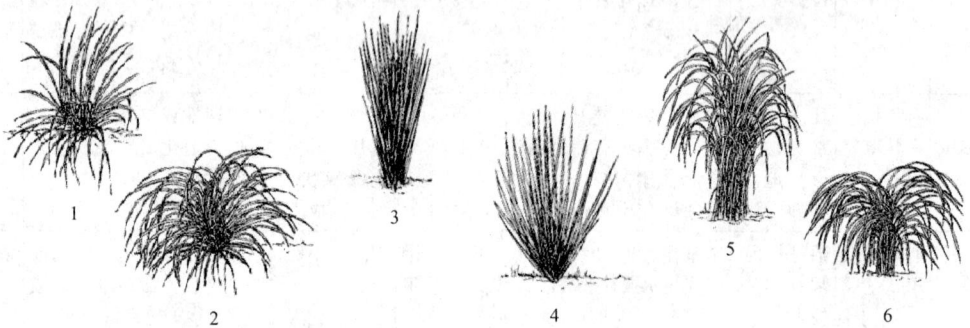

图1-27 直立丛生型观赏草的株型
1. 簇生型 2. 铺地型 3. 直立型 4. 发散型 5. 拱形（喷泉型） 6. 下垂型（瀑布型）

（2）匍匐蔓生型观赏草

这类观赏草具有生长迅速的根状茎，可以向四周扩展，短时间内形成连片的植株。人们通常认为这类草具有入侵性，而不愿意种植。其实这类草中许多具有优良的覆盖地表功能。如常用的草坪草种野牛草就是这类草的典型代表。其他高大型的观赏草中也有一些种类具有此特性，如蔄草。重要的是选择合适地点种植，如人行道上管护操作困难的坡面上或者在花盆容器中，以便充分发挥其快速覆盖的功能，并且能克服其入侵的缺点。

1.3.2 按生长周期分类

（1）一年生观赏草

种子在春天发芽，幼苗生长成熟后，开花，结实，然后死亡。整个生长周期在一年内完成。这类观赏草需要每年种植，比较费工，所以许多人不喜欢选择一年生观赏草，除非是有特别的观赏价值。在正常的管理条件下，一年生观赏草成株的株高和冠幅一般比较稳定，不会随年限而逐渐增加。

有些种类在温暖地区是多年生的，而引种到寒冷地区时，却变成了一年生的。最有代表性种类如红茅草（*Rhynchelytrum repens*）、红色狼尾草（*Pennisetum setaceum* 'Rubrum'）等。

一年生观赏草主要通过种子繁殖，适宜大批量的扩繁，在花境摆放和镶边中广泛应用。

常用的一年生观赏草有兔尾草（*Lagurus ovatus*）、紫御谷（*Pennisetum glaucum*）、一年生

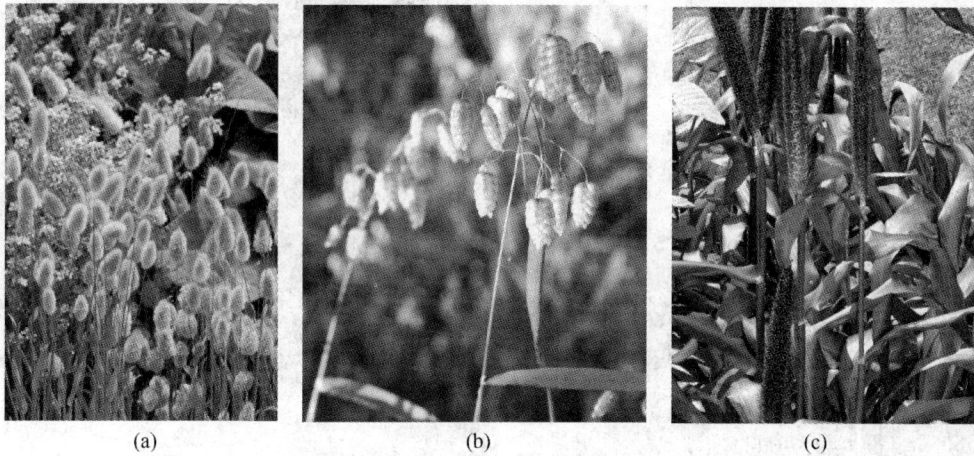

图 1-28　一年生观赏草

（a）兔尾草　　（b）凌风草　　（c）紫御谷

红色狼尾草（*Pennisetum setaceum* 'Rubrum'）、凌风草属（*Briza* spp.）植物等（图 1-28）。紫御谷和一年生狼尾草的植株呈红色，色彩鲜艳，可与许多观赏植物配置种植，也可作盆栽植物，随时用于花境中，形成色彩鲜明的观赏效果。

（2）多年生观赏草

植株可以连续生长多年而不死亡，即使在冬季地上部死亡，第二年春天地下根茎仍可以萌发继续生长，很快就可形成旺盛生长的植株。常用的种类包括用作地被的观赏草，如麦冬、苔草和草坪草，以及用作配置植物的大多数观赏草，如芒、芦竹、蒲苇、狼尾草、拂子茅等。多年生观赏草的植株逐年长大，地下根茎每年增加，其冠幅逐年增加，经过 2～3 年后可形成稳定的观赏效果。

1.3.3　按观赏部位分类

（1）观花型观赏草

观赏草多为风媒花，其授粉媒体不是昆虫、鸟类等动物，因此其开花时没有艳丽的色彩，更没有香味和花蜜。从植物解剖学角度看，观赏草的花在结构上与其他花是完全一样的，但由于其独特的授粉方式，有些结构发生了适应性变化，许多观赏草成熟的花序一直保持开展的状态，轻柔飘逸，形成了美丽的景观而引人注目，这类草种可称为观花型观赏草；常见的观花型草种有荻、狼尾草、蒲苇、拂子茅、大油芒等（图 1-29）。有些种类甚至在花序完全干了，仍然保持其美丽的状态而引人注目，这些花序可以用于制作干花。如兔尾草、芦竹、冷风草、蒲苇等。

（2）观叶型观赏草

观赏草的叶片多姿多彩，变化无穷。从叶片形状上看，有的细长柔软，如细叶芒；有的挺拔刚硬，如芦竹。从叶片颜色看，除了植物所具有的基本颜色——绿色外，还有其他许多引人注目的色彩，如静谧的蓝色，热烈的红色，浪漫的黄色，以及随季节和种类不断变化的花色。这些多姿多彩的叶片为花园提供了魅力无穷的景观效果，其观赏价值也远超一般意义的草，甚至不逊于那些鲜艳夺目、香气袭人的鲜花。

图 1-29　观花型观赏草

（a）紫芒 *Miscanthus purpurascens*　　（b）刺毛狼尾草　　（c）尖花拂子茅　　（d）毛芒乱子草 *Muhlenbergia capillaries*

　　常用的观叶型观赏草种有日本血草、蓝羊茅、蓝燕麦、金色拂子茅、红色须芒草、花叶芒、斑叶芒、花叶芦竹（图 1-30）。

图 1-30　观叶型观赏草

（a）黑沿阶草　　（b）红叶白茅

从植物学的角度看，这些非绿色植物，特别是那些具有花色条纹或斑驳叶片的种类，是由于缺少叶绿素所致，与纯绿色的种类相比，其长势弱，抗逆性差，对阳光的耐性低，不适宜阳光直射、温度较高的地点种植，否则其叶片易被灼伤。从遗传学的角度看，这些彩色或花色的植物特征，有些是可遗传的，但大部分是不具遗传特性的，所以扩繁方式一般采取营养繁殖，而不是有性繁殖，有些难扩繁的种类还可采用组织培养方法。尽管观叶型观赏草有这样或那样的缺点，园艺学家们还是非常青睐这些彩色和花色的植物，多年来，发现和培养这样的种类一直是园艺学家和育种学家们追求的热点。

（3）花叶共赏型观赏草

有的观赏草同时具有叶片和花序双重的观赏效果，两者不能截然分开。在营养生长期，其叶片和植株具有一定的观赏价值，而到了生殖生长期，美丽的花序又会给花园带来美感。例如，狼尾草，在春季其挺拔向上的叶片给花园增添了清新自然的美感，而到了生殖生长期，飘柔的花序再次给花园增添了亮丽的景观［图 1-29（b）］。

1.3.4　根据生长适应性分类

1.3.4.1　根据对干湿条件适应分类

（1）耐旱型观赏草

在观赏草的诸多优点中，抗逆性强是其最突出的特点。绝大部分观赏草具有很好的抵抗恶劣环境的能力，而抗干旱是许多人喜欢选择观赏草作为花园植物的重要原因。

灌溉是园林绿地中重要的日常管护措施之一，在我国北方地区，春季和秋季的主要管护任务就是灌溉，因为这期间降水少，蒸发量大，如果不及时灌溉，很多园林植物特别是草坪和花卉植物就会停止生长，甚至死亡。随着水资源短缺这一世界性难题的日益严重，选择抗旱植物、降低园林绿地的耗水量是今后园林建设的发展趋势，也是园林建设从初期的精细模式向可持续方向发展的必然需求。

耐旱型观赏草正是具备了耐旱等特点而受到园艺学家的青睐。许多多年生的观赏草在第一年定植以后，形成了发达的根系系统，能够忍耐浅根系植物不能忍耐的干旱，即使没有额外的灌溉，仅依靠自然降水，也可以健壮生长，给花园带来和谐健康的景观。在北方地区，常用的耐旱型观赏草有狼尾草、大油芒、拂子茅、须芒草等中等高度的种类；也有像崂峪苔草、青绿苔草、蓝羊茅等低矮的种类。

（2）喜湿型观赏草

大部分观赏草具有很好的耐旱能力，但也有一些观赏草喜欢湿润的生长条件，适宜在潮湿的土壤甚至水生条件下种植。这些喜湿种类既包括禾本科的草类，也包括许多莎草科、灯心草科的种类，具体有芒、芦苇、芦竹、蒲苇、菖蒲、水葱、纸型莎草、灯心草、苔草等。喜湿型观赏草的种植为建造水景、滨岸景观提供了很好的植物材料。同时，在水中种植喜湿草种，可以吸附水中的污染物，净化水体。近几年随着滨水景观的逐渐升温，对水生观赏植物的需求量也在逐年上升，喜湿型观赏草作为一种新型景观植物，满足了人们造景的需要。

种植水生草种经常遇到的麻烦是物种入侵问题。一种水生草种一旦定植，很快便成为优势种占据尽可能大的空间，形成优势群落，其他种类的植物很难进入。例如，在池塘中种植菖蒲，在保持一定水面的条件下，大概 10d 左右，植株便可定植形成新根，之后植株迅速生长，形成大量新的幼芽，这些幼芽生长迅速，只要条件合适，在一个生长季节就可在池塘中形成菖蒲优势群落，占据了池塘的绝大部分面积。其他喜湿型观赏草同样具有类似的特点，如芦苇、芒。克服喜湿型观赏草不断扩展矛盾的有效办法是将其种在容器中，再将容器放置在水中，可限制其大面积扩展。与土壤中种植观赏草不同的是，在容器内种植水生观赏草不要填充草炭、蛭石等松散的介质，以免放入水中被冲走，可以选择结构紧实的土壤或石子。

1.3.4.2 根据对光照适应分类

(1)耐阴型观赏草

园林绿地中的植物群落是乔木、灌木、草本、藤本的立体复合结构，在乔灌木的下层往往是阳光不容易照到或照射时间较短的阴暗地，这种情况下，耐阴型观赏草种可以发挥作用。另外，在建筑物的遮挡下，有的地段阳光照射时间很短，也可以种植耐阴的观赏草种类。耐阴型观赏草种的植株高度一般为中等或偏矮，色彩淡雅，呈现出宁静、安详的美。

种植耐阴型观赏草种前一定要精心整地，保证土壤中有足够的有机质且排灌条件良好，使耐阴草种的根系处在疏松透气的土壤条件下。常见的耐阴型观赏草种有发草、蓝羊茅、银边草、麦冬等。这几种草植株矮，适宜在遮阴地点作地被或镶边。有些高大的观赏草种也适宜在轻度遮阴条件下种植，如藕草、花叶芒、斑叶芒等。大部分苔草喜欢在郁闭遮阴的条件下生长，是首选的耐阴型观赏草种。

(2)喜光型观赏草

一般情况下，禾本科观赏草都喜光，在光照充足的地方生长旺盛，观赏效果好。但也不能一概而论，不同种类对光照的要求也不完全相同。具体到某一草种对光照的要求，将在后面章节详细论述。

喜光草种的植株一般高大粗壮，如荻、芦竹、狼尾草等。这些喜光草种在遮阴条件下长势缓慢，株型分散，容易倒伏，特别是在营养充足的条件下更是如此。许多观赏草在秋季植株颜色变为红色或金黄色，非常引人注目。产生这种色彩的必要条件是光照，在遮阴条件下，观赏草植株颜色不会变成如此美丽动人的色彩。即使一些花色的观赏草，如花叶拂子茅、花叶芒，也需要充足的光照，才能产生理想的观赏效果。常见的喜光型观赏草种有荻、芦竹、狼尾草、拂子茅、须芒草、柳枝稷等。

1.3.4.3 按对温度的反应分类

(1)冷季型观赏草

冷季型观赏草在春天地温上升到0℃以上时开始生长，初夏开花，当夏季温度升高到24℃以上时，即停止生长而进入休眠状态。当秋季气温冷凉后，又开始恢复生长。冷季型观赏草可以忍耐早春起伏变化较大的温度，而且其植株颜色和长势都可以达到最佳状态，但到了夏季高温季节，该类草长势减弱，观感降低。为了维护其生长需要较多的水分，冷季型观赏草需要经常分株，以保持其健壮的植株生长。

冷季型草又被称作半常绿型草，因为在比较温暖潮湿的冬季可以一直保持绿色，而不枯死。与冷季型草坪草不同，冷季型观赏草虽然在夏季高温时间进入休眠，但地上部并不枯黄，仍然保持其生长季节的外观，所以其观赏效果不会明显降低。

种植或分栽冷季型观赏草的最佳时间是冬末或早春，也可以在夏末或初秋，这两个季节是冷季型草观赏生长的最佳季节，可以保证其迅速恢复生长，很快定植。常用的冷季型观赏草有蓝羊茅、拂子茅、针茅、银边草等。这些冷季型观赏草适合与早春开花的球茎花卉，如百合科植物组合种植，形成清新、淡雅的春季景观。

（2）暖季型观赏草

暖季型观赏草喜欢较高的温度，要到春末气温较高时才开始生长，夏季甚至初秋开花，花期可一直持续到秋末至初冬。暖季型观赏草耐高温，当夏季气温高达 30℃ 时，仍能继续生长；耐干旱能力强，夏季不需要灌溉很多的水，在北京地区，一般靠自然降水就可以在整个生长季节健康生长。但对低温敏感，当冬季气温降到 10℃ 以下时，便不能生长。所以在寒冷地区种植或分栽暖季型观赏草的最好时间是春季，而不是秋季。这样可以保证植株有足够的生长时间，积累营养，越过冬季。

与冷季型观赏草相比，暖季型观赏草不需要经常分株，只要在每年的春季将地上部剪掉就可以连续生长多年。常用的暖季型观赏草有芒、狼尾草、日本血草、芦竹、蒲苇等。

思考题

1. 简述观赏草根的形态多样性。
2. 观赏草的茎有哪些特点？
3. 简述观赏草茎的形态多样性。
4. 禾本科观赏草的叶片包括哪些结构？并简述观赏草的叶色多样性。
5. 禾本科观赏草的花包括哪些结构？并简述观赏草花的形态多样性。
6. 禾本科观赏草的花序有哪些类型？举例说明。
7. 观赏草的果实有哪些类型？举例说明。
8. 如何理解观赏草的分类？
9. 从形态上如何区别禾本科、莎草科、灯心草科、香蒲科、花蔺科观赏草？

参考文献

Rick Darke. 2007. The encyclopedia of grasses for livable landscapes[M]. New York The Assoiated Press.

[澳大利亚]约翰·雷纳. 2008. 澳大利亚园林中的观赏草[J]. 陈进勇译. 中国园林，12：19 - 23.

陈世锽，张昊，王立群，等. 2001. 中国北方草地植物根系[M]. 长春：吉林大学出版社.

陈佐忠，周禾. 2006. 草坪与地被科学进展[M]. 北京：中国林业出版社.

杜培明. 2009. 植物景观概论[M]. 南京：江苏科学技术出版社.

贺学礼. 2008. 植物学[M]. 北京：科学出版社.

侯元凯，刘松杨，张彦，等. 2008. 红叶柳等彩叶树种栽培与管理[M]. 北京：中国农业出版社.

兰茜 J·奥德诺. 2004. 观赏草及其景观配置[M]. 刘建秀译. 北京：中国林业出版社.

李先源. 2007. 观赏植物学[M]. 重庆：西南师范大学出版社.

刘国道. 2009. 海南禾草志[M]. 北京：科学出版社.

刘建秀. 2004. 草坪地被植物观赏草[M]. 南京：东南大学出版社.

刘捷平. 1991. 植物形态解剖学[M]. 北京：北京师范大学出版社.

刘金海，王秀娟. 2005. 观赏植物栽培[M]. 北京：高等教育出版社.

刘穆. 2006. 种子植物形态解剖学导论[M]. 北京：科学出版社.

刘奕清，王大来. 2009. 观赏植物[M]. 北京：化学工业出版社.

[美]南茜 J. 安德拉. 2008. 观赏草在美国园林中的应用[J]. 金荷仙，林冬青，等译. 中国园林，12：10 - 18.

强胜. 2006. 植物学[M]. 北京：高等教育出版社.

孙吉雄. 2008. 草坪学[M]. 北京：中国农业出版社.

武菊英.2007.观赏草及其在园林景观中的应用[M].北京：中国林业出版社.

易同培，马丽莎，史军义，等.2009.中国竹亚科属种检索表[M].北京：科学出版社.

[印]古尔恰兰·辛格.2008.植物系统分类学：综合理论及方法[M].刘全儒，等译.北京：化学工业出版社.

张宏达，黄云晖，缪汝槐，等.2004.种子植物系统学[M].北京：科学出版社.

张自和，柴琦.2009.草坪学通论[M].北京：科学出版社.

赵梁军.2002.观赏植物生物学[M].北京：中国农业大学出版社.

中国科学院中国植物志编辑委员会.1961.中国植物志(第11卷)[M].北京：科学出版社.

中国科学院中国植物志编辑委员会.1978.中国植物志(第15卷)[M].北京：科学出版社.

第 *2* 章

观赏草的生态学特性

观赏草种类多种多样，在世界上几乎所有地区，无论用于何种目的，均能找到合适的观赏草种。观赏草是观赏植物中最易养护，景观优美，持续利用时间长的类群。选用观赏草时，虽然每个人对美学价值的认识不尽相同，除风格和品位之外，还需要考虑观赏草的实用性以及其对环境的适应性。传统的园林通常改造环境来适应植物生长，有时对环境的改造使得局部的环境或微生境发生了永久性的改变，因为在无需连续投入额外资源的情况下选用的植物能生长良好。但在多数情况下，改变环境来适应植物生长的做法会带来很多恶果，例如需要不断补充灌溉，人力物力的持续投入，甚至全面彻底更换植物。最好的做法是了解气候和区域环境条件，因地制宜，根据微生境条件选用适宜的观赏草种类。若要确保后期低成本养护管理，无疑后者更具优势。

2.1 观赏草与温度

温度是影响植物生长发育的重要因素，也是决定具体场地适宜种植何种类型观赏草的重要条件之一。地球上生物生存的温度范围在 - 35 ~ 75℃之间，大多数观赏草生长的温度变幅则更窄，可能介于15 ~ 40℃之间。判别一种观赏草能否在某一地区生长，需要了解当地的年平均气温，无霜期的长短，生长期中日平均气温的高低变化，日平均气温变化幅度，积温量，最低、最高极端气温及其持续时间等。将这些资料与观赏草生长所需的基本条件做对照，再经过区域化的实验，通过实地观察选择适合该地区的种类。如各种叶色的苔草、血草、石菖蒲、旱伞草、蒲苇、木贼在华东地区生长良好，在北京地区就不能够露地越冬，不适合大面积应用，只能用于盆栽或室内种植。

近年来，一些学者研究了观赏草对低温、高温环境的适应性。如北京地区有代表性的5种观赏草的耐寒性从强到弱为拂子茅、狼尾草、野古草、须芒草、细叶芒。草炭改善了基质的物理性质，随着草炭含量增加，基质的含水量、田间持水量和孔隙度升高，容重降低。覆盖有效提高了基质的含水量，使观赏草容器苗提前萌芽，效果从大到小依次为塑料、覆膜无纺布、无纺布。拂子茅、狼尾草、野古草、须芒草的容器苗不需覆盖即可越冬，基质对其萌芽没有明显影响。对于耐寒性较差的细叶芒，基质影响裸露容器苗的越冬萌芽率，采取园土与草炭同体积配制的基质有利于细叶芒种苗越冬。细叶芒的容器苗需要采取覆盖防寒措施。因为揭开塑料后萌出的叶片可能凋萎，建议采取覆膜无纺布或无纺布作为覆盖材料（袁小环等，2011）。

有研究者研究了高温对植株生理生化的影响，高温（42℃）胁迫可使细茎针茅叶片相对电导率增大、丙二醛和脯氨酸含量增加，叶绿素含量下降，但水杨酸或热锻炼诱导均能缓解高温环境给植株带来的伤害；就水杨酸处理而言，0.5mmol/L的水杨酸（SA）能更有效提高"马尾"的耐热性；"马尾"幼苗的过氧化物酶（POD）活性与温度成正相关，水杨酸及热锻炼诱导方式对POD活性影响较小，经SA或热锻炼诱导后马尾幼苗能保持较高的超氧化物歧化酶（SOD）活性；过氧化氢酶（CAT）活性并不能作为判断"马尾"幼苗耐热性的一项指标；可溶性蛋白含量与高温胁迫时间并不存在负相关或正相关关系，而是具备一定程度的自适应性（张彦捧等，2010）。

根据观赏草对温度的适应性可分为冷季型观赏草与暖季型观赏草。暖季型观赏草在春季气温升高变暖时开始生长，夏秋季开花结实，冬季休眠。冷季型观赏草在秋末和初春开始生长，开花期从冬季到初夏，夏季生长缓慢或休眠，当秋季气温凉爽时开始旺盛生长。在冬季气候温暖的地区，冷季型观赏草依然能够继续生长。大多数生物的冬眠、夏眠是对极端气温的适应，冷季型观赏草通常在夏季休眠度过炎热干旱的不利环境，暖季型观赏草在冬季休眠度过严寒霜冻。

冷季型观赏草为C_3植物，暖季型观赏草为C_4植物。一般来说，C_4植物比C_3植物具有更强的光合作用，在高温下表现良好；C_3植物光合作用较C_4植物低，在低温下生长更好。由于生理上的差异，C_3和C_4植物在耐热性和水分利用效率存在差异，C_3植物白天气孔张开以吸收CO_2，高温、干热、大风造成大量的水分散失；C_4植物能晚上吸收CO_2，气孔张开时温度低，水分散失少。

（1）暖季型观赏草

暖季型观赏草在26～30℃的温度范围内生长最好，且不易受到干旱胁迫危害。春夏旺盛生长，其后开花结实，进入秋季开始休眠。大多数暖季型观赏草，和乔木、灌木的叶片一样，秋季变色，出现各种意想不到的秋季色彩。冬季，暖季型观赏草继续变色，然后休眠，叶片、花序和茎秆变干枯，漂白并变成褐色、麦秸色或白色，给庭院等带来细致的美感。暖季型观赏草对气温敏感，当气温降到10℃以下时，便不能生长。在北温带一般3月中旬至4月初发芽，进入夏季气温稍高时迅速生长。暖季型观赏草能忍受炎热天气，直至秋天开花仍保持旺盛的生命力，当秋后出现第一次霜冻时上部枝叶开始干枯，干枯后的地上植株在冬季仍具有较高的观赏价值。暖季型草包括芦竹属、鼠尾粟属、孔颖草属、蒲苇属、画眉草属、白茅属、糖蜜草属、芒属、乱子草属、狼尾草属、狗尾草属、磨擦草属、甘蔗属等观赏草。

在寒冷气候地区，暖季型观赏草春季打破休眠返青较迟，返青后生长缓慢，夏季温度上升后才旺盛生长。暖季型观赏草喜炎热环境，特别是在夏季强烈阳光下，生长迅速并蓄积养分供夏末开花使用。在冬季低温来临时生理活动停止，进入休眠。在生理停滞期，多数暖季型观赏草呈现出美观的秋季色调，休眠的暖季型植株通常整个冬天都能持续利用。

暖季型观赏草适宜在其旺盛生长期分株或移栽，但必须在其开花前一段时间进行。在寒冷气候下，春末到初夏是分株移栽的理想时期，当水分充足时夏季分株移栽也是可行的。在晚秋分株移栽风险较高，因为暖季型观赏草在开花、结实时已消耗了大部分养分和能量。在气候寒冷地区，秋末分株移栽后到冬季休眠之前，暖季型观赏草根系基本不再生长，在低温和土壤冰冻缺氧环境移栽可能会造成植株死亡。在气候温和地区，秋季应是最好移栽时期。

（2）冷季型观赏草

冷季型观赏草的最适生长温度为15～23℃，秋季开始新一轮生长，通常是庭院中最早开花的草种，某些种类甚至冬季开花，春季(4~5月)和秋季(9~10月)是其生长旺盛季节。初夏开花，当夏季温度高于24℃时，即停止生长，进入休眠。休眠后地上部分并不枯黄，仍然保持生长季节的外观，观赏效果不会降低。到秋季冷凉后，又恢复生长。冷季型观赏草比暖季型观赏草更喜欢湿润环境，冬天大多呈现红色、深紫色、紫色、黄色或褐色。春季气温回升，植株开始再生，多数植物冬季色彩消失，代之以新生绿色。

冷季型观赏草不适应炎热干燥的天气，暑期常休眠。为了保持健壮生长，需要经常对其分株。种植或分株时间最好在冬末或早春，也可在夏末或初秋，不可在夏季即将休眠或休眠期移栽。冷季型观赏草包括羊茅属、早熟禾属、洽草属、臭草属、拂子茅属、茇茇草属、针茅属、粟草属、异燕麦属等。常用的冷季型观赏草有蓝羊茅、拂子茅、细茎针茅、花叶燕麦、蒲苇等，这些冷季型草适合与早春开花的球根花卉组合种植，形成清新淡雅的春季景观。

冷季型观赏草耐寒性可能取决于其夏季遭受高温胁迫的程度，某些在原生地极耐低温胁迫的冷季型观赏草，在冬季气候温和的引入地却死亡，这是因为在入冬前遭受极端高温和干旱胁迫，植株生长弱小，不能顺利越冬造成的。相反地，暖季型观赏草如果在夏季温度和光照不足时，光合作用弱，不能储存足够养分，其冬季耐寒性大为降低。这也回答了为什么本身极为耐寒的物种，却在气候温和的冬季死亡。例如，芦竹(*Arundo donax* ' Variegata ')，在英国温暖地区冬季耐寒性好，而在美国大西洋中部地区，夏季更热，冬天更冷，其耐寒性依然很好。

观赏草对气候的反应通常与其起源地的气候密切相关，来源于夏季干旱地区的物种，在炎热季节通常休眠，当秋季降雨、气温下降时恢复生长。起源于冬季严寒地区的物种，通常秋季休眠，来年春季气温上升时开始返青生长。这种季节性模式也可能随不同的气候或环境而发生改变。在正常情况下，冷季型观赏草夏季休眠以抵御干旱，如果定期灌溉，某些植株会继续保持生长。在夏季可通过遮阴、干旱期补充灌溉等措施缓解高温胁迫危害，夏季灌溉可防止植物休眠。在气候温和、凉爽地区，冷季型观赏草可常绿或半常绿。

有些情况下，冷季型观赏草和暖季型观赏草的区分并不是那么明显，因为观赏草在不同气候下生长变化极大。如某些冷季型观赏草在美国北/南卡罗莱纳州南部冬季常青，在费城却休眠，即当年冬季休眠，来年春末恢复生长。冬季草种保持色彩与冬季气温和光照密切相关，冬季温和气候的东南部，草种在整个冬季均能保持常绿并旺盛生长。

从外地引种观赏草时，必须考虑到气温对观赏草生长的限制。这些观赏草通常受当地气候影响，即使其原生地与引入地平均最低温相似。例如，在日本，由冬入春时气温稳定上升，而在北美东部春季升温过程常为短时冰冻打断。同样的，北美东部秋季降温过程比日本更不均一。由于与北美当地气候不一致，日本原生物种引入北美时常受到气候的不利影响。

降雪对观赏草越冬存活有显著影响。在气温下降到观赏草致死温度以下时，积雪覆盖能保持土温，防止土温下降到冰点以下，从而保护其安全越冬。

微生环境对观赏草生长极为重要。观赏草植株生态位的生长环境明显不同于地区大气候。隐蔽角落、靠墙或建筑区域、内部庭院或屋顶花园可栽培一些在当地可能被认为是耐寒性差而不宜应用的植物。

除此之外，观赏草在不同的生长发育阶段对温度的要求也不同，要了解其对温度变化的不同反应，熟知其季相变化的特征，进行合理的景观设计，才能创造出季季有景，四时不同的植物景观。冷季型观赏草最佳生长季节是冬末早春和夏末初秋，最佳观赏期一般为9月至翌年3月，适于与早春开花的球根花卉，如百合科植物组景，形成清新、淡雅的春季景观。在夏季高温时间进入休眠。观赏草进入休眠状态后，虽不至于像冷季型草坪那样营养体枯黄成片死亡，但其观赏性也会大大降低。因此，在园林中应用要注意与其他植物搭配，以弥补夏季景观。暖季型观赏草最佳观赏期一般为5~9月。禾本科观赏草的花期较长，大多集中在9~12月，如芦苇、斑茅、狼尾草、芒类等，而蒲苇、矮蒲苇等宿存的花序则可一直持续到第二年。暖季型观赏草对低温敏感，当冬季气温降到10℃以下时，便不能生长。枯萎期一般在11~12月。因此，设计时应考虑与常绿植物组景，填充冬季景观。

2.2　观赏草与光照

　　光是一个十分复杂的环境因子，太阳辐射的强度、光质及其周期性变化对观赏草的生长发育产生着深刻的影响，而观赏草本身对变化的光因子也有着极其多样的反应。按照观赏草对其生长环境光照的适应性不同可分为喜光型、喜光稍耐阴型、耐阴型。花叶芦竹、狼尾草类、须芒草等喜光，遮阴易导致长势弱、株型分散、易倒伏等现象，常用的喜光观赏草有荻、芦竹、狼尾草、拂子茅、须芒草、柳枝稷等；蓝羊茅、矮生沿阶草、斑叶芒等轻度遮阴生长良好；苔草类在郁闭遮阴的条件下生长良好。大部分观赏草喜光，光照充足的条件下生长旺盛，观赏效果好。通常大部分禾本科观赏草以及多数帚灯草科、香蒲科观赏草在全光照下生长旺盛，而莎草科、百合科麦冬属及灯心草科的很多观赏草喜欢荫蔽环境，在树林下、建筑物荫蔽下生长更好。

　　喜光观赏草在生长季一天中要有5h以上光照才能健康生长，在光照充足条件下，生长势强，株型直立；而当光线不足时，生长势弱，株型松散，特别是在肥沃土壤条件下更是如此。一般喜光观赏草体型高大，展现出旺盛的生命力，如荻、芦竹、狼尾草等。喜光草种在遮阴条件下，容易出现倒伏现象。很多彩色观赏草需要光照才能保持其色彩，如紫御谷，在遮蔽条件下，叶子变回绿色。还有一些花叶种类，如花叶芒、玉带草，需要充足的光照才能保持理想的观赏效果。观赏草中许多种是秋季赏色植物，如须芒草，在没有光照或光照不足时，植株颜色淡，不能形成艳丽的色彩。

　　耐阴植物通常喜欢定期落叶或变化不定的荫蔽环境，园林中需要大量地被植物，覆盖裸露地面。观赏草中有些种类，耐阴性好，适合做地被花境，如麦冬、吉祥草、蓝羊茅、花叶燕麦、玉带草、苔草类等。观赏草的应用，避免了大片草坪的单调，丰富了地被植物的色彩和类型，并且耐旱节水，是不错的选择。

　　不同物种和品种对光照的偏好见各论。观赏草最适宜生长所需和耐受的光量难以量化。在世界上不同地方，全光照下的光强变化极大。英国德文郡的全光照程度，只相当于美国加利福尼亚州南部的部分荫蔽。山地高海拔地区，常受云块遮蔽，全光照只相当于山谷底部的荫蔽环境。土壤或生长介质中的有效水分和相对肥力也对理想光照量有重要影响。例如，某种观赏草，如果根系通常湿润，在全天全光照直射下生长高大并能开花结实，但这种观赏草可能在极度干旱条件下需要部分荫蔽才能存活。不管光质如何，大多数喜光观赏草在生长季每天约5h阳光直射就能满足其生长和开花所需，阳光更充足时，生长强健，株型挺拔直立；如果光照不足，其植株生长变小，株型松散。

　　观赏草是一种良好的色彩添加剂,红、橙、黄、绿、蓝、靛、紫、白乃至杂色齐备,与一般花卉的鲜艳色彩不同,观赏草色彩柔和且着色均匀,其色感效果随植物数量的累加而增强。生长在不同光照条件下的观赏草的花色、叶色等常常不同,如蓝紫色花大多集中分布于高山地区,而在平原地带,蓝紫色的花却较罕见,这可能与高山地区紫外线强度较大有关。与其他光照条件相比,光质对花青素苷的合成起着关键的作用,这对观赏草艳丽色彩的生产具有重要作用。

　　光照季节性变化和白天日照时间长短也影响观赏草生长与开花。某些观赏草要求较长的生长期以完成开花结实,大多数温带禾本科和莎草科物种是所谓双重日长类型,即花诱导和花形成两个过程明显分开,且要求不同的日照长度,这类植物称为双重日长(dual daylight)植物。对某些物种而言意味着必须先接受短日照后接受长日照才能开花;而另外一些,则是先接受长日照后接受短日照诱导开花。

2.3　观赏草与水分

　　水是任何生物体都不可缺少的重要组成部分,通过对观赏草抗旱性研究,了解在干旱胁迫下的生长状况,对选择合适观赏草种类进行景观配置是必不可少的。对 10 种观赏草耐旱性研究表明,抗旱性由强到弱的顺序为:蒲苇(白)、蒲苇(粉)、野青茅、柔穗狼尾草、橘草、狼尾草、黄背草、小布尼狼尾草、知风草、弯叶画眉草(孔兰静等,2009)。张智等(2007)研究了 4 种观赏草自然失水胁迫下的形态与生理变化规律,表明斑叶芒和灯心草的枯叶率与生理指标(游离脯氨酸和电解质外渗率)出现剧烈变化的转折点均在干旱胁迫第10d,两种观赏草的枯叶率与生理指标均呈极显著正相关,综合评价两种观赏草的耐旱性为:灯心草>斑叶芒;秋季随着干旱胁迫时间的延长,斑叶芒、狼尾草、矮蒲苇的游离脯氨酸、电解质外渗率(REC)、丙二醛(MDA)含量不断增加,与枯叶率的增加呈显著正相关。比较形态和生理指标后,认为狼尾草的耐旱性最强,斑叶芒次之,矮蒲苇对干旱最敏感。

　　孔兰静等(2009)研究干旱胁迫条件下蒲苇(白)、狼尾草、弯叶画眉草的生理变化,表明蒲苇酶促抗氧化系统起歧物氧化酶(SOD)、过氧化物酶(POD)、丙二醛(CAT)、抗坏血酸过氧化物酶(APX)活性和抗氧化物质 AsA 和 Car 含量均增加,但 POD 基础活性较低,弯叶画眉草在严重干旱胁迫下保护酶活性(POD 除外)和抗氧化物质 AsA 和 Car 含量均明显降低,标志着体内活性氧代谢严重失调。3 种观赏草的 P_n、G_s 均有较大幅度的降低,狼尾草和弯叶画眉草自中度干旱胁迫开始就出现光合的非气孔限制,蒲苇在严重干旱胁迫下,出现光合的非气孔限制。3 种观赏草 ABA 含量整体呈上升趋势。狼尾草和弯叶画眉草的 Chla、Chlb、Chla + Chlb 和类胡萝卜素含量均下降,但弯叶画眉草叶中 Chlb 含量下降较小,处理间无显著差异,而蒲苇叶中色素含量均上升。3 种观赏草的 Spm、Spd 和多胺总量均增加,但 Put 含量下降。

　　在陆地上降水的分布是十分不均匀的,由此形成的不同类型的观赏草对水分的要求各不相同。影响植物生长发育的主要是土壤水分和空气湿度,依据观赏草对土壤水分的要求不同分为耐旱型观赏草和喜湿型观赏草两个类型。

　　观赏草无须持续灌溉和补充浇水就能保持旺盛生长是其吸引人的原因之一,除了新移栽植株必需浇水外,选择恰当的观赏草则无须灌水。景观设计和养护管理中水分计量的经验法主要是考虑植株天然生境中的有效水分，同时通过在现有环境中种植与之相适应的草种来降低成本，减少干扰。通常构建或高度人工调整的景观区域，其可利用水分低于自然生境，在这种情况下，选择需水量少的物种来栽培，而不是增加人工灌溉。观赏草的抗逆性是其最突出的特点，尤其是绝大部分观赏草具有良好的抗旱能力，这是观赏草受到人们青睐的主要原因。我国淡水资源缺乏，而每天城市用于浇灌草坪和地被植物的需水量大，选择耐旱性的观赏草，是创建节约型园林的必然。

大多数观赏草在无灌溉水、仅依靠自然降水的条件下都能正常生长，芒类、狼尾草、须芒草在无灌溉条件下，依靠自然降水生长良好；细茎针茅、远东芨芨草等属于中生型；花叶芦竹、苔草类、水甜茅等在水生条件下生长良好。设计时要考虑立地条件的干旱程度和管理的精细程度，如果种植地没有其他补偿灌溉来源只能依赖降雨时，可以选择耐旱的观赏草。许多观赏草在第一年定植以后，形成了发达的根系系统，能够忍耐那些浅根系植物所不能忍耐的干旱，仅靠自然降水，就能健壮生长。常用的耐旱型观赏草有狼尾草、大油芒、拂子茅、蓝羊茅等。如果在缺雨的季节每2~3周可以灌水一次，则可选择的观赏草范围更广。

在有充足而持续供水的情况下，观赏草能生长高大而枝叶繁茂。在庭院中高度只有0.9~1.2m的观赏草在湿润土壤中可长到1.8m以上。湿润的土壤植株生长健壮，从而能充分展示植物的叶片，为观赏草间叶片质地对比提供了良好条件。在干旱条件下，观赏草叶片生长细小，以降低叶面蒸腾而减少水分损失；而在湿润土壤中，观赏草叶片多且较宽。观赏草相对细弱的叶片与其他多年生植物的宽大叶片形成鲜明对比，丰富了景观层次感。

潮湿积水地带给造园带来一定困难，其问题在于水分过多，通常的解决办法是选用合适草种。积水给某些植物带来了良好的生长条件，某些观赏草喜欢湿润的环境条件，适宜在潮湿土壤甚至水生条件下种植，如芦苇、芦竹、灯心草、苔草、水葱等。喜湿观赏草为丰富水景景观提供了广阔的空间，部分种类观赏草在水中，还可以吸收水中的污染物，净化水体。将它们与其他喜湿花卉和多年生植物配置在一起，会营造出美丽的景观，如蒲苇、苔草、日本血草等搭配组合。莎草科、禾本科、香蒲科、帚灯草科的多个种天然适生于湿润甚至部分积水区域，这给单一园林增添了多季节的景观，增加了湿地生境的生物和景观多样性。水生植物香蒲、水葱等作为观赏草的一个重要组成部分，为建造水景、丰富景观创造了广阔前景。

一部分观赏草具优良抗性，往往水陆两生，可以营造出一个从浮水到挺水再到陆地的一个过渡带景观，这才是自然水景营造的关键所在。现在常见的水景，大体可分为两种，一种是硬质驳岸；另一种是模仿自然水体景观所营造的驳岸形态。观赏草在营造这两种形态的景观中都将成为不可缺的组成部分。在硬质的驳岸景观方面，它的线形叶片可以柔化岸线，使得硬质景观能够充满自然的韵味；在模仿自然的景观方面，往往会用到很多石头，而在这些石头的缝隙间，丛生的观赏草，使得水岸与石头合为一体，饶有趣味。观赏草本身又是天然的净化器，它生长旺盛，能够摄取水体中大量的营养成分，降低水体富营养化，起到净化水质的作用。还有许多水景工程希望能够有自然的岸线，但因水土流失的问题，使得工程不得不再次考虑使用混凝土，这样不仅成本巨大，又遗失了回归自然的初衷。在湖库岸种植观赏草，观赏草能降低水流对驳岸的冲刷动能，其强大的匍匐根茎，可以牢牢地抓住岸线的土壤，大大降低湖库岸线周边的土壤流失。

种植水生观赏草经常遇到的问题是生态入侵，一个水生草种一旦种植，就会以最快的速度占据尽可能大的空间，形成优势种群，其他种类很难进入。为了防止这种问题发生，可以先将植物种在容器中，再将容器放入水中。

如果想在湿地上选用更多观赏草，可以考虑提高苗床，只需将土表抬高几厘米就可以将观赏草根颈升高到积水以上，从而减少根颈的腐烂。许多观赏草理想的生长条件是，根颈处于排水良好土壤、根系有充足水分供应。常见喜湿观赏草有菖蒲、灰色苔草、羊胡子草、车夫灯心草、花叶蔺草、草原网茅等。

2.4　观赏草与土壤

观赏草在土壤中根系发育良好，其地上部分才能表现出较高的观赏价值。土壤的质地、酸碱性、养分含量等都对观赏草的生长发育有重要影响。多数观赏草都易于养护管理，它们基本不需要土壤整备或专门养护，但这并不表明观赏草在改良土壤上不能生长更好，土壤一经改良，观赏草的活力和生长速度立刻增强。

生物对于长期生活的土壤会产生一定的适应特性，形成各种以土壤为主导因子的生态类型。根据土壤酸碱程度，可把土壤划分为酸性土、中性土和碱性土。土壤的酸碱度影响观赏草种的选择。通常在栽种观赏草之前，最好进行土壤测试，测定其 pH 值。缓解土壤 pH 过高的一个方法是施用酸性肥料，如硫酸铵。某些观赏草最适应中性土壤，另外一些更喜欢弱酸或弱碱土壤，而某些观赏草适应土壤 pH 的范围较广。垂穗草（*Bouteloua curtipendula*）在 pH 接近 7 的土壤中生长最好；在较大的土壤 pH 范围内均能生长良好的有格兰马草（*Bouteloua gracilis*）和虎尾草（*Chloris distichophylla*）。适应酸性土壤的有匍匐须芒草（*Andropogon stolonifer*）、*Anthoxanthum odoratum*、盐草（*Distichlis spicata*）、斑叶毛茅草（*Holcus mollis*）、细弱早熟禾（*Poa nemoralis*）、莠狗尾草（*Setaria geniculata*）以及偏序钝叶草（*Stenotaphrum secundatum*）；在碱性土壤上生长最好的有小须芒草（*Andropogon barbinodis*）、大须芒草（*Andropogon gerardi*）、*Bouteloua brevista*、*Chloris glauca*、粟草（*Milium effusum*）以及 *Spartina gracilis*。

根据观赏草对土壤中矿质盐类（如钙盐）的反应，可分为钙质土观赏草和嫌钙观赏草；根据对土壤含盐量的反应，可将观赏草划分为盐土和碱土观赏草。在盐土上能够正常生长的观赏草称为盐土观赏草，又称盐碱性观赏草。盐土富含 Na_2CO_3、$NaHCO_3$、K_2SO_4 等钙镁盐类，由于其盐碱度高，危害根系，土壤结构破坏严重，引起观赏草生理干旱和代谢失调，一般观赏草不能正常生长。高耐盐性观赏草包括：*Agropyron pungens*、*Bormus unioloides*、拂子草（*Calamagrostis epigejos*）、狗牙根（*Cynodon dactylon*）、盐草（*Distichlis spicata*）、碱茅草（*Puccinellia maritima*）、互花米草（*Spartina alterniflora*）、大绳草（*Spartina cynosuroides*）和狐米草（*Spartina patens*）等。中等耐盐观赏草包括：*Bormus inermis*、丝带草（*Phalaris arundinacea var. picta*）、芦苇（*Phragmites australis*）、鼠尾粟（*Sporobolus virginicus*）、海滨燕麦草（*Uniola paniculata*）等。

观赏草在私人或公共园林中广受欢迎的原因之一在于它们能在其他植物难以存活的土壤中旺盛生长，尽管多种观赏草喜欢排水良好、肥力适宜的壤土，但它们最适应排水不良的黏重土壤或干旱贫瘠砂土。土壤酸碱的小范围变化对观赏草影响不大，包括沙生植物和滨海植物等多个物种，已进化具有一定的耐盐性。某些物种，如低矮苔草（*Carex humilis*），由干旱碱性的土壤进化而来，对相同的环境具有天然的适应性，如屋顶、路旁、墙边以及石质建筑等。

土壤的变化会造成特定观赏草生长状况和管理上的差异，例如，为了使蓝羊茅在寒冷、潮湿的冬天顺利越冬，要求土壤必须具备快速排水能力。匍匐蔓生型草，如欧洲滨麦(*Leymus arenarius*)、芦竹(*Arundo donax*)，在致密黏重土壤中或贫瘠的砂土中能有效管理而不易滋生蔓延，但在疏松肥沃土壤上侵占性极强。某些特别的物种，如 *Cymophyllus fraserianus*，需要通气良好、有机质含量高的土壤才能长期存活。

补充施肥通常对观赏草没有太多好处。但在极度贫瘠的土壤或沙地中，如果观赏草不是原生于此种环境的，就有必要补充施肥。在一般土壤中施加浓缩化肥实际上有损观赏草的性能表现。施肥过多易造成观赏草植株生长过度，使得观赏草呈下垂，影响观赏草植株造型。这在养分利用效能高的物种上表现尤为突出，如须芒草属(*Andropogon*)、裂稃草属(*Schizachyrium*)以及蓝滨麦属(*Sorghastrum*)等。在小庭院中给高大观赏草打桩固定会浪费不少时间，工作单调乏味；而在大的景观中则是不现实的。如果水肥管理恰当，则不至于出现上述情况。

蔓生型观赏草在一般性的土壤中易于管理，但在过度肥沃土壤中侵占性强，难以管理。特别是在寒冷温带地区，许多非禾本科侵占性物种在提高肥力水平时生长旺盛，富竞争力，侵占性强。利用观赏草在贫瘠土壤生境中竞争力强的遗传特性，控制侵占性杂草，是减少防控投入的有效策略之一。

2.5 生物因素

观赏草园是一个极其完备的生态系统，它包含生态系统的 4 个组成部分：

非生物环境：阳光、空气、水分等。

生产者：绿色植物——观赏草。

消费者：与其他生态系统不同，不以草食或肉食动物为主，而是人类在其中的活动，如践踏、修剪等的间接影响。

还原者：异养生物，主要是细菌、真菌、也包括某些原生动物及腐生动物(如食枯枝落叶的甲虫、蚯蚓及某些软体动物)。

观赏草的生物组成包括 4 大区系：①植物区系(如树木、杂草)；②高等动物区系(食草动物、鸟类、鼠类等)；③微生物区系(细菌、真菌、放线菌、藻类等)；④微动物区系(原生动物，单细胞的动物，主要采食细菌、线虫)。

2.5.1 杂草

杂草通常可分为杂草状植物和生态侵占性植物，二者之间存在显著区别。杂草状植物在人为控制之下，仅仅给管理增加麻烦；而生态侵占性杂草能大量繁殖蔓延，超出人为控制，干扰了生态或生境的平衡。观赏草有时由于过度蔓生或种子自播(self-sowing)而成为杂草。蔓生型观赏草蔓延超出界限，面积较小时可用手动工具控制，大规模时可使用动力机械或施用除草剂防除。在某些地方，即使栽培最具侵占性的观赏草也是适宜的，如大厦的天井、阶梯、交通岛等，但在栽植前须测算评价其蔓生扩展能力是否人为可控。

栽培观赏草具有生态侵占性潜能，会干扰生态系统的功能。同一种观赏草的不同生态型的生态入侵能力存在很大差异。所有生态系统稳定都是相对的，都在不断发生着演替变化。生态侵占性物种，包括观赏草，干扰生态系统的相对平衡，经过一段时间内会取代原生生境，导致多样性迅速降低。人类不合理或过度活动是造成生态失衡的主要原因，一方面是造成物种间关系的改变；另一方面人类活动对整个区域环境造成了巨大干扰。因此，当在近生态脆弱区建造景观时，如果需要引种可育观赏草时，必须对当地环境和动态变化有详细的了解和认识。

生态入侵常常是由于在错误的地方选用了错误的草种。例如，蒲苇（*Cortaderia jubata*），原生于南美智利、秘鲁等国山区，是生态稳定因子，但其极适应加利福尼亚海边山区潮湿环境，逃逸到野生生境，成为当地入侵物种。而在其他情况下，外来物种也能被驯化，其扩张受当地生境条件的限制。在特定区域栽培观赏草会逃逸为入侵杂草，而在其他地方却完全无害，这样的例子不计其数。例如，芦竹（*Arundo donax*）在温暖、潮湿区域的加利福尼亚南部已逃逸成为入侵物种，但在寒冷的美国东北部，却很少开花，从不结实，因此对当地生境基本不具威胁。中国芒（*Miscanthus sinensis*）在美国东南部温暖区域的低湿地，是极具破坏力的外来物种，但在干旱的美国加利福尼亚州，如果不进行人工灌溉，它甚至不能存活。

有时"物种"这一术语不足以区分一个植物是否具侵占性。例如，芦苇（*Phragmites australis*）是广布性草种，曾经在北美和大西洋中部广有分布，对当地生态的稳定具有重要作用。而同一物种的欧洲生态型，通过人类活动引入美国，结果非常适应目前大西洋中部环境，在美国扩张面积达数以万亩计。用物种这一概念，结合本土/外来术语，可将此侵占性草种定义为本土物种的外来型。

一年生观赏草能通过自己产生的种子落地自播，这点与杂草类似。多年生观赏草如果选种得当，适合当地气候和土壤条件，表现会很好。有几种简单方法可以减少种子自播进而降低养护管理成本。在种子成熟前割去花序是最简便实用的方法，但该方法的缺点是在很大程度上减少了观赏草的景观美。避免不合意品种幼苗萌发滋生的方法之一是选择那些在本地不能产生可育种子的观赏草。例如，宽叶拂子茅（*Calamagrostis*）+尖花拂子茅'卡尔弗斯特'（*Acutiflora alamag* 'Foerster'）种子不育，因此不存在任何种子自播扩散的风险。中国芒（*Miscanthus sinensis*）的不同品种，产生可育种子所需生长期的长度存在较大差异，因此在生长期较短的地区可选用那些生长期长的品种，从而消除了其结实自播的可能性。另外一种避免观赏草结实自播的方法是不要过度灌溉。砾石或石头覆盖地面都能减少种子自播量，从而轻松发现幼苗并清除。

2.5.2 害虫和病害

观赏草是所有观赏植物中病虫害危害最少的。如果选用合适草种，种植在合适地区，采用常规养护减少胁迫，基本上就能满足观赏草的需求。

某些草易于感染锈病，特别是在温暖、湿润时期，以冷季型观赏草受害最重。感染锈病后植株叶片上出现黄褐色锈病孢子，叶片变黄，长势降低。一旦发现感病叶片，马上清除。在季末清理庭院，除去感病的植株。如果上一季节曾受锈病危害，可在病害发生前几周定期施用可湿性硫粉剂预防病害发生。浇水时应浇在地表，而不应浇在植株之上。锈病可通过改善通风条件来减少或清除，对易感病观赏草应保持足够的距离，以保证良好的通风状况。观赏草对锈病通常发病期短，耐性高，但在温室条件下危害较重，可通过杀菌剂防除。

芒枯萎病是由壳多胞菌属(*Stagonospora*)和小球腔菌(*Leptosphaeria*)真菌侵染造成的。在成熟植株中,枯萎病显著特征是叶片和叶鞘上出现红褐色斑点或椭圆形条纹。新叶的边缘、叶尖和老叶褪色并死去。芒枯萎病能杀死幼苗或新扎根的插枝,采用杀菌剂防除该病效果较好。

芒粉蚧(*Miscanthicocuus miscanthi*)是对芒属植物危害较重的专性害虫,原生亚洲,北美1980年首次发现,其后通过受感染植株的传播而扩张,目前已遍布美洲大部。只有在植株长大后其症状才比较明显。粉蚧体长可达4mm,生活在茎和叶鞘间狭小空间内,起初侵染植株根颈基部,当种群数量增加时逐渐往上扩张。若虫很小,难以用肉眼看到,成熟成虫则能用肉眼观察到。确认方法是拔下基部茎的叶鞘,查看是否存在粉蚧产生的白粉状蜡质物和糖蜜。通常这些物质会遮掩粉蚧。受芒粉蚧危害的初始表观症状是芒花序生长延缓、扭曲。粉蚧采食的地方,茎和叶鞘通常变成深红色。重度侵染植株并不死亡,但植株造型紊乱,茎覆满白粉,极不美观。受感染植株通常不能开花或花茎发育迟缓,造成花序向下低垂。目前还未发现粉蚧的天敌。从顶部喷洒农药不能有效防除粉蚧,因为农药不能穿透叶鞘的保护。粉蚧在根颈部越冬,因此除去植株上部也不能有效消除粉蚧。采用高毒高效的有机磷杀虫剂对分株充分浸润防除粉蚧效果较好。环境友好型方法是丢弃并焚烧受感染植株,引入新芒属植物前应仔细检查是否有粉蚧危害。

在观赏草的幼嫩新枝叶上有时也会发现蚜虫,在多数情况下,植株的生长远远超过其损失,因而无须防除。如需处理,可用高压水龙头把蚜虫冲走,或用混有杀虫剂的肥皂水处理。

蜗牛及蛞蝓对某些观赏草能造成巨大损害。叶片柔嫩多汁的观赏草、亚热带观赏草以及莎草科观赏草最易受蜗牛和蛞蝓危害。设置一个铜或硅藻土的条带就能阻止蜗牛或蛞蝓的为害;也可晚上人工手抓,并将其浸入肥皂水;或者设置啤酒饵诱杀,或喷洒盐水驱避之。但大多数观赏草基本不受其影响,因此无须防除。

2.5.3 高等动物

鹿很少干扰观赏草。实际上,它们通常避开叶缘尖锐的高大草本,因此可将观赏草大量种植于其他易于受损的植物中或生态脆弱的区域,从而起保护作用。

野兔会对观赏草造成一定的麻烦。野兔喜欢采食某些观赏草,但不喜欢采食细线形的、质地细腻的或尖锐叶片的观赏草。如果食物充足,野兔通常不采食观赏草。可以通过设置栅栏阻挡野兔。

老鼠和地老鼠是比较大的麻烦,它们吞食植株,破坏植株造型,有时造成植株大片死亡。金属网覆盖可用于小面积保护观赏草,但比起老鼠等造成的破坏,金属网更影响美观。通常只在禾本科和莎草科植物幼嫩时有对植株进行精细保护措施。

野鼠有时也从地下采食观赏草根部。在一年中,在寒冷季节,野鼠的危害最重。偶尔野鼠的危害是可以接受的,但是当野鼠种群达到一定数量,唯一方法就是投食毒饵和设置陷阱。

思考题

1. 暖季型、冷季型观赏草分别具有哪些生态学、生物学特性?种植时需特别注意哪些问题?

2. 喜光型观赏草种植在荫蔽环境条件下有什么表现? 为什么? 常见喜光观赏草有哪些?

3. 分别列举 5 种耐旱型、中生型、耐水湿型常见观赏草。

4. 如何防止水生观赏草的生物入侵?

5. 列举观赏草生长的环境因子。

参考文献

Darke, Rick. 1999. Color Encyclopedia of Ornamental Grasses[M]. Portland：Timber Press.

Darke R. 2007. The Encyclopedia of Grasses for Livable Landscapes[M]. Portland：Timber Press.

Grounds, Roger. 1998. The Plantfinder's Guide to Ornamental Grasses[M]. Portland：Timber Press.

Greenlee, John. 1992. Encyclopedia of Ornamental Grasses[M]. Emmaus：Rodale Press.

King, Michael and Piet Oudolf. 1998. Gardening with Grasses[M]. Portland：Timber Press.

孔兰静. 2009. 三种观赏草对土壤干旱胁迫的生理响应[D]. 山东农业大学图书馆.

袁小环，孙男，滕文军，等. 2011. 9 种观赏草苗期耐盐性评价及 NaCl 胁迫对芨芨草生长的影响[J]. 植物资源与环境学报，03：71 – 77.

张彦捧. 2010. 高温胁迫对观赏草——细茎针茅的生理影响及耐热性诱导的研究[D]. 西南大学图书馆.

张智，夏宜平，常乐，等. 2007. 3 种观赏草在自然失水胁迫下的生理变化与耐旱性关系[J]. 东北林业大学学报，12：19 – 22.

第 *3* 章

观赏草的繁殖、栽培与养护管理

观赏草已在美国、新西兰、澳大利亚等国家的园林绿化中得到广泛应用，随着我国经济的快速发展和人们审美情趣的逐渐提高，观赏草已在一些公园与绿地展露风姿，并且越来越受到景观设计者的青睐，应用面积正逐年增大，在园林景观中扮演着越来越重要的角色。观赏草的繁殖与一般观赏花卉、园林植物等相似，也以无性繁殖和有性繁殖两种途径进行；而其栽培管理要点主要取决于其利用途径：盆栽、地栽、水生等。观赏草并不是所谓的无须养护的植物，但它们却是园林植物养护管理成本最低的。观赏草质朴自然，种类繁多，与传统园林植物相比，抗逆性强，适应面广，对环境条件的要求不高，养护管理相对简单，维护费用低，符合当前节约型园林建设的需要，发展前景广阔。如果给予观赏草与其他园林植物同样的管理，则观赏草会生长旺盛，不易受病虫害侵袭，在园林造景中呈现赏心悦目的景致。观赏草的养护与管理主要包括修剪、搭架、分株、施肥、灌溉以及病虫害防治等方面，只要将以上各种管理措施做好，观赏草将呈现一片美丽的景致。

3.1 观赏草的繁殖

观赏草的繁殖方式主要有两种，一是有性繁殖，即靠种子播种；二是无性繁殖，依靠分株、扦插等方法。

3.1.1 有性繁殖

部分观赏草可以采用种子育苗的方法进行扩繁，如狼尾草(*Pennisetum alopecuroides*)、薏仁(*Semen coicis*)、芒(*Miscanthus sinensis*)等。播种是最简便、经济、快速的种苗繁育方式，可以在短期内提供大量整齐一致的种苗。通常，早春是暖季型观赏草种植的最佳时间，此时种植容易扎根，当温度回升即可分蘖抽枝。而冷季型观赏草可在任何时间种植，但春天是其种植的最佳时间。

3.1.2 无性繁殖

种子繁育的种苗个体小，前期生长缓慢，种植初期需要特别精细的管护，否则易被践踏，或被其他杂草覆盖淹没。有些园艺化程度高的种类，种子育苗后，新植株的各种生物学特性和观赏性会产生严重的分离，如许多禾本科植物属于异花授粉而后代分离的现象，其种子育苗的后代严重分离，整齐度大大降低，所以只有经过多年的自交和筛选，并通过无性繁殖方式，才能形成稳定遗传的品种，如分株(分根)、扦插。

（1）分株

分株繁殖是观赏草扩繁技术中的常用方法之一，其具有成本低，生长快，简便易行，易保持品种的观赏特性和整齐性等特点。通常，暖季型观赏草在 3 月底或 4 月初进行分株繁殖，当地上部分幼芽尚未萌动时进行，这样对植株的损伤较小，同时新的植株也有充足的时间生长，产生足够的营养越冬。冷季型观赏草多在 10 月底或 11 月初进行分株繁殖。分株大小因种类而异，有些生长迅速的种类，分株的分蘖数可适当少一些，如狼尾草分株时只需 3 ~ 5 个蘖，新植株就能迅速生长，并产生新的分蘖，分栽当年就可达到理想的观赏效果。而对于那些生长缓慢的种类，分株时所需的分蘖数就要相对多一些，如芒属的著名种类'奇岗'（*Miscanthus sinensis* 'Giganteus'）分株时的分蘖数要在 15 个以上，以便使新的植株很快能达到一定的观赏效果。应当注意的是：分株时分蘖数并不是越多越好，分蘖数过多不利于新蘖的生长，新生植株生长缓慢，同时，繁殖率低，经济效益差。

（2）扦插

某些观赏草还可进行扦插繁殖，特别适合那些不产生可繁育种子，分株生长较慢的观赏草种类，扦插育苗可在短时间生产大量幼苗，同时还能保持新植株与母株形态上的一致性，而且操作简便易行。如旱伞草（*Cyperus alternifolius*），其具体扦插方法是：距茎秆顶端 3 ~ 5cm 处剪下后，剔除部分总苞片，然后将茎秆部分插入沙中，使总苞片平铺紧贴砂土上，保持湿润环境，20 ~ 30d 即能形成新植株。

许多观赏草种类既可有性繁殖，也可无性繁殖。生产上可根据繁殖成本、种苗要求和出圃时间来选择合适的繁殖方式。一般情况下，两种方式同时应用，根据不同需要提供各类种苗。

另外，还有一些种类通过上述两种方法都不能扩繁大量的种苗，此时可考虑组织培养的方法。

3.2 观赏草的种植栽培技术

3.2.1 种植前准备工作

（1）土壤与整地

观赏草适应性非常广，对土壤要求不是很高，对有些种类来说，栽植后浇水即可成活。但是如果想提高观赏效果，延长观赏期，最好能按照不同观赏草种类对土壤的需求特性来种植。

除了水生观赏草外，大部分的观赏草需要排水条件良好的壤土，如果土壤太黏重，最好改良土壤后再种植。沙地的透水透气性很好，但保水性差，土壤常常处于干旱状态。所以沙地条件下，应选择抗旱性较好的种类。大部分观赏草对土壤的酸碱性要求不高。一些原产地在海岸边的种类，对土壤盐碱性忍受力较强，这些观赏草适宜种植在碱性土壤中。与其他园林植物相比，观赏草耐瘠薄性较好，尤其是赖草属（*Leymus*）和羊茅属（*Festuca*）的一些种类。

（2）选种

首先，了解当地气候环境、极端气温、降水量等；其次，了解草种的起源及产地，草种的生态适应性等。总之，选择草种时一定综合考虑景观、气候、当地的欣赏习惯等多种因素。

（3）购种

购买观赏草种子应注意种子的成熟度。观赏草如为无性繁殖，要将植物根部去掉，尽早栽植。

3.2.2 栽培种植

缺株现象发生时应及时补苗。以下分别对盆栽、地栽及水生观赏草的栽培技术加以介绍。

3.2.2.1 盆栽观赏草的栽培

盆栽通常采用分株繁殖法。美国观赏草产品标准规定盆栽观赏草都应是"健康、生长旺盛、根部健壮，并且在盆中可以正常生长的植物，盆栽植物必须有发达的根系，根系沿盆的边缘呈球状生长，但在这个球状结构中不能有过多的根"。可用于盆栽的观赏草包括：蒲苇属（*Cortaderia*）、羊茅属（*Festuca*）、乱子草属（*Muhlenbergia*）、稷属（*Panicum*）、狼尾草属（*Pennisetum*）的一些植株等。高大型观赏草在盆栽条件下植株长势弱、花序少，而地栽条件下植株健壮、花序多，因此这类草适宜田间种植，不适宜盆栽。高大型禾草如芦竹（*Arundo donax*）、芒（*Miscanthus sinensis*）等。

3.2.2.2 地栽观赏草的栽培

目前普遍销售的观赏草是地栽苗，地栽苗相对经济实惠，可去掉根部泥土，适合长距离、大量运输，但运输过程中不宜温度过高，还需保持一定湿度，到达种植地后，要立即种植并灌溉，以提高成活率。春季是购买观赏草的最佳时间，此时可保证观赏草在达到最佳观赏效果前有足够的生长时间和营养储存。栽植前除杂、平整土壤，最好播前灌透1次水，使一些未发芽的杂草种子发芽出苗，以便彻底清除，保证土壤平整、疏松。地栽采用分株繁殖及种子繁殖均可，栽种时要求小苗浅埋，大苗深埋，埋土时应将土壤压实并立即灌水，直至定植形成强壮的根系后，可逐渐降低浇水量。

3.2.2.3 水生观赏草的栽培

水生观赏草在盆栽时，应在容器内填满园土，并在表面铺上一层 2.5～5cm 厚的砾石。大部分草在水漫过其根冠 5～10cm 时生长良好，因此需要将一块岩石或其他支撑物放置在盆的底部，以调节观赏草的顶部达到合适的深度。例如水葱，可在早春将株丛切分数块另行栽植，选盆底无孔大花盆，用腐叶土、河泥各半及适量磷、钾肥配合，栽入后，盆中水深经常保持 5～10cm，置通风向阳处，秋季遇霜茎叶干枯后剪去地上部分，放掉盆中水。若将水生观赏草植于池塘及水体边角，冬季放干池水或者加水使根部处于冰下，即可安全越冬。

3.2.3 观赏草的造型控制

由于观赏草茎的种类多样，观赏用途各异，因此对茎的调控成为观赏草栽培管理技术的重要内容。如在各种切花生产中，总是千方百计增加花梗的长度，生产中采用前期培养壮苗；而在花葶发生时，适当提高温度，加强水肥管理。如在低矮型观赏草或草皮的生产中，除了控制肥水和温度外，还应用修剪方法，打破顶端优势，促进侧芽形成旺盛的枝条。当然，也可以使用一些化学、生物方法控制茎干的过度生长，如为了制作小型盆景，可以适当应用矮壮素、PPP$_{333}$等生长抑制剂等。

3.2.4　移栽

移栽对于观赏草也相当重要，很多观赏草先是盆栽育苗，如细茎针茅（*Stipa tenuissima*）。观赏草从盆中移植于地面时，首先在需移栽的地方挖一个洞，苗盆浇水后将幼苗取出，把观赏草的根或球根放进洞中，应保证洞的深度，使根颈与地表面齐平。如果是裸根苗，如蒲苇、细叶芒等较大型的植株移栽，要先在洞里堆一土堆，然后将根颈放于顶上，把根均匀展开，向根系上填土，然后灌水，水浸泡数分钟后，再将洞填满土并浇水，在植株周围铺上3～5cm 厚的覆盖物，不要紧挨根颈，以保证空气流防止烂颈。

3.3　养护与管理

3.3.1　修剪与整理

观赏草养护的主要任务是剪短观赏草以除去老叶，尤其是对冬季表现不好的一些观赏草，一般在秋季进行修剪，如芦竹（*Arundo donax*）、发草（*Deschampsia caespitosa*）等。一般一年修剪一次，可在冬末或早春将枯草剪掉，以早春修剪更好。小型观赏草常用枝剪或手锯修剪，大型的以及大面积的观赏草可用电锯等修剪。许多观赏草类可直接用手拔除草丛中的一些枯黄老叶。冷季型观赏草在高温下会逐渐休眠，因此，在初夏到仲夏需要注意养护，维持比较好的景观。比如，欧洲异燕麦（*Helictotrichon semperviens*）仅需略加处理（如耙掉或采掉）衰老的叶片即可。而对其他的一些观赏草，则需修剪过半以保证秋季新叶再生，这些观赏草包括赖草、发草、花叶虉草（*Phalaris arundinacea* 'Picta'）以及多年生凌风草（*Briza media*）。

有些观赏草的叶片叶缘非常锋利，在修剪时，要带上手套、眼罩、穿长衣长裤。如果用电锯等修剪，需注意检查地上是否有大型石块、被叶片遮盖的金属棍棒等杂物。对于叶片较多的观叶型观赏草，在修剪前，可将草的顶端中上部位用绳子扎起以便清理。这样，当修剪完毕后，只需要捡起一捆禾草，而不需要费力地把起散落一地的叶片。对冬季表现不好的观赏草，如芦竹（*Arundo donax*）、发草类（*Deschampsia* spp.）、欧滨麦（*Leymus arenarius*）以及沙生蔗茅（*Saccharum ravennae*）等可在秋季剪短。

3.3.2　光照和遮阴

对大多数喜光观赏草来说，在生长季节一天中要有 3～5h 的光照才能健康生长。在光照充足的条件下，长势强壮，更加直立向上；光照不足时，长势较弱，植株松散，在水肥条件好的土壤中尤其明显。许多秋季变色的观赏草，光照是形成其亮丽色彩的重要条件，光照不足时，植株颜色淡，甚至不形成艳丽的色彩，观赏效果降低。不同种类间，对光照的需求存在很大的差异，因此在栽植前一定要注意观赏草的喜好光照情况，结合当地光照和周围环境，选择适宜的观赏草。

一般来说，叶色浓绿的种类适宜在阳光充足的地点种植，而具有花斑、条纹或叶色浅的种类比较适宜在遮阴条件下种植。大部分高大的观赏草如芒类、芦竹及狼尾草都是喜光植物，矮生或匍匐生长的种类如麦冬、苔草、银边草、蓝羊茅、发草适宜在遮阴条件下种植。

3.3.3　搭架

观赏草都是讲究自然美，一般情况下要尽可能减少搭架。但是也不排除偶尔针对某种特定观赏草搭架，目的是改变其株型或叶片的自然生长外形。如有的叶片比较柔软，给人以疏散的感觉，因此，为了给人塑造硬朗的感觉，常将这些叶片用金属环或者绳子束起，以使其叶片伸展直立，而不至于垂落。如果一些观赏草的植株较柔软，则可以选择一根木棍，插与观赏草旁，用金属丝将观赏草栓在木棍上。也有一些禾草植株低矮，叶片丰富，但都较柔软，因此必须搭支架于路旁，以防其阻塞小道，妨碍游人的观赏。因此，如果对观赏草搭架，一般采用金属管、商用金属环、硬木、棍或者绳子等。因观赏草种类不同，可选择不同的搭架方式。

3.3.4　施肥

低养护是观赏草一大特点，绝大多数观赏草只需要很少的养护。观赏草一般较耐瘠薄，不需要施肥，除非特别贫瘠的砂土上，过多的施肥对其生长不利。城市园林用土一般较贫瘠，可适当结合施肥。施肥时应以多施氮肥为主，氮肥有利于枝条的生长。但施用过多的氮肥，会使观赏草过度生长而显得不健壮，针对不同的观赏草，应注意其对磷、钾肥的特殊需求。每年覆盖 3～5cm 的堆肥即可保证观赏草在土壤中的正常生长。另外，施肥还需要按照"适当、适时、适量"原则。不同的观赏草种类，施肥时期和施肥量虽有所差异，但都应遵循"少量多次"原则。

3.3.5　灌溉

观赏草在种植后的第一年需要经常性的灌溉以保证植株建立起发达的根系。但是，也不可浇灌过多。很多观赏草生性强健，具有很强的耐旱、耐瘠薄的能力，与其他植物特别是草坪应用在一起时，由于灌溉频繁容易造成徒长，出现倒伏，影响景观效果，建议稍微提高观赏草的种植密度，减少过多灌溉带来的负面影响，提高其观赏效果。因此，在观赏草种植一年后，不需要补充过多水分。如果决定给观赏草浇水或与它生长在一起的植物灌溉，可以直接用蛇形管对着根系浇水而保持叶片干燥，这样可将病害减到最小。灌溉对某些草种的高度和强韧度有积极促进作用，如大丛乱(*Muhblenbergia rigens*)在干旱情况下仅长到 0.6m，但在湿润的情况下其高度却可增加 1 倍。保持土壤干燥对如芒类(*Miscanthus* spp.)这些外观不够紧凑的观赏草，可以确保另类观赏草景观。

3.3.6　病虫草害防治

3.3.6.1　病虫害

观赏草最诱人的特征之一就是它比较抗虫、抗病，是所有观赏植物中抗逆性最强的植物，但也并不是没有病虫害。

在所有病虫害中，锈病是观赏草中常见的病害。锈病在叶片和茎上产生橘黄色粉斑的真菌，严重影响其美观性。预防措施是避免观赏草生长过于密集，因为锈病常喜欢阴潮的环境。如果发现很小叶片有锈斑或者发黄或变褐色，尽快除去他们；如果整植株已遭感染，需砍掉地上数厘米以上的所有叶片。至于虫害，常见的是蚜虫危害。蚜虫常咬食多汁的新叶，由于观赏草生长速度快，蚜虫的危害微乎其微。而粉蚧正在成为危害越来越严重的观赏草害虫，应当引起注意。病害与虫害主要采取化学防治的方法。

3.3.6.2　草害

杂草经常给园林工作者特别是养护工作者带来很多的麻烦和困扰，对于观赏草的维护，也要注意杂草的清除。

观赏草在苗期需要精细的管护，需要及时拔除周围的杂草，以确保有足够的营养和空间供观赏草生长。除草时要特别小心，仔细辨认，注意区分杂草和观赏草。成株观赏草也经常遇到杂草危害的问题。有些杂草种子落在多年生观赏草根部中间部位，并发芽生根，随着杂草植株的长大，与观赏草争夺水分和营养，同时也降低了观赏草的美感。一旦发现此类杂草应立即拔除。杂草越小，拔除越容易；否则待其长大后，与观赏草根系、枝条交织在一起，便很难拔除。杂草大面积发生时，可采用化学防治方法，一定要特别注意除草剂的选择和适宜对象。所选择的除草剂一定要先进行小面积试验，确保观赏草植株的安全，方可大面积使用。

3.3.7　更新

可通过分株或移栽更新。较小的草丛可用铁铲将其挖起，另行栽种，大的草丛往往整丛不易挖起，可分多个小草丛挖起。成片生长的观赏草，可用火烧的办法更新，但应注意安全。

观赏草生长旺盛，许多属于丛生型、根茎型或者匍匐型观赏草，生长 2 年以上后将会出现过度致密的现象。因此，对观赏草的分株更新就必不可少。分株是把植株的蘖芽、球茎、根茎、匍匐茎等，从母株上分割下来，另行栽植而成独立新株的方法。分株法分为全分法和半分法两种。

（1）全分法

将母株连根全部从土中挖出，用手或剪刀分割成若干小株丛，每一小株丛，可带 1～3 个枝条，下部带根，分别移栽到他处或花盆中。经 3～4 年后又可重新分株。

（2）半分法

分株时，不必将母株全部挖出，只在母株的四周、两侧或一侧把土挖出，露出根系，用剪刀剪成带 1～3 个枝条的小株丛，下部带根，这些小株丛移栽别处，就可以长成新的植株。

对于已用于景观的观赏草常用半分法，而对于景观补植的观赏草，可用全分法。需要注意的是，对于冷季型观赏草而言，分株经常在早春，也可以选择在初秋，但是如果所在地区的土壤经常结冰和融雪，秋季分株的植株在春季会出现冻死现象。暖季型观赏草可选择在春季中期至夏初分株。

对匍匐型观赏草，分株采用全分法，即将它们挖起分开，最后再重新种植。对于较小的丛生型禾草，分株需要先用铲子将其铲起，然后将它们切成数块；对于大型观赏草，分株时需要将其铲出，然后用斧头或锯子将其分开。

3.3.8 观赏草应用中需注意的问题

（1）防止蔓延，避免入侵

有些观赏草的适应范围很广，生命力很强，如果没有经过严格的观察试验，就直接大规模地生产应用，很可能泛滥成灾、蔓延成害，不但影响绿地景观，而且容易对当地植物、动物造成生存威胁，形成难以控制的生物入侵。加拿大一枝黄花就是这样一个典型例证，它于1935年作为庭院观赏植物被引进中国，20世纪80年代开始扩散蔓延，逸生成为恶性杂草（图3-1）。因此，试验引种研究尚不成熟的观赏草种一定不可轻易推广。防止观赏草的蔓延，可采取以下措施：

图3-1 加拿大一枝黄花

①应用中注意选不育种子及品种，或在种子成熟前将花序剪除，防止自播蔓延。对于花序本身具有较高观赏价值的植物，第二年在地表厚厚地覆土，使种子不能萌发。当然，也可以人工拔除多余幼苗。

②将观赏草种植在容器或种植池中，也可安装0.3 m或更深的障碍物，使其不能借匍匐茎或根茎蔓延。

对于已经入侵的杂草，可以采取以下途径防治：

①人工或机械防除适合于那些刚刚传入、定居、还没有大面积扩散的入侵杂草，但费时费力，防除后，如不妥善处理有害植物残株，这些残株便会依靠无性繁殖可能成为新的传播来源。

②化学防除虽具有效果迅速、使用方便、易于大面积推广应用等优点，但在防除杂草的同时，往往也杀死了许多本地植物；而且化学防除费用较高，在一些环境下使用效果不佳或是禁止使用（如草原、水库、湖泊等环境）。

③生物防治是利用杂草的天敌来控制杂草的发育、蔓延和危害的方法，具有效果持久、防治成本相对低廉、无污染、无药害等优点，已被广泛采用，但有一定生态风险，释放天敌前如不经过谨慎的、科学的风险分析，引进的天敌很可能成为新的外来入侵生物。

④综合防治是将生物、化学、人工、机械等单项技术融合起来，它不是各种技术简单相加，而是有机的融合，彼此协调、相互促进，达到综合控制入侵杂草的目的。

（2）观赏草应用中的避火栽培措施

秋冬季节，观赏草存在大量干枯的茎秆及叶片，且气候较干燥，如遇火星引燃，很容易引发火灾。因此，在园林绿地中栽培观赏草时，应采取避火栽培措施：

①种植于离建筑较远的位置，至少应保持在 15 m 以上。

②冬季刈割休眠观赏草，并彻底清理，亦可有效杜绝火灾的发生。

③若不得不离房屋较近，则可选择比较低矮的观赏草种类。

④定期灌溉观赏草，因为多汁青绿叶片不易点燃。

思考题

1. 观赏草的繁殖方式有哪些？

2. 观赏草无性繁殖方式有哪些？

3. 简述观赏草的种植栽培技术。

4. 简述观赏草的养护管理要点。

5. 如何控制观赏草的锈病？

6. 观赏草应用中应该注意哪些问题？

参考文献

陈远吉 . 2013 . 景观绿地养护管理［M］. 北京：化学工业出版社 .

龙雅宜 . 2004 . 园林植物栽培手册［M］. 北京：中国林业出版社 .

茜·奥德诺，刘建秀 . 2004 . 观赏草及其景观配置［M］. 北京：中国林业出版社 .

宋晓青 . 2010 . 观赏草在园林中的应用及栽培管理［J］. 北方园艺，21：146 – 148 .

王莲英 . 2003 . 养花实用手册（草本花卉）［M］. 合肥：安徽科学技术出版社 .

王洋 . 2010 . 观赏草在济南地区园林景观中应用的研究［D］. 山东建筑大学 .

温室园艺编辑部 . 2007 . 美国多年生草本植物、观赏草、地被植物、攀缘植物产品标准［J］. 农业工程技术，09：58 .

武菊英 . 2008 . 观赏草及其在园林景观中的应用［M］. 北京：中国林业出版社 .

西蒙·阿克罗伊德 . 2013 . 草坪与地被植物［M］. 刘洪涛，邢梅，张晓慧，译 . 武汉：湖北科学技术出版社 .

袁小环 . 2005 . 观赏草栽培与应用［N］. 中国花卉报 .

赵天荣，蔡建岗，施永泰，等 . 2009 . 观赏草的观赏特性与养护技术研究进展［J］. 草原与草坪，04：81 – 84 .

第**4**章

观赏草园林应用

观赏草具有独特的茎和叶片，从而形成其他植物所不具有的独特美感，在园林环境中能制造出非凡的效果，形成迷人的风景。观赏草的形态与可赏性多种多样。它们适应性强，对土壤和管理要求不高，而且其又细又长的叶在风中还能形成轻柔的声响，营造出一种伫立于田野中的意境。近年来，观赏草在国外园林植物景观中应用越来越广泛，国内许多园林人士和学者也开始青睐于观赏草。

4.1 观赏草的装饰特性

观赏草形态美丽、色彩丰富，它的观赏特性主要体现在以下几个方面：

（1）株形

观赏草株高从几厘米至数米不等，有的高大挺拔，如芦竹；有的短小刚硬，如蓝羊茅；有的则柔软飘逸，如苔草。观赏草的植株及叶片形态多种多样，有丛生的、直立的以及匍状的。丛生型观赏草的叶片常直立，多呈针状，且都从植株中部长出；匍状观赏草的叶子呈优雅的弧形，从植株中部辐射而出；而直立型的观赏草是多种形状的组合体，如叶片是匍状型，但花轴是直立型；有的由直立茎和弧形叶组合，产生了瀑布的效果。

（2）叶色

观赏草五彩斑斓、异彩纷呈，除了浓淡不同的绿色外，还有自然古朴的黄色、尊贵壮观的金色、浪漫多情的红色、高贵典雅的蓝色甚至奇特的黑色，一些珍贵的观赏草品种的叶片还有浅色条纹、斑点等，大大提高了其观赏价值。如一种叶子上带两条白边的薹草，光照下熠熠生辉。观赏草及其栽培品种的色彩集中在金色及黄色系、蓝色及灰色系、深色系、花叶系等几大色系上。很多观赏草叶片的颜色还会随着季节的变化而变化，形成鲜明的季相特征。在生长季节其多为绿色，淡褐色、淡红色、银色等也较为常见。秋冬季节时，又会变为黄褐色、褐色、金色或灰色，所以色彩较为丰富。

（3）叶形

观赏草叶形较简单，多为长狭形，且多全缘。其表面有的光滑，有的粗糙或带毛。但总体上，观赏草具有较为纤细的外形与轻柔的质感，可为观花植物或别的观叶植物充当良好的背景，并能产生令人惊奇的配置效果。还有的观赏草叶形是皱叶或叶缘皱褶，更独特的如叶子与鸭蹼极其相似的"鸭蹼"系列，叶片为螺旋状的"翘螺旋"等。

（4）花序

观赏草大多是靠风而不是靠昆虫来传播种子，属于风媒植物，所以没有亮丽而硕大的花朵，多由大量的小花来形成花序。当群植时，一簇簇花序的效果更为突出。有些花序具有较长的芒，非常柔软，在造景时能形成与众不同的质感和纹理。花序形状独特壮观，虽然没有观花植物花朵的美丽鲜艳，但其变幻无穷的花序也能产生出独特的美感。如荻的花序飘逸洒脱，狼尾草的花序美丽俊俏，而高大的蒲苇花序则朴实壮观，有着雕塑般的凝重美。

(5)韵律和动感

观赏草给花园增添的不仅是视觉美，还有独特的韵律美和动感美。每当微风吹过，观赏草的叶片前后摆动，沙沙作响。秋季，成片种植的观赏草随风起伏，像浪花在园中翻滚，尽现动感美。观赏草这种动感美和声音效果是一般观赏植物所不具备的。

观赏草既可独立成景，又可作为色块或栽植在道路两侧做配景，都有较好的观赏效果，即使在寒冷的冬季，许多干枯的观赏草叶片变色后仍不凋落，或顽强挺立，或随风摇曳，丰富了冬日的景观。

4.2　观赏草的选择原则

观赏草种植的成功与否决定于以下几个方面：

第一，根据立地条件，选择能在特定环境条件下最适宜生长的种类。观赏草种植的成功与否关键取决于是否选择了最适合的生长环境。比如：冷季型观赏草能够在南方温和的气候下越冬，但却不能在夏季高温越夏；一些喜欢温暖气候的观赏草在寒冷地区不能旺盛生长，但却能够在排水良好、有雪覆盖的地方蓬勃生长。因此在进行观赏草配置时，应该充分考虑其生物学特性和生态特性，并进行试验。

第二，对可以提供的各种生长条件加以分析，如光照、温度、湿度、荫蔽、土壤等。大多数观赏草在全光照下生长最好，而一些观赏草在较少光照下生长更好，如斑叶观赏草一般在弱光照条件下生长最好。大多数观赏草要求土壤肥力中等，过肥茎秆细弱，不够挺拔，开花状况也较差。许多观赏草可产生庞大的根系，较耐旱，但一些种类需要稳定的水分供应才能生存。

第三，分析不同观赏草种类之间的适宜性。在选择观赏草组合时，要注意观赏草种类之间的相融性，避免强烈竞争破坏原有景观。

第四，客观评估观赏草养护所需要的人工和时间。特定的观赏草需要的养护成本不同，经常需要分株、迅速蔓延或产生很多幼苗的观赏草通常比寿命长、丛状且无幼苗形成的草种需要花费更多的时间和人力去养护。

第五，分析市场的供应品种与数量。在实际种植设计时，常常发现找到需要的观赏草非常困难，其原因之一是市场缺乏需求，致使当地苗木中心所能提供观赏草的种类与花卉相比非常有限，观赏草缺乏潜在的购买力。但近年来，一些懂行的苗木基地已开始将观赏草加入到它的样板花园中，以展示具有特色的观赏草在特定环境条件下的表现，刺激潜在消费者去尝试利用观赏草配置花园。如果在当地不能买到所需的观赏草，可以从外地引种。

4.3　观赏草的种植设计

(1)色彩与光线的利用

观赏草的色彩总是动人心魄，而且一年四季富于变化，给人不同的观赏效果。观赏草就像花园的一块活动调色板，不同种及其栽培品种色彩集中在：金色—黄色系、蓝色—灰色系、深色系、花叶系等，不同的色系给人不同的感觉。

金色系明亮而具有吸引力，适宜于孤植或者与一年生或多年生植物配置，形成明暗起伏的色彩搭配，它也是提升阴暗空间亮度的有效方法。具有金色和黄色叶片的草特别适合用于色彩搭配，把亮黄色或金色的草与深绿色叶子的伴生植物放在一起会制造出简单而漂亮的对比效果。例如为了使阴暗的小空间增加观赏情趣，可以用类似瑞香叶片的灌木状大戟（*Euphorbia robbiae*）为背景来配置金色粟草（*Miliume ffusum* 'Aureum'）。要获得清爽的颜色搭配和奇妙的质地对比，可以把金色的草和蓝色叶片或蓝色金斑状叶片的植物搭配在一起。金色叶片还可以与梦幻的紫色、粟色或黑色叶片搭配。金色叶片一般不与灰色和黄褐色搭配。具有金色叶片的观赏草通常与风铃草类（*Campanula* spp.）、桔梗（*Platycodon grandiflorus*）、勿忘草（*Myosotis silvatica*）以及西伯利亚鸢尾（*Iris sibirica*）种在一起。在比较寒冷的地区，金色和黄色叶片的草一般喜欢全日照。在夏季炎热的地区，下午烈日会使叶片发白或变成古铜色或褐色，因此最好种植在轻度荫蔽或上午有太阳而下午荫蔽的地方，并维持土壤含水量防止草枯萎。常用的金色和赤褐色的观赏草有金色苔草（*Carex elata* 'Aurea'）、青铜新西兰发状苔草（*Carex comans* 'Bronze'）、金色曲芒发草（*Deschampsia flexuosa* 'Aurea'）、金色箱根草（*Hakonechloa macra* 'Aureola'）、疏花山麦冬（*Liriope muscari* 'PeeDee Ingot'）、菲黄竹（*Pleioblastus viridistriatus*）等。

蓝色与灰色系的观赏草适用于大多数的园林造景设计。如与色彩轻淡的花卉组合，形成柔和的视觉效果，或者与黄、红、橙色的植物配置在一起，形成鲜明的色彩对比。如初夏将埃丽蓝羊茅（*Festuca glauca* 'Elijah Blue'）与黄色的毛地黄（*Digitalis lutea*）、蓝灰色的石竹（*Dianthus gratianopolitanus*）配置在一起，夏季用欧洲异燕麦（*Helictotrichon sempervirens*）、月光束金鸡菊（*Coreopsis verticillata* 'Moon-beam'）、天蓝绣球（*Phlox* 'Shortwood'）进展搭配，秋季用九彩柳枝稷（*Panicum virgatum* 'Cloud Nine'）、柠檬皇后向日葵（*Helianthus* 'Lemon Queen'）、九月魅力打破碗花花（*Anemone hupehensis* 'September Charm'）进行配置。由于这个色系的观赏草在生长需求上有广泛的变化，设计时要注意考虑植物本身对于生长条件和光照的要求，有的耐旱，有的喜欢潮湿。有的在春天和初夏色彩最浓，有的在夏末和秋天颜色最佳。有的蓝色和灰色的草在全日照下生长旺盛，但有的可轻度耐阴，随着光照减少，颜色越淡。常用的蓝色和灰色叶片的观赏草有蓝羊茅（*Festuca glauca*）、欧洲异燕麦（*Helictotrichon sempervirens*）、开展灯心草（*Juncus patens*）、蓝洽草（*Koeleria glauca*）、九彩柳枝稷（*Panicum* 'Cloud Nine'）、宝兰帚芒草（*Schizachyrium scoparium* 'The Blues'）、垂穗假高粱（*Sorghastrum nutans* 'Sioux Blue'）等。

深红色、暗紫色、暗绿色等深色的观赏草，有着沉静的气息，可以给色彩纷呈的空间提供一个统一协调的背景。深色系的叶片可以与许多不同的颜色搭配得很好，如栗色叶片的狼尾草类（*Pennisetum* spp.）和一大片粉色、桃色、珊瑚色、红褐色的花朵配搭非常醒目，与金光菊（*Rudbeckia* spp.）相配则更娇艳。如果要以它们为前景，最好以银色或黄绿色的植物为背景，如水苏（*Stachys byzantina*）、蒿类（*Artemisia* spp.）、金色艾菊（*Tanacetum parthenium* 'Aureum'）、金色爬地珍珠菜（*Lysimachia nummularia* 'Aurea'）等。这个色系的观赏草喜欢光照，荫蔽环境条件下会使红色和紫色的色调暗淡，失去欣赏价值。常用的深色叶片的观赏草有红叶白茅（*Imperata cylindrical* var. *koenigii* 'Red Baron'）、葡萄酒红狼尾草（*Pennisetum*

'Burgundy Giant')、红狼尾草(*Pennisetum setaceum* 'Rubrum')、烟袋甘蔗(*Saccharum offici-narum* 'Pele's Smoke')、红钩灯心草(*Uncinia rubra*)等。

花叶系的斑纹一般是纵向的，但也有横向的。色彩多为黄—绿、白—绿组合。花叶观赏草可与全绿的草搭配，呈现统一而又富于变化的色彩效果，另外也可以与花卉配置，如黄绿花叶与黄色花配置，白绿花叶与白色花配置，都能起到很好的陪衬或补充作用。一些斑叶草在生长季节里会变换条纹，如斑马纹芒(*Miscanthus sinensis* 'Zebrinus')和欧米苔草(*Carex muskingumensis* 'Oehme')，叶片萌发到展开时全是绿色，而在春季末到夏初时变为斑叶。斑叶芦竹(*Arundo donax* 'Variegata')在春季呈亮白色的条纹，但在仲夏，条纹偏向乳白色。凉爽的春秋季节可使藨草(*Phalaris arundinacea* 'Feesey')呈现出粉色。配置时不要将两种斑叶草品种种植在一起，除非它们在颜色、质地、形态上明显不同，否则它们在视觉上会显得杂乱，从而失去独特魅力和欣赏价值。大多数斑叶草适于生长在轻度荫蔽或早晨光照和下午部分荫蔽的环境。强光照会灼伤叶片使其白色条纹其变为褐色，土壤干旱时尤为严重。而在重度荫蔽环境下，斑叶草几乎完全变绿。常用的斑叶观赏草有欧根石菖蒲(*Acorus gramineus* 'Ogon')、斑叶苔草(*Carex morrowii* 'Variegata')、亮眸苔草(*Carex phyllocephala* 'Sparkler')、劲芒(*Miscanthus sinensis* 'Strictus')、丛簇芒(*Miscanthus sinesis* var. *condensatus* 'Cosmopolitan')、带状藨草(*Phalaris arundinacea* 'Dwarf Garters')等。

观赏草的花序和叶片在不同的光线作用下会呈现出不同的质感与光亮，展现出人意料的效果，所以在观赏草的种植设计时，应充分考虑种植项目所在地光的照射方向、光照强度和日照时间。一些阴地庭园中的观赏草，也会因光线的斑驳照射而创造出魔幻的效果。一般来说，光照强烈，观赏草亮丽的花穗可展现，但株型和质地却很模糊，所以观赏草在侧光和逆光效果下花序和叶片的效果更为突出。侧光可以产生光照区和阴影区明显的对照，勾勒出观赏草特有的形态、叶片质地、花和种穗，尤其是将花序的精致在五彩缤纷的叶片和花朵中凸显出来。把观赏草放在阴暗且日出和日落能够照射的地方会微微发亮，当光质从早晨的橙红色到中午的耀眼白光再到傍晚的紫红，花序和种穗都随其变化出动人的色彩。逆光能勾勒出观赏草美丽的剪影，植株上的毛、羽毛状的芒、花序及种子都熠熠生辉。充分利用光线对花园产生最好的视觉效果，按需要将观赏草移动到理想的位置，或安装景观灯使其在夜间产生相似的视觉效果。

（2）质感和结构的组合

观赏草多具有长而细的叶片，所以呈现出较为细腻的质感和较为松散的结构，在园林中很容易和其他造景元素产生简洁而有力的对比效果，如其他植物较宽阔的叶片、各类花卉、种穗或者木质的茎干、清晰的边界、石头和建筑小品的结构等。而且在植物种植中适当地加入观赏草，因其显著的季相变化，相对于纯花卉的组合来说，会延长园林景观的观赏期。

（3）群植的动感

当大面积的观赏草群植时，会呈现出近似统一的平面感，而且在风的吹动下，会形成波纹和细细的声响。这种大面积的群植适合于面积较大的公园、保护区和道路旁。但即使在一些面积有限的项目地，精心设计的观赏草群植片段，也能发挥出很强的造景效果(图 4-1)。一些较矮的观赏草也是理想的地被植物，适用于任何尺度的空间。

（4）与球根花卉的完美配植

在春季的园林中，观赏草与球根花卉能形成怡人的景观，并在景观的演变中配合默契

图 4-1 不同色系的观赏草群植，形成一种 沉静多变且色彩缤纷的景观

图 4-2 观赏草与具有紫色花穗的植物形成鲜明对比

（图 4-2）。大多数观赏草在春季新发的叶片十分吸引人，而且很少有种类会在这个时间开花结籽；球根花卉在春季开花后，叶片却缺少足够的吸引力。所以，将观赏草与球根植物搭配，可以在花叶两方面都提供很好的视觉效果，而且在随后的季节中，当球根花卉开败后，成长起来的观赏草，会很好地遮盖住球根花卉枯萎的花朵和叶片。

（5）理想的种植场合——水边

观赏草生长在水边或池边时，通常都会表现出最佳的观赏效果。平静的水面反射会形成完美的对称，而且更能突出观赏草独特的叶片，也会使观赏草的形态得到很好的强调。

（6）盆栽展示

盆栽观赏可以充分显示具有瀑布状或弧形造型的观赏草的叶片，尤其适合具有细致斑纹的叶片，或者具有可赏性较高的花序的观赏草。

4.4 观赏草的应用形式

4.4.1 观赏草作为主景

观赏草可以作为主景进行孤植或群植（图 4-3），在这种情况下，高度是首先要考虑的因素，其次色彩也很重要。可考虑选择一些具有引人注目的色彩效果的观赏草，如斑叶品种、金色、深色或其他独特色泽的观赏草。

很多观赏草有着极其独特的外形、高度、质感或者花序，容易形成引人注目的焦点，常用来作为花坛的中心植栽。可以很好地与一年生植物、多年生植物、球根花卉以及灌木配置在一起。

芒类和蒲苇更适宜于孤植观赏，因为它们每年都需

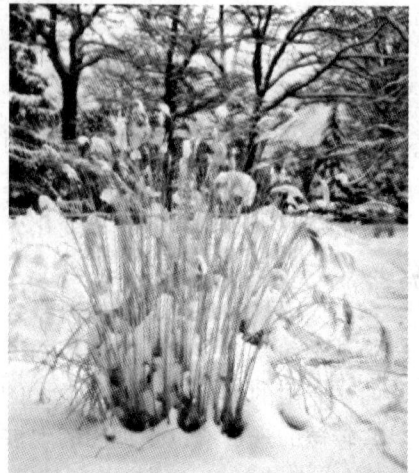

图 4-3 冬天冰雪季孤植的观赏草

要分株，可以养在容器中降低养护力度，而又具有较好的主景效果。

群植时，可以选择 3 株以上的观赏草进行种植，也可以根据空间所能允许的范围进行适当增加。当选择具有匍匐茎的种类时，应定期进行刈割，以控制其茎蔓生，可将它们布置在周围是硬质铺地的场地上。

当在草坪上进行观赏草的主景种植时，要用金属或塑料的隔板去阻止草坪草类蔓延到或自播到观赏草中，以保证它们各自生长在预定的设计位置上。

4.4.2　花境中的应用

观赏草可以充分在花境中展示其独特的韵致。

（1）观赏草花境

单用观赏草来做花境也是可以的，因为大多数观赏草是绿色的，布置时对色彩的考虑较少，而对大小、质感、形态更为侧重。观赏草的花境具有一定的动感，容易在微风的吹拂下摇曳生姿，细长的叶片能发出细碎而又宁静的声音。

但单纯的观赏草花境也有缺点，最大的问题就是可能所有的植物种类在同一季节下都处于同一个发育期，从而使春季没有什么景观效果。但到了夏秋季，观赏草诱人的景观效果便呈现出来，而那些枯萎的茎秆也能延续整个冬天的风景。

（2）混合花境

观赏草混植于其他植物中，形成混合花境，会让花境呈现出独特的效果，其特有的质感、茎、花序以及喷泉般的形体和其他植物配植在一起，相得益彰，起到很好的装饰作用（图4-4、图4-5）。

图4-4　观赏草与其他植物群植

图4-5　墨西哥羽毛草（*Nassella tenuissima*）与波尼卡玫瑰（Rosa'Bonica'）搭配作混合花境

4.4.3　道路中的应用

观赏草能很轻易地将道路边缘勾勒出来，使道路与园林之间的过渡显得非常自然。并且观赏草的生命力很强，可以经受一定程度的践踏。

在为人行道选择观赏草时，不要选择过于高大的种类，一般以 0.6m 及以下的品种较为适宜。在交通量较大的地区，可选择生长较为缓慢的观赏草类，一方面可以清晰地勾勒出道路的走向，另一方面也不阻挡游人的视线。较为高大的观赏草可适当地布置在游人较少的道路旁或道旁的花境后方，可作为背景，有一种优雅的趣味性。

决定高度以后，要根据既定的造景设计效果，选择合适的草种。在交通较为繁忙的道路旁，可以选择四季都有较好表现的观赏草。如叶片优美，有着美丽的花序，秋季色彩比较醒目，并且冬季也有较好的造型。观赏草在早春时节景观效果可能不太理想，可采用开花较早的球根花卉进行填补，而当球根花卉开始衰败时，观赏草已生长发育起来。

在人行道栽培观赏草时应该靠后一点，当植株充分生长后不至于覆盖道路，同时不要选择叶尖锐利的观赏草，如蒲苇（*Cortaderia selloana*）、草原网茅（*Spartina pectinata*）等，否则锐尖的叶片会刺伤过路的游人。

人行道吸热和散热较快，并将太阳的光线反射到路旁的植物上，因此在进行种植配置时，尽量选择喜光耐热的观赏草，并给予适当灌溉以补充水分。在寒冷的地区，路边使用的观赏草还应该耐盐碱，由于冬季常用盐融化道路上的冰雪，对观赏草的生长也有一定抑制作用。在铺装路面上种植观赏草时，要在路边插入金属或塑料带状隔离物，以避免匍匐茎铺满道路缝隙，增加道路养护成本。常用道路和人行道的观赏草有伯克莱苔草（*Carex tumulicola*）、嘲笑发草（*Deschampsia cespitosa* 'Fairy's Joke'）、休波帕羊草（*Festuca amethystine* 'Superba'）、兔尾草（*Lagurus ovatus*）、大地杨梅（*Luzula sylvatica*）等。

4.4.4　小空间中的造景

许多观赏草生长较为缓慢，可以很好地布置在苗床或花坛的边缘、勾勒道路、点缀铺装地面。当设计和建植小型的庭院时，具有精致花序、细致的质地或精致斑叶的小型观赏草是首选。

花坛的边缘或中心，可选用高度变化很大的观赏草来装点。花坛设计考虑的另一个因素是色泽，如果要为亮丽的观花植物选择色调均一的背景植物，密丛型的绿叶观赏草是优选植物，用它衬托色泽鲜亮、造型独特的花朵，给人耳目一新的感觉。观赏草自身也可以用来丰富花坛色彩，有的叶片是金色、银色、铜色及青铜色，在阳光照射下，为整个花园投下了魔幻般的感觉。

除了色彩之外，观赏草还给苗床和花坛增添其他观赏元素，如形态和质地等。许多传统的花坛植物具有直立或丛生的外形，而具有弧形外形的观赏草柔和的曲线将两种类型植物进行完美融合。如宽大叶片的玉簪（*Hosta plantaginea*）、矾根（*Heuchera micrantha*）、美人蕉（*Canna indica*）与叶片细长观赏草形成对比与有机融合，为精心设计的花坛增加了一种温柔自然的感觉，在唤醒散布着天然气息的花朵和草地魅力的同时，也凸显出设计师和养护者的匠心独运。

随着观赏草的生长发育，在不同季节呈现出不同景观，给花坛增加了动感美。如暖季型观赏草秋季叶色可以与最美的落叶灌木和乔木相媲美，冬季虽然艳丽在褪色，但枯叶色、金色以及黄褐色同样受到追捧，宿存的花序将雪和冰变成了晶莹的雕塑。冷季型观赏草在寒冷的季节则弥补了秋季开花的宿根花卉和早春球根花卉的空白，为花坛增添了一份生机。常用于花坛和苗圃的观赏草有克抑长穗苔草（*Carex dolichostachya* 'Kaga Nishiki'）、短筒披碱草（*Elymus magellanicus*）、爱达荷羊茅（*Festuca idahoensis* 'Siskiyou Blue'）、纤弱芒（*Miscanthus sinensis* 'Gracillimus'）、晨光芒（*Miscanthus sinensis* 'Morning Light'）等。

为花坛和苗床选择观赏草时，需留意观赏草是否具有蔓延或自播繁衍的习性，选择具有该特性的观赏草需要种植在特定的容器内，防止地下茎到处延伸。对于种子产量很大的观赏草，为控制其快速繁殖，需要秋季剪掉花序，但缺点是在冬季失去了美丽的景观。如果保留花序和种序，则第二年需要花功夫去掉不需要的幼苗。在已经建成的花坛和苗床上，可以选择性保留观赏草花序。

4.4.5　界定与屏蔽

在进行空间的分隔与界定时，传统方法通常是采用修剪绿篱。如果觉得其过于呆板，或短时期内要形成屏障，或想降低养护成本，那么高大的观赏草类是一个不错的选择。观赏草不仅制造出视觉上的隐秘效果，而且起到隔音的效果。常用于划定界限和屏蔽的观赏草有斑叶芦竹（*Arundo donax*‘Variegata’）、芒（*Miscanthus*‘Giantenus’）、柳枝稷（*Panicum virgatum*）、弯芒蔗茅（*Saccharum contortum*）、沙生蔗茅（*Saccharum ravennae*）等。

与木本绿篱相比，观赏草生长速度很快，形成篱障的速度也很快，在数月之内就可以达到设计的高度。在寒冷地区，观赏草是很好的灌木替代品，其极强的恢复生长能力，不容易受到积雪和宿冰伤害。在冬末将其刈割，第二年开春，又会长出新的枝叶。与灌木相比，观赏草不会形成密集的小枝条，因此它不会阻止人或动物从中穿过。如果需要形成物理屏障，可选用具有锯齿叶缘的芒类或蒲苇（*Cortaderia selloana*）。

高大的观赏草同样也是春夏秋形成隐密空间的最好选择之一，而在冬季又可提供较为开阔的视角。暖季型观赏草

图 4-6　一系列不同层次感的观赏草群植作绿篱屏障

如沙生蔗茅（*Saccarum ravennae*）在几个月之内即可高达 2.4～3m，甚至更高，它们是很好的界定植物，可在天井、平台以及池塘周围形成美丽的景观（图 4-6）。

观赏草也可以作为临时性的屏障，等到永久性的树篱定植完成为止。可将观赏草和其他植物如斑茎泽兰（*Eupatorium maculatum*）、光烟草（*Nicotiana glauca*）以及其他高大的一年生或多年生植物配置在一起。或者可以插进一些夏季开花的灌木如醉鱼草（*Buddleja* spp.）及穗花牡荆（*Vitex agnus-castus*）。每年春季，对这些混生植物加以高强度修剪，将一年生植物齐地修剪，将观赏草和其他草本植物修剪到几厘米高，将灌木剪到 0.3～0.6cm，这种简单的修剪要比低养护的传统绿篱快速。

作为界定与屏障的观赏草最好选用单一品种，以形成整齐的景观效果，它也可以用于花坛的背景。在选择观赏草用于边界植物种植时，需要慎用蔓生根的观赏草如芦竹和匍匐性强的竹类植物，这类植物入侵严重。若要选用蔓生性强的观赏草，需要在土壤中放置金属片或塑料片等限制根系的发展。

4.4.6 荫蔽环境中观赏草的应用

虽然大多数的观赏草比较喜阳，但有一些品种也可以在园林中较为荫蔽的地方营造出美丽的景致。而这种环境也是尝试叶色和质地搭配的好场所。具有亮绿色、蓝色、金色及斑叶品种的观赏草是理想的选择对象。

理论上，比较荫蔽的花园每天接受日照时间少于6h，但在现实中，荫蔽常常有多种类型。可以是常绿植物树荫下致密的、全天候全年的荫蔽；也可以是落叶树丛形成的春季阳光而夏季荫蔽；或是房屋一侧，早晨全日照而下午没有任何光照，或者正好是上午荫蔽，中午日照而下午荫蔽。有的荫蔽生境常年潮湿，有的生境非常干燥，所以不同植物在不同荫蔽环境条件下表现不同。

一般阳光充足的地方，观赏草生长最好。若每天需要至少1~2h的直射光的观赏草，经过一段时间的耐阴，其就会变得衰弱。若为落叶树下选择观赏草，可以选择冷季型观赏草，它们生长在秋末夏初，可以接受充足的光照，而当初夏满树浓荫时，冷季型观赏草已处于休眠状态。

在荫蔽程度较高的生境下如建筑物造成的隐蔽或常绿树种形成的荫蔽，可以选用沿阶草类(*Ophiopogon* spp.)、山麦冬类(*Liriope* spp.)以及苔草类(*Carex* spp.)。这些植物比一般的禾草更为耐阴，且叶色和质地较为丰富，并具有美丽的花朵。

一些观赏草在荫蔽生境中表现最好，例如，轻微荫蔽可使得具金色叶片和斑状叶片的观赏草的叶色更为亮丽。北方喜阳的观赏草在南方种植则更喜欢轻微的荫蔽环境，以逃避南方夏季的酷热。

荫蔽生境常常激发创意性的植物配置。许多喜荫植物具有大而茂盛的叶子，如玉簪、杂交玫瑰，它们能充分衬托观赏草细长的叶片。喜荫且具金色叶片或斑叶的观赏草很巧妙地将具深绿叶片的伴生植物如罗勃大戟(*Euphorbia robbiae*)和熊掌铁筷子(*Helleborus foetidus*)衬托出来。常用的喜荫观赏草有球茎燕麦草(*Arrhenatherum elatius* ssp. *bulbosum* 'Variegatus')、宽叶裂冠花(*Chasmanthium latifolium*)、曲芒发草(*Deschampsia flexuosa*)、刺猬草(*Hystrix patula*)、地杨梅(*Luzula nivea*)、金色的粟草(*Milium effusum* 'Aureum')等。

荫蔽生境下的观赏草需水量低于阳生生境，其原因是在降雨缺乏时，荫蔽生境较干旱，尤其是树木比较庞大的根系会与观赏草或其他多年生植物竞争水分。在种植季节，将大量的有机质混入土层，保持土表有一层有机覆盖物以及在干旱季节利用灌溉系统浇水有助于观赏草维持美丽景观。

4.4.7 坡面绿化应用

观赏草是坡地绿化的理想材料，它庞大的根系可以固着土壤，形成致密的地被，防止水土流失。同时，庞大的根系有助于应对坡面上的干旱生境，即使在缓坡地，水分也常常在充分渗入土壤前流失掉。而在坡面种植耐旱禾草时，禾草就会降低径流的速度，使得禾草根系得以充分吸收入渗水分。

坡地也是展示观赏草优雅外形的良好场所，其优雅舒展流畅的外形和摇曳的叶片可以充分展示。在同一坡面上种植同一种观赏草，以形成壮观的群植景观，也可将不同形态、习性、色彩的观赏草种植在一起，以营造色彩缤纷的景观。无论哪种方法都可以形成一个低养护、易管理的环境场所。坡地常用的观赏草有覆叶拂子茅（*Calamagrostis foliosa*）、斑状阔叶苔草（*Carex siderosticha* 'Variegata'）、美丽羊茅（*Festuca mairei*）、大赖草（*Leymus racemosus*）、墨西哥羽毛草（*Nassella tenuissima*）等。

在坡面上种植观赏草最难的是整地。一般情况下，可以对种植场地进行挖掘和翻耕，或在土壤表面施一层有机质并将它们混入到土壤中，然而，这些耕作措施在斜坡地上均难以实施。在斜坡上安全地使用笨重的设备是不可能的，也是十分困难的，而耕松的土壤或表施的有机质上若不种植物，则极易被冲刷掉。下面几种措施可以根据具体情况选用。

①用塑料薄膜覆盖原生植被几个月，然后揭去塑料膜，挖洞种植所需之物，用覆盖物去覆盖原有的退色植被。

②除去所有原生植被，将造景用织物或有机覆盖物覆盖地表，并在编织物或覆盖物上种植所需的植物。如果采用的是造景用的编织物，可在上面剪一些 X 形洞，并在该处种植植物，然后用观赏性好的覆盖物来覆盖编织物。

③沿坡面横向开出水平面，这些平台显著降低流水的冲刷，有助于保持水土，同时易于种植和养护。

④在斜坡上种植观赏草时，可较平地上种植得较密些，对于矮生观赏草种植间距为20～30cm，而对于高大的观赏草其间距为 0.6 m 左右。种植时依棋盘式将它们种植形成致密均一的地被，种植后浇水促进成活。

4.4.8　水边及湿地造景

水景花园最大的挑战就是水边的植物布置，而观赏草就是常用的经典传统植物，很多耐湿品种都具有较好的造景作用。池塘或水景园一般位于平坦开阔地，平静的水面形成了强烈的水平景观，故沿着岸边种植纵向生长的植物是理想选择，观赏草可弱化水面和周边草坪的突然过渡，大大加强水生园的纵深感。许多喜湿的植物具有坚挺而宽大的叶片，这些植物与叶片柔弱细致的观赏草配置在一起，给水景园营造一种柔和而自然的感觉。在水边种植观赏草可以在水面上产生美丽的倒影。在适宜的光照下，水面上扑朔迷离的倒影，从而大大加强了观赏草轻盈的花序和摇曳叶片的效果。

孤植的观赏草使水生园肃穆而优雅，而不同高度和不同习性的群植观赏草会营造出更为隐秘而自然的效果。在为水景园选择观赏草时，自然生长在水边的植物是最为适宜的。水景园观赏草选择分 3 种情况。一是种植在水生园内，这类观赏草需要耐水性强并在静水中旺盛生长。二是在水生园周围种植，观赏草的根颈不浸泡在水中，但根系周围的水分非常充足。三是在水景周边的人造岸边种植观赏草，这些地方的土壤条件与花园中的环境条件相似。根据景观需求选择不同草种。水景园常用的观赏草有木贼（*Equisetum hyemale*）、斑叶大甜茅（*Glyceria maxima* 'Variegata'）、灯心草（*Juncus effuses*）、斑马纹蔗草（*Schoenoplectus lacustris* ssp. *tabernaemontani* 'Zebrinus'）、斑叶宽叶香蒲（*Typha latifolia* 'Variegata'）等。

水景园内种植的观赏草一般生长比较旺盛，需要每隔几年进行分株移栽，这项工作最好安排在早春进行，可保证下次寒冷季节到来之前移栽植株，根系有充足的生长发育时间。如果将水生园的观赏草种植在容器中，可选择苗圃中标准的塑料花盆（花盆浸没水中，外形无需特别要求）。种草前，在花盆底部放一些粗麻布，以防土壤从花盆底部的洞中漏出。装入土壤后可以种植观赏草。压实根系周边的土壤，然后在花盆顶部覆盖3～5cm的小石子。

　　绝大多数水生观赏草在淹没根颈5～10cm的水中生长，而香蒲(*Typha* spp.)等高大的观赏草可在更深的水中生长。如果涉及的池塘是倾斜岸边，需要在花盆下垫一块或几块砖，以保证花盆边缘与水面平行。在养护过程中即使没有追加肥料，也应生长得很好，尤其是每年重新装盆后，在新鲜土壤上也应生长良好。如果确实需要施肥，可以使用缓释氮肥，否则，水中多余的氮会促进藻类的生长。在秋季早霜到来之前，需要将不耐寒的观赏草从水生园中移走，装盆并在室内越冬。耐寒性强的观赏草就无需花费太多的精力，只需将水面以上休眠的部分刈割，以防止倒伏在水中腐烂。

图4-7　观赏草混植于紫色系地被植物中，共同作水滨景观

　　湿地为植物生长提供了理想场所，有大量恒定的水分供应，许多观赏草终年或部分时间喜欢潮湿土壤，会生长得高大而多叶，将他们和喜湿的花卉和多年生的植物配置在一起，会营造出令人难忘的景观(图4-7)。观赏草在一般庭院中高度为0.9～1.2m，在湿润的土壤中可达到1.8m以上，湿润的土壤为充分显示叶片质地对比提供了很好的条件。在干燥土壤上，叶片变得细小，以通过降低叶面蒸腾减少体内水分蒸发；而湿润土壤上，叶片多而宽。

　　如果想为湿地选择更多的观赏草，可以考虑提高苗床。表土层提高几厘米就可以使观赏草的根颈位于泥潭之上，以减少根颈的腐烂。根颈处于排水良好而根系有充足水分供应的土壤环境是观赏草生长的理想场所，在这种生境下，花坛中的花卉和其他植物生长旺盛而无须额外的灌溉。

　　在抬高苗床时，需要将大量的腐熟的叶片或其他有机物混入到土壤中。可在原地表追施5～10cm厚的有机质，并将它们与土壤混合。这种措施既疏松了土壤，同时大量的有机质也抬高了苗床。或者也可用优质的表土直接撒在原来地表几厘米即可，但这种方法无法疏松原土壤，也难以增加原土壤的有机质，如果种植面积很大，也存在费用的问题。

　　湿地生境也存在一些差异。池塘和溪流的岸边通常非常潮湿，水位有高有低。低洼地通常在春天比较潮湿，降水较多。随着天气变热变干，潮湿的低洼地地表变干，而地下仍然比较潮湿。许多喜湿的观赏草在两种情况下都可以生长较好，尽管在干旱的好天气时对观赏草补充灌溉会得到更好的效果。如果场地春季比较潮湿时，可以等到夏末秋初土壤比较干燥且易于耕作时再开始耕种。

　　常用于湿地的观赏草有菖蒲（*Acorus calamus*）、灰色苔草（*Carex grayi*）、羊胡子草（*Eriophorum angusyifolium*）、车夫灯心草（*Juncus effuses* 'Carman's Japanese'）、花叶虉草（*Phalaris arundinacea* 'Picta'）、草原网茅（*Spartina pectinata*）等。在潮湿且隐蔽生境下，可以选择金色箱根草（*Hakonechloa macra* 'Aureola'），其优雅的金色竹状叶片即使在最阴暗的角落，也能发出耀眼的光芒，还能忍耐干旱。

思考题

1. 观赏草的装饰性主要体现在哪些方面？
2. 简述观赏草的选择原则。
3. 观赏草的种植设计应注意哪些问题？
4. 观赏草的应用形式有哪些？
5. 观赏草作为主景设计时应考虑哪些因素？
6. 观赏草在道路设计应用中应注意哪些问题？
7. 观赏草在小空间造景上有何优势？
8. 坡面种植观赏草可以采用哪些技术措施？
9. 水景园中使用观赏草应该注意哪些问题？

参考文献

华夏园林网 . 观赏草的种植设计与应用 . http://www. 6789123. com/news/84959. html.

兰茜·J·奥德诺 . 2004. 观赏草及其景观配置[M]. 刘建秀，译 . 北京：中国林业出版社 .

中国园林网 . 观赏草的特性及其应用 . http://info. china. alibaba. com/news/detail/v0d1010501386. html.

第 5 章

观赏草资源开发与评价

恢复（restoration）是指将土地恢复到人类干扰影响前的生境的过程，并且越来越获得大众的认同，许多重建主义者（restorationist）呼吁尽可能选用当地采集的种子和植株。广域（wide-ranging，分布广泛的）观赏草种，如北美小须芒草（*Schizachyrium scoparium*），从加拿大到佛罗里达州、马里兰再到犹他州均有分布，在自然界中存在很大的遗传变异，每一单株都特别适应某一特定区域。马里兰州的北美小须芒草群落可能比佐治亚州的群落更为适应寒冷的冬季。同样的，来自夏季降水量高地区，如爱荷华州的格兰马草（*Bouteloua gracilis*）可能不如来自美国加州沙漠地区的格兰马草适应亚利桑那的环境。目前我们对观赏草适应性及其观赏草之间的差异还不够了解，因此应当首先选用在环境相似的区域能旺盛生长的植物。

5.1 观赏草资源评价

早在 1867 年，Margaret Plues 就在其著作 *British Grasses* 中写道：近年来，公众在园林景观的爱好逐步转到草本上。草本植物首先从色泽和外形上赢得了人们的关注，而后人们逐步认识到草除了具有美丽的色泽外，更具有优美和雅致的形态。草是生态先锋，景观诱人，在园林园艺、景观设计和水土保持中占有牢固地位。

5.1.1 观赏草的美学评价

观赏草的美源于它的自然特征，与其他许多园林植物不同，观赏草没有鲜艳的色彩，没有华贵的花朵，但它所具有的线条美、姿态美、韵律美以及所有这些特征随着季节发生的变化，给人们提供了丰富、独特的美感。观赏草形态质朴自然，与钢筋水泥的现代建筑形成了明显的对照。置身其中，可以在一定程度上缓解人们的精神压力，使人产生回归自然的感觉。

（1）光泽之美

顺光是指光源在我们身后，景物处于我们眼前时观察景物的一种方式。这种光比较强烈，可明确显示观赏草亮丽的花穗，但是它却容易遮盖株型和质地这两大类观赏草的特征。侧光和逆光时是欣赏观赏草的最好角度。

侧光是指光源从景物的左侧或右侧射出光线，人们的视线与光线射出方向近乎垂直时取得的一种观景效果。侧光可以产生光影区和阴影区明显的对比，勾勒出观赏草特定的形状、质地。侧光也是强化观赏草精致花序形态的好方法。

逆光是指光源从景物的后方射入我们眼球时取得的一种观赏效果。当观赏草置身于太阳直射光前时，该植物便凝集成一个剪影，其任何一个细节，如羽毛状的芒、精致的花序及种子都清晰可见。在某些情况下，光线从半透明的叶片中穿过，会取得独特的观赏效果。

光是感官很重要的一部分，观赏草的光泽可随日照变化和季节变化而发生变化。其花序和植株即使在最柔和的阳光下也闪闪发亮。在晚秋和冬季，太阳光低角度照射时，园林景观中典型开花植物处于低处，形成高低相间的风貌时，闪亮的观赏草能形成波澜起伏的动态壮丽景观。

充分利用光线来产生良好的视觉效果是需要技巧的。可以通过盆栽观赏草，并移动到理想位置来实现，也可以安装景观灯在夜间产生相似的景观效果。

（2）动听声响和动感韵律之美

观赏草的韵律之美来源于它的连片性。当微风吹过，成片种植的观赏草随风起伏，像浪花在园中翻滚，尽现动感美，这种动感美和声响效果是一般观赏植物所不具备的。观赏草既可独立成景，又可作为色块栽植在道路两侧，都有较好的观赏效果。

（3）线条构型之美

观赏草是草本植物中最具构型的，这主要归结于观赏草线条的力度和特性。观赏草的叶基部分蘖密集，形成强壮、挺拔的茎秆，叶片纤细柔软，花序变化多样，构型优美。

观赏草不仅色彩诱人，其新奇的叶形也是吸引消费者的主要原因。常见的叶形是皱叶或叶缘皱褶，更独特的如叶子与鸭蹼极其相似的"鸭蹼"系列，叶片为螺旋状的"翘螺旋"等。花序形状独特壮观。如荻的花序飘逸洒脱，狼尾草的花序美丽俊俏，而高大的蒲苇草的花序则朴实壮观，有着雕塑般的凝重美。

绝大多数观赏草无论大小、高低，都给花园增添了美感。观赏草植株和花序线条独特，与景观中的其他要素如假山、岩石等形成鲜明对比。

（4）形状、质地和尺度之美

观赏草形状多种多样。在不同的栽培条件下形状可能会有所变化，不同季节观赏草可能形成不同的形状。某些植物由于向日性、叶的开合性等特性，在不同光照下也可能呈现出不同的形状。

总的来说，形状基本分为以下几种类型：

①丛状　叶从草丛轴心处直挺地向外斜伸，呈尖状，例如开展灯心草（*Juncus patens*）和欧洲异燕麦（*Helictotrichon sempervirens*）。

②匍状　叶从草丛轴心处向外散出，叶形较松软，呈草匍状，如花叶球穗草（*Hackelochloa macra*）、狼尾草（*Pennisetum alopecuroides* spp.）、沿阶草等。

③直立状　茎秆，若无明显茎秆则叶片直立挺拔。如羽毛芦竹、红叶白茅（*Imperata cylindrical var. koenigii* 'Red Baron'）、木贼（*Equisetum hyemale*）等，一般较大型的观赏草多属于此种形态。

④喷泉状　此种形态一般是弧形叶、直立花轴和下垂呈弧形的花序的复合体，匍状大针茅（*Stipa gigandis*）的花轴伸长后高出草丛1m多高，花穗下垂，构成一幅美伦的喷泉画。

⑤瀑布状　弧形叶和直立茎秆的组合体，如芒（*Miscanthus* spp.）。

⑥焰火状　花轴从草丛中心向四周直伸，花序如焰火喷射，如覆叶拂子茅（*Calamagrostis foliosa*）。

丰富多样的株形为景观形态的搭配提供了丰富多变的选择，特别是与那些不是以色彩为主要优点的植物搭配时，这一特性显得更为重要。

质地是植物材料肌理的表情。观赏草质地变化较大，有的如羽毛般细弱，如细茎针茅；有的如玉米叶片般粗糙，如密滨麦、芦竹等。质地不仅在触觉上可以感知，有的用视觉就可以判定。不同质地的观赏草协调搭配其他植物可以给人以触觉和视觉上的冲击。

尺度是指观赏草的高度、大小。观赏草的高度有很大差别，高的达到6m，矮到只有几厘米。对于同一种观赏草来说，在一个生长季节中的高度也会有不同的变化，例如有的观赏草开花前只有30cm，开花后接近5m。较低矮的观赏草有麦冬（*Ophiopogon japonicus*）10.2cm、石菖蒲（*Acorus gramineus*）7.6~12.7cm、天蓝沼湿草（*Molinia caerulea*）30.5~45.7cm、苔草（*Carex* spp.）15.2~30.5cm等；中等高度的观赏草占多数；高大的观赏草如蒲苇（*Cortaderia selloana*），花期高达1.8m、芦竹1.8~3.5m等。较矮的观赏草用于花坛、路边，中等大小的观赏草用做绿篱，高大的观赏草作为花坛的背景来衬托较低矮的观赏草和其他植物。

（5）色彩之美

观赏草叶片和花序色彩丰富，不同物种间色彩差异较大，同一物种在不同季节也呈现出不同的色彩。从叶片来看，观赏草不仅具有多种多样的绿色，还有深浅不一的蓝色、红色、褐色、金色和橘黄色。另外，一些叶片具有浅色条纹、斑点等特征的珍贵观赏草品种具有极高的观赏价值。从花序看，有艳丽的粉色、银白色、金黄色等。观赏草丰富的色彩以及其随季节变化的特性极大地丰富了景观色彩，提高了观赏草的美感，扩大了应用范围。

①叶色 观赏草按叶片色彩可归为绿色叶、秋色叶、常色叶、斑色叶四类。

a. 绿色叶类 叶色为绿色的观赏草，包括秋冬季落叶的，也包括四季常绿的种类。如禾本科的蒲苇（*Cortaderia selloana*）、芒（*Miseanthus sinensis*），莎草科的棕榈叶苔草（*Carex muskingumensis*）、旱伞草（*Cyperus altemifolius*）等。

b. 秋色叶类 秋季叶子能有显著变化的观赏草，叶片经秋变成红、黄、橙等艳丽色彩，极大地丰富了秋天的景色。秋叶呈红色或紫红色类者如紫芒（*Miseanthus sinensis* 'Purpuraseens'）等，秋叶呈黄或黄褐色者如大须芒草（*Andropogon gerardi*）、柳枝稷（*Panieum virgatum*）等。

c. 常色叶类 有些观赏草的变种或变型，其叶常年均成异色，而不必待秋季来临，特称为常色叶观赏草。蓝色或灰色叶片的观赏草有蓝羊茅（*Festuca glauea*）、欧洲异燕麦（*Helictotriclnon sempervirens*）等，金色或褐色叶片的观赏草有金色箱根草（*Hakonechloa oamacra* 'Aureola'）、青铜新西兰发状苔草（*Carex eomans* 'Bronze'）等，红色或紫色叶片的观赏草有红沟灯心草（*Uneinia rubra*）、红狼尾草（*Pennisetum setaeeum* 'Rubrum'）等。

d. 斑色叶类 绿叶上具有其他颜色的斑点或花纹。常见的斑色叶观赏草种类有花叶芦竹（*Arundo donax* 'Egata'）、花叶蒲苇（*Cortaderia selloana* 'Gold Band'）、玉带草（*Phalaris mdinaeea* var. *pieta*）等。

②花（花序）色

a. 红（紫）色 丽色画眉草（*Eragrostis spectabilis*），圆锥花序紫色；疏花山麦冬，花穗为深紫色，叶黄；弯芒蔗茅（*Saccharum contortum*），穗状花序狭长，红色或紫褐色。

b. 褐色 灯心草（*Uncinia rubra*），花序褐色；芒（*Miscanthus sinensis* 'Strictus'），花序红褐色。

c. 银色 短毛野青茅（*Calamagrostis brachytricha*），花序银色。

d. 白(粉)色　芦竹(*Arundo donax* 'Variegata')，圆锥花序，白(粉)色。

e. 其他　沙生蔗茅(*Saccharum ravennae*)，羽状花序，白中带紫。

③茎(花梗)色　羊茅(*Festuca amethystine* 'Superba')，6 月初花梗呈深紫色。

④变色　叶色和花色会随着季节的变化而变化。春夏季多呈绿色，且呈多种深浅不同的绿色。随着秋天到来，叶色多了橘黄色、栗色、褐色、金色等色调，有的夹杂些粉色、白色、乳白色等，还有的看似枯黄死掉，其实是它独特的铜褐叶色。例如：

a. 紫色画眉草(*Eragrostis spectabilis*)　花序的颜色和形态从开花、结实到种子成熟都在不断发生变化。

b. 垂穗假高粱(*Sorghastrum alopecuroides* 'Moudry')　具有独特的蓝绿色，秋天变黄。

c. 狼尾草(*Pennisetum alopecuroides* 'Moudry')　叶片绿色有光泽，弧形，秋天叶色变为黄色或橙色。

d. 黄背草(*Themeda japonica*)　绿色叶在秋天变为红橙色，冬天变铜色。

e. 红叶白茅(*Imperata cylindrical* var. *koenigii* 'Red Baron')　春天叶绿，叶尖红色，秋初彻底变红。

f. 弯芒蔗茅(*Saccharum contortum*)　叶绿色或蓝绿色，秋季叶为紫色或红色。

g. 大丛乱子草(*Muhlenbergia rigens*)　圆锥花序细弱呈银白色，仲夏花序逐渐变为黄褐色。

h. 芒(*Miscanthus sinensis* 'Giantenus')　花序刷状，为红褐色，后变为银色。

观赏草的色泽是多变的，其色彩多变始于绿色，尽管绿色是单一颜色，但在色彩、光影和饱和度上千变万化，在观赏草物种间常能看到这种繁复的变化。景观草绿色有淡绿色和深绿色、柔和绿色和强烈绿色、灰绿色、黄绿色，以及最常见的蓝绿色。这种蓝色是由于植物绿色叶片或其他部分表层覆盖一层薄薄的蜡质层，折射阳光造成的。深紫色叶片表面覆盖一层白霜，看起来仿佛浅白花朵，这也是蜡质层或植物表面白霜的另一例子。叶片表面粉霜蓝色色泽是动态变化的，它们随光质的改变而变化。

观赏草的色泽会随气候变化而变化，寒冷气候通常诱导在白色或蓝色中填充粉色或紫色。温带地区的秋季以及地中海干旱期，观赏草色泽由通常的绿色向杏色和金色转变。冬季休眠或干旱休眠增加了宁静庄重的色调，其色谱从浅黄色到栗色和黄褐色，其花和花序干燥而透明，在日升日落光线变幻的不同色调中呈现出多姿多态的美景。

观赏草的色泽也会随物候的变化而变化。多数观赏草在 5～7 月开花，花序色彩变化丰富，新抽生的花序往往有暗绿、红色、粉红、银色、青铜色等，成熟后还可变为棕褐色、灰白色、褐色等。有些观赏草由于芒伸出花序外而具有密生直立的丝状花序。

观赏草可以形成较单纯的禾草花境，但更多的时候是与宿根花卉、球根花卉或者一年生、二年生花卉一起配置花境，营造出野趣十足和极富动感的效果。观赏草叶片的颜色随季节而变化，从春季的淡绿到冬季的金黄，丰富了景观色彩，也是观赏草的魅力所在。

5.1.2　形态学指标评价

5.1.2.1　物候期观测方法

熟悉观赏草的物候期的目的是将不同物候的植物搭配起来，实现四季有景的观赏效果。植物每年都有与外界环境条件相适应的形态和生理机能的变化，并呈现一定的生长发育的规律性，这种与季节性气候变化相应的植物器官的动态时期，称为生物气候学时期，简称物候期(phenophase)。物候期观察也叫生育期观察，是指植物生长发育过程中，在形态上显著不同的各个时期。植物在不同的发育时期，不仅形态上有了显著变化，而且在对外界环境条件的要求方面也发生了改变。物候期观察的时间以不漏测规定的任何一个物候期为原则。

依据禾本科草本植物不同物候期的识别方法，连续观察并记录供试材料的返青期、孕穗期、始花期、盛花期、花序凋零期和枯黄期，根据返青和枯黄期推算青绿期，根据始花期和花序凋零期推算花期。主要标志及记载要点如下：

返青期：越冬后60%萌发，绿叶旺盛生长；

孕穗期：80%植株的剑叶露出叶鞘，茎秆中上部呈纺锤形；

初花期：植株中部小穗开花时为开花期，全株有5%花开放；

盛花始期：全株有20%的花开放；

盛花期：50%植株中部小穗开花；

盛花末期：80%的花开放；

花序凋零期：60%植株花序枯黄；

枯黄期：60%植株叶片枯黄；

生长天数：指返青期至枯黄期的天数。

5.1.2.2　环境因子研究方法

对不同环境条件下观赏草生长状况的调查是研究观赏草生物学性状的最直观、最简便的方法，通过实地调查、测量记录观赏草的形态特征，可以了解观赏草在自然环境中对水分、光照等自然因子的真实反应。这种方法也是园林专家们经常采用的一种方法。观赏草生长状况形态指标主要有以下几点：

(1)观赏草草层高度

草本植物的主要生长指标为高度，观赏草属于草本植物，按照草本植物草层高度的测定方法测定。对于直立型草本植物来说，植株高度的测定从地面量至叶尖或花序顶部。对于匍匐、攀援的草本植物，虽然可以将弯曲的茎拉直，测定其长度，但已十分不便，因此应测定草层的自然高度。植株高度的测定必须是代表性的10株(丛)的平均值，每旬亦即10d测定一次。

①高型株　高1.8~4.5m，经常密植，用以分割空间或用作背景，如芒草、蒲苇等。

②中高型株　高0.6~1.8m，常以丛植方式进行配植，特别是在庭院绿化中，可减少维护管理。有些种类占地不广，在较窄小的空间里可考虑种植此类型，如东方狼尾草、短毛拂子茅等。

③矮型株　高低于60cm，用于道路两边或花境中作镶边植物，也常用作地被，既美观又无需经常管理，如天蓝沼湿草、蓝羊茅等。

(2)观赏草叶片长/宽

①叶长　取每株一个中上部位完全展开叶片，测量最长部位，取代表性的10株求平均数。

②叶宽　测定叶片最宽部位，取代表性的10株求平均数。

(3)观赏草花轴长/宽

①花轴长(花茎)　复叶轮生部位至花轴顶端长度，测10株，取平均数。

②花轴宽　测定每个花轴中间部位，测 10 株，取平均数。

（4）观赏草花序长/宽

①花序长　测量最长部位，测 10 株，取平均数。

②花序宽　花序最宽处的宽度，测 10 株，取平均数。

（5）株型

主要有以下 6 种类型：

①穗状（tufted）　叶片直立，披针形，质感强；如禾本科狼尾草品种（*Pennisetum alopecuroides* 'Little Bunny'）。

②簇生状（mounded）　叶片下垂，成簇堆成土墩状，长在上部的叶片常覆盖低矮的叶片；如禾本科的狼尾草。

③直立形（upright）　叶和花序沿同一方向紧凑直立生长，甚至成柱形生长；如禾本科柳枝稷品种（*Panicum virgatum* 'Northwind'）。

④分支直立形（upright divergent）　叶和花序总体是向上直立生长，散开呈开心型；如禾本科的欧洲异燕麦（*Helictotrichon sempervirens*）、金叶苔草（*Craex riparia* 'Aureo-variegata'）。

⑤弓状直立形（upright arching）　叶和花序总体是向上直立生长，顶部呈瀑布式向下散生；如禾本科的芒（*Miscanthus sinens*）。

⑥拱形（arching）　叶和花序大多是均衡向外成拱形生长；如棕叶狗尾草（*Setaria palmifolia*）、蓝羊茅（*Festuca rucaovina*）。

（6）叶片质地

观赏草的质地是指叶片多方面的特征，如单一叶片的形状，叶片表面的触感，或者具有完整叶片植株的外部形态，有的叶缘是全缘的，有的是浅裂或深裂的。观赏草质地主要包括叶表的触感和叶缘的平滑程度。叶片的表面有的光滑如丝，有的粗糙或具有毛。这些特征综合形成观赏草的质地，使观赏草具有了姿态各异的外部特征，丰富了外形美感，具有迥异的观赏效果，与乔木、灌木和草本花卉相比，具有自己独特的园林景观用途。

（7）叶色

观赏草种类很多，四季都可观赏：不仅有常绿的叶片，还有很丰富的秋色叶和金叶、红叶、银边等彩叶种类。即使在冬季，霜露和冰雪落在叶片上也景色别致，给环境带来了无限的生机。

①绿色叶观赏草　即叶色为绿色的观赏草，包括秋冬季落叶的，也包括四季常绿的种类。如禾本科的蒲苇、香茅、大针茅和羊茅属的一些品种。

②常色叶观赏草　有些观赏草的变种或变型，其叶常年均成异色，而不必待秋季来临，特称为常色叶观赏草。

③秋色叶观赏草　叶片经秋变成红、黄、橙等艳丽色彩，极大地丰富了秋天的景色。如禾本科的芒草、垂穗草、格兰马草、短毛野青茅、柳枝稷的一些品种，灯心草科的紫地杨梅等。

④彩叶观赏草　在生长季节，其叶片可以较稳定地呈现非绿色，如蓝色叶、红色叶或银色叶等。常见的彩叶观赏草种类有莎草科的长穗苔草品种、禾本科的柳枝稷品种、天南星科的石菖蒲的栽培种等。

（8）花序形状

观赏草大多具有独特壮观的花序，如芦苇的花序飘逸洒脱，狼尾草的花序美丽俊俏，而高大的蒲苇的花序则壮观朴实，散发着雕塑般的凝重美。观赏草的花序不仅轻盈精美，随风摇曳，更为奇妙的是，它可以捕捉光影，这是其他植物都无法比拟的。在庭园中配置观赏草时，应该充分考虑到光线照射的角度和时间，营造出丰富的光影效果。

观赏草的花序形状独特美丽、变幻无穷，具有典型的视觉效果，一般有穗状花序、总状花序、伞形花序、圆锥花序和指状花序等。花序可以是松散排列的，也可以是敞开的，密集的，甚至是单侧的。观赏草三种最为常见的基本的花序形态为：穗状、总状和圆锥状。

（9）花色

花序色彩变化丰富，新抽生的花序往往有暗绿、红色、粉红、银色、青铜色等，成熟后还可变为棕褐色、灰白色、褐色等。

5.1.3　观赏草对环境因子反应的评价

观赏草种类繁多，适合在不同的热量、水肥、地形等条件下栽培。如有的观赏草适应热带、亚热带栽培驯化，有的适应温带、寒温带栽培建植；有些观赏草喜爱充足的阳光，如狼尾草，在光照充足时长势健壮，花序茂密；有的观赏草喜爱遮阴的生长条件，如箱根草，在高达70%的遮阴条件下仍然能正常生长；有的观赏草耐水湿，可在水生环境中生长；有的适宜在干燥的环境中生长。

观赏草具有较好的抗旱性、耐盐碱性及抗病虫能力。在种类繁多的观赏草中，除了水生和喜湿的草种外，其余大部分种类都能忍耐一定的干旱，其根系发达，很多种类能够在坡地、沙地和瘠薄的荒地生长，具有优良的固土护坡、保持水土的功能。也有许多种类可以忍耐一定的盐碱度，有些甚至能忍耐高度的盐碱逆境。如赖草属的欧滨麦、蓝羊草等能够在海滩边、沙丘上及盐碱荒滩地生长，形成稳定、旺盛的植物群落。绝大部分观赏草具有很强的抵抗病虫害能力，在生长过程中，基本不用喷施农药，这在环保呼声越来越高的现代社会，很受人们的青睐。

5.1.3.1　耐阴性

观赏草对光照不足有一定的适应能力，称为耐阴性。在阴蔽的条件下，植物一方面通过增强充分吸收低光量子密度的能量，提高光能利用效率，使之高效率地转化为化学能；另一方面降低用于呼吸及维持其生长的能量消耗，使光合作用同化的能量以最大比例贮存于光合作用组织中来适应低光量子密度环境，维持其正常的生存生长。观赏草生长需要充足的阳光，遮阴常常引起观赏草的退化。但不同观赏草对光照的反应是不一样的，植物对低光量子密度的反应，一般表现为2种类型，即避免遮阴和忍耐遮阴。

具有避免遮阴能力的观赏草，在轻度遮阴时，其叶片作出很小的适应调节，同时降低茎生长并加快高生长，以早日冲出遮蔽的光环境，但当遮阴增大时，则很难对新的光环境作出反应，表现出黄化现象或最终被耐阴植物取代。具有忍耐遮阴能力的植物，其叶片形态特征与低光量子密度的光环境极为协调，从而保证植物在较低的光合有效辐射范围内，有机物质的平衡为正值。这种对低光量子密度的适应，包括了生理生化及解剖上的变化，如色素含量、RuBP羧化酶活性、叶片栅栏组织与海绵组织的比例关系、叶片大小、厚度等的改变。

植物对低光量子密度环境的适应，首先表现在其形态上，即侧枝、叶片向水平方向分布，扩大与光量子的有效接触面积，以提高对散射光、漫射光的吸收。另外，多数阴蔽条件下的植物叶片没有蜡质和革质，表面光滑无毛，这样就减少了对光的反射损失。

耐阴植物对弱光照的适应性表现在叶面积的增加和非同化器官相对重量的减少，这有助于同化有机物质的增长和呼吸消耗的降低。对叶形态特征的观察得出：对耐阴植物适度遮阴后叶片的面积大于等于光下出生的叶片面积且叶片通常变薄，比叶重减少。耐阴性强的植物，茎不会徒长，而是尽量扩展其宽大而薄的叶片，以适应弱光。

阴生植物常处于散射光中，散射光中的较短波长占优势，叶绿素 b 在蓝紫光部分的吸收带较宽，这样阴生植物叶绿素 a/b 值低，即叶绿素 b 的含量相对较高，便于更有效地利用蓝紫光，以增加对弱光的利用能力，保证同化产物的积累，适应于在遮阴处生长。但这种适应性的调节能力因植物耐阴性不同而存在着很大的差异，耐阴性强的植物调节能力强，耐阴性弱的植物调节能力差。

光饱和点的高低同样制约着植物的耐阴程度，光饱和点低则表明植物光合作用速率随光量子密度的增大而迅速增加，很快即达到最大效率。因而，较低的光补偿点和饱和点使植物在有限的光条件下以最大能力利用低光量子密度，进行最大可能的光合作用，从而提高有机物质的积累，满足其生存生长的能量需要。光补偿点低且光饱和点相应也低的植物具有很强的耐阴性；光补偿点低，光饱和点较高的植物，能适应多种光照环境；光补偿点较高，而光饱和点较低的植物，应栽植于侧方遮阴或部分时段阴蔽的环境；光饱和点和光补偿点均较高的植物则为喜光的阳生植物。

耐阴植物叶片具有发达的海绵组织，而栅栏组织细胞极少或根本没有典型的栅栏薄壁细胞，这是植物耐阴的解剖学机理之一。相对发达的海绵组织不规则的细胞分布对于减少光量子投射损失，提高弱光照条件下的光量子利用效率具有十分重要的意义。

提高植物的耐阴性有利于植物在遮阴条件下健康成长，在有限的空间增加绿地面积，对一些观赏植物花期的提前或延后也有帮助。

5.1.3.2　耐寒性

耐寒性是指耐受寒冷而能生存的特性。植物耐寒性是对低温环境长期适应中通过本身的遗传变异和自然选择获得的一种适应性。对植物这种耐寒性高的状态称为耐寒（hardy），耐寒性很低的称为不耐寒（unhardy）。植物个体，一般在夏季活动期多不耐寒，在冬季休眠期则变为耐寒。

低温胁迫包括植物 0℃ 以下的低温伤害——冻害和 0℃ 以上的低温伤害——冷害。目前冻害的机理有 3 点：① 细胞内结冻；② 原生质脱水；③ 生物膜体系破坏。冷害的原发反应是生物膜发生相变，液晶态变为凝胶态，原生质环流停止，植物体内乙烯增加，光呼吸速率下降。植物的耐寒性是其固有的遗传特性，而且总是在逐步降温的过程中得以适应，这即为冷驯化或谓抗寒锻炼。

冬季的极端低温，不仅是限制植物分布的主要因子，更是冬季植物是否发生冻害或冷害的决定性因素。我们比较注意观赏草直观的冻害，而容易忽略貌似无碍的冷害，实际上，前者易导致植物直接死亡，后者易诱发多种弱寄生性病害（如腐烂病、枯萎病、炭疽病、猝倒病、立枯病等）发生。Farrell 等（2006）研究了芒属（*Miscanthus*）的 4 个基因型发芽的最低温度和致死温度，结果表明发芽最低温度为 6~8.6℃，4 个基因型在 -8℃ 以下生长势均明显减弱。

5.1.3.3　耐热性

植物所处环境中温度过高引起的生理性伤害称为高温伤害，又称为热害。高温胁迫对植物的直接伤害是蛋白质变性，生物膜结构破损，体内生理生化代谢紊乱。热害往往与干旱并存，造成失水萎蔫或灼伤。不同植物所忍受的最高温度或致死温度是不同的，同一株植物不同器官或组织耐热性也有较大差异。根系对高温逆境最敏感，繁殖器官次之，叶片再次之，老叶的耐热性强于幼叶，树干的耐热性强于枝梢，木本植物的耐热性强于草本植物。高温胁迫在园林界主要有日灼——强烈阳光辐射增温引起植物器官或组织灼伤，又称"日烧"。多发生在夏秋高温干旱，或冬春阳光照射，白天升温细胞解冻，夜间降温又结冰，冰融交替使皮层细胞破坏，组织死亡，皮层下陷，干裂，冬季日灼常发生在植株西南面的主干和大枝上。休眠日期出现高温易影响花器官发育，削弱花芽分化，形成"花而不实"的"花逆转"，同样不能正常生长，从而诱发多种病虫害，如黑斑病、炭疽病，以及避债蛾、蚜虫、介壳虫、蝗虫的大发生。刘艳等（2006）曾对香根草（*Vetiveria zezanioides*）在持续高温干旱胁迫条件下的光合特性以及丙二醛、游离脯氨酸、抗氧化物酶类等生理指标的变化进行了相关研究，表明高温干旱胁迫下香根草光合速率的下降是由于气孔关闭引起。

5.1.3.4　耐旱性

干旱是使植物产生水分亏缺的环境因子，是各种植物最具威胁性的逆境之一。城市园林的干旱大体可分为3种状态：①土壤干旱，土壤中的可用水不足或缺失，引起了植物缺水；②大气干旱，有时土壤并不缺水，但由于城市"热岛效应"、干热风、高温导致强烈的蒸腾作用使植物缺水；③冻旱，冬春期间（黄河流域主要是早春）土壤水分结冰或地温过低，根系不能吸水或极少吸水，造成植物严重缺水。干旱可以是永久性的，如沙漠戈壁环境；也可以是季节性的，如在有明显干湿季节的地方；也可以是不规则的。城市园林的干旱因地域不同而有所差异，北方地区兼具土壤干旱、大气干旱、冻旱3种状态。

不论哪种状态，干旱的实质都是缺水，对观赏草而言，即水分胁迫，具体是指由于干旱、缺水所引起的对观赏草正常生理功能的干扰。Hsiao（1973）曾将水分胁迫的程度划分为轻度胁迫，中度胁迫，重度胁迫3种类型，它们的区分标准是土壤相对含水量减低8%～10%，10%～20%，20%以上。植物发育的萌动和生长过程是植物对缺水胁迫最敏感的阶段，也是植物因缺水导致早衰、夭折、死亡最重要的时期。在其营养生长中，水分胁迫的可见症状有叶萎蔫、叶枯死、叶脱落、枝梢干枯、植株枯死。不同的营养器官对水分胁迫反应的敏感度不同，其中叶生长＞株高生长＞干粗生长，地下根生长＞地上茎生长；在其生殖生长中，保持土壤持水量60%左右，有利于营养物质积累，有利于花芽分化，过度缺水，不仅花芽分化不利，而且花量少、花色淡、花期短、容易落果；在叶部则表现为叶面积减小，落叶增加、叶片萎蔫、下垂卷曲；在根部则表现为根细胞减弱，停止生长，根毛死亡；在枝干部则表现为抽缩、表皮皱折、褪色发暗。在园林植物中，气生根植物耐旱性强。北方地区园林绿化的管理成本普遍高于南方地区，内陆地区普遍高于沿海地区，重要原因之一就是北方和内陆地区一年到头都忙于抗旱浇水，植物受旱容易出现含氮量下降，糖分增高，后果就是虫害迅速上升甚至猖獗成灾。

不同观赏草在草种及品种之间抗旱性存在较大差异。Xu 等（2006）对 *Panicum virgatum*、*Setaria italica* 和 *Bothriochloa ischaemum* 在自然干旱胁迫下的气体交换、叶片含水量、根系生长量、水分利用率等进行了比较，认为 *Setaria italica* 苗期耐旱性最强，*Panicum virgatum* 苗期耐旱性最弱，蒸腾率、根冠比较高，长成后耐旱性较强。Cosentino 等（2007）对 *Miscanthus × giganteus* 在不同土壤含水量的生长量差异进行了研究，认为 *Miscanthus × giganteus* 在较低的土壤含水量下生长良好。许文花等（2004）就水分胁迫对斑茅（*Erianthus arundinaceus*）5 个不同无性系的影响研究表明水分胁迫下叶片中脯氨酸、可溶性糖、丙二醛的含量显著提高，不同无性系间增幅不同。黄平等（2007）研究了土壤水分胁迫对拔节期荻（*Miscanthus sacchariflorus*）生长和生物质特性的影响，认为土壤水分条件对荻的生长影响显著。

5.1.3.5　耐淹性

水分的淹涝胁迫就是水分过多，过多的土壤水分和过高的大气湿度都会破坏植物体内水分平衡，进而影响植物发育。

土壤中水分过多一般有两种状态，一种是土壤水分超过最大持水量，处于饱和状态，土壤的气相完全被液相取代，即为"渍水"，又称渍害；另一种是水分不仅充满了土壤而且地面积水，淹没了植物的局部或整株，通常称为"涝害"。不论是渍害或涝害，水分过多对植物的伤害并不在水分本身，而是由于积水而导致土壤中缺 O_2 并发生 CO_2 累积，例如，砂土地水淹两周后，O_2 浓度从 21% 降为 1%，而 CO_2 的浓度从 0.34% 上升为 3.4%（Schaffer 等，1992）。

当土壤中缺 O_2 时，一些需 O_2 生物的正常活动受阻，而另一些厌氧微生物特别活跃，降低了土壤正常的氧化—还原势，有机物降解缓慢，并产生一些还原产物如 N_2、CH_4、H_2S、NH_4、H_2 等，厌氧细菌代谢物如硫化氢、硫醇、烷类（甲烷、乙烷、丁烷）、醇类（甲醇、乙醇）、有机酸（最终也转化为甲烷），以及各类醛、酚、脂肪酸类物质积累产生毒害。这种状况在土壤积水缺 O_2 和土壤板结缺 O_2 对植物胁迫—胁变—致弱—致死的机理是极其相似的。这些年，城市园林根腐病呈直线上升趋势，其病原物多为疫霉科（Phytophthoraceae）真菌，而它恰恰是低 O_2 环境的产物。

土壤水分过多除了导致 O_2 稀缺，CO_2 增浓增多，导致植物中毒外，另一直接胁变就是植物对土壤多数矿质营养元素的吸收急剧减少，进而削弱根和新梢的生长，抑制叶的生长，减少叶数，导致叶片失绿坏死引发小叶和落叶。缺 O_2 对开花植物则会影响其开花结实能力，长期缺 O_2 最终植物因淹水致死。

土壤水分过多还能加重许多病原体引起的病害。大多数病原物在高湿条件下生长最佳，原因是传染性繁殖体的产生或这些繁殖体的最佳发芽和侵染需要饱和水条件，如丝核菌（*Rhizoctonia*）、镰刀菌（*Fusarium*）、腐霉菌（*Pythium*）、疫霉菌（*Phytophthora*）等。同时也容易造成有害软体动物（如蜗牛、蛞蝓）的大发生。

在城市园林，水分胁迫（不论是干旱还是积水）导致植物胁变是目前植物逆境生理中最直接，影响最大的胁迫因子，而水分胁迫的集中点就是植物 O_2 呼吸的量变和质变——从有 O_2 呼吸变为缺 O_2 呼吸进而为无呼吸，最后只有死路一条。近几年十分盛行的所谓"反季节"种植施工，常常使植物最敏感的温度胁迫和水分胁迫趋于极致，绿化的客观效果常与主观愿望背道而驰。

5.1.3.6　耐盐碱性

观赏草适应土壤范围较广，观赏草在私人或公共园林中广受欢迎的原因之一，在于能在其他植物难以存活的土壤之上旺盛生长。土壤的变化会造成特定观赏草生长状况和管理上的差异。中国南方存在大范围的红壤，土壤偏酸，其 pH 甚至可达 4 以下，并存在严重的铝毒问题,而在北方,盐碱通常并存。在这些地方种植观赏草,必须选择合适的观赏草种。

许多观赏草种类可以忍耐一定的盐碱度,有些甚至能忍耐高度的盐碱逆境。如赖草属的欧滨麦、蓝羊草等能够在海滩边、沙丘上及盐碱荒滩地生长,形成稳定、旺盛的植物群落。

全世界约有 $130 \times 10^8 hm^2$ 的陆地,其中有 $30 \times 10^8 hm^2$ 盐碱土,几乎所有的洲都有盐碱土。我国约有 $0.27 \times 10^8 hm^2$ 盐碱土。随着工业现代化,灌溉地和设施面积的扩大,土壤次生盐日趋严重。盐土是指土壤饱和提取液电导率超过 $4ds/m$ 的土壤,分为轻盐土、中盐土、重盐土。城市园林植物的盐胁迫除了区域性地理土壤因素外,北方城市撒盐溶雪是交通干线附近园林绿地盐积累、盐过量、盐中毒的重要原因之一。

盐胁迫在炎热、干旱条件下对植物的伤害比冷凉条件下重,强光照下盐胁迫对植物生长的抑制比弱光下要大。过量地使用 N、P、K 肥不能缓解盐度引起的生长抑制,反而会加剧盐害。不同植物种类其耐盐性不同。盐胁迫不仅影响植物的外部形态,也影响植物内部的生理生化特性。盐害的典型症状是植物生长量显著减少、叶尖和叶缘灼伤、叶失绿和坏死、卷叶、花萎蔫、根坏死、枯梢、落叶,甚至死亡。生长抑制是植物受制于盐胁迫最敏感的生理过程,糖累积下降、蒸腾作用下降、水分亏缺,CO_2 同化速率下降、营养不良、盐胁迫的植物通常树冠小、叶片小而少、枝梢少、节间短、出苗率低。

盐胁迫对植物的伤害在我国北方重于南方,在我国城市绿化中,环渤海湾城市群较为突出。

胡生荣等(2007)研究了盐胁迫对 2 种无芒雀麦 *Bromus inermis* cv. 'Xilinguole' 和 *Bromus stamineus* 种子发芽的影响。结果表明,随胁迫浓度的增加,2 种无芒雀麦种子的发芽率、发芽指数和发芽值均有不同程度的降低,相对盐害率升高,种子开始发芽的时间推迟且发芽过程延长,在 3 种盐中,NaCl 胁迫对 2 种植物种子萌发的抑制作用最大。

5.1.3.7 耐酸雨性

酸雨是指 pH 小于 5.6 的降水,是属于环境灾害酸沉降当中的"湿沉降"。湿沉降即通常所说的酸雨,包括酸性雨、酸性雾、酸性露、酸性雪、酸性霜等,我国酸雨的酸度主要由 SO_4^{2-}、Ca^{2+}、NH_4^+ 3 种成分决定。在工业集中区,酸沉降已成为区域性环境问题,酸雨以城市为中心向远郊和农村蔓延。pH < 5.6 的区域已占国土面积的 40% 左右,酸雨分布在我国总体状况是南方重于北方,城市重于乡村。

不同植物种类对酸雨胁迫的敏感性不同,阔叶树和草本植物较针叶树更易受酸雨危害。植物的不同器官,不同发育阶段对酸雨抗性不同,枝干抗酸性强,根系及叶片较弱,未展幼叶和老叶抗性较伸展完毕的嫩叶强。

酸雨对园林植物(观赏草)的可见症状是,可使植物叶片产生白色微小斑点,叶尖皱缩枯萎,花瓣出现褪色白斑,花萼出现褐色斑点进而成块状坏死斑,花粉活动和萌发力下降,对果实则增加果锈,促进生理性落果,对枝梢则抑制其生长。

酸雨对土壤的影响主要是引起土壤酸化,养分淋失,重金属毒性活化,细菌数量减少,固氮菌活动降低,土壤呼吸作用、氧化作用、硝化作用和固氮作用明显减少。

5.1.3.8 抗病性

植物的抗病性是指植物避免、中止或阻滞病原物侵入与扩展,减轻发病和损失程度的一类特性。抗病性的表现,是在一定的环境条件影响下寄主植物的抗病性基因和病原物的致病基因相互作用的结果,是由长期的进化过程所形成。

　　植物的抗病性是相对的。在寄主和病原物相互作用中抗病性表现的程度有阶梯性差异，可以表现为轻度抗病、中度抗病、高度抗病或完全免疫。一种植物或一个植物品种的抗病性，一般都由综合性状构成，每一性状由基因控制。在病原物侵染寄主植物前和整个侵染过程中，植物以多种因素、多种方式、多道防线来抵抗病原物的侵染和为害。不同植物、不同品种对相应病原物的抗病机制各有不同。

　　环境条件对抗病性的影响很大，但只表现在当代而不遗传。理化因素和生物因素都可能对制约着抗病性的生理生化系统、组织和器官生长发育以及产品形成过程产生影响。如大多数土传的苗期病害都是低温下发病较重，因为根外部皮层的形成、伤口愈合以及组织木栓化等抗病因素都要求较高的温度。此外，日常管理措施如修剪、施用农药等农事操作也都会使植物的抗病性不同程度地增强或削弱。环境条件对抗病性的影响可发生在病原物侵染寄主的一段时间内，也可发生在病原物侵入之前，使植物的生理、生化或生育状况变得容易感病，然后在侵染时才显露其影响，后一种情况称为诱病作用。

　　选育抗病品种是病害防治中的基本方法。其途径有引种、选种、杂交育种、远缘杂交、诱变育种等。为此要广泛搜集抗病性资源（简称抗源）。一般认为，在寄主和病原物的共同发源地或历史性的经常发病的地区，常存在着较为丰富的抗源。栽培植物的近缘野生种和古老的农家品种也常含多种病害的抗源。育种时原始材料、亲本和杂交后代群体或人工诱变的后代群体，都必须经过既严格又适度的抗病性鉴定，这种鉴定可利用天然流行的病圃，也可建立人工接种的病圃，但宜使之尽量接近天然状况。

　　绝大部分观赏草具有很强的抵抗病虫害草能力，在生长过程中，基本不用喷施农药，这类环境友好型的绿化材料在强调环保和生态的现代社会，越来越受到人们的青睐。

5.1.4　观赏草的综合评定

　　观赏草在大小、形状、色泽和质地等方面存在巨大的差异，但均给园林增添了美感。目前对观赏草的评价指标研究极少。目前已知的评价指标主要包括成活率（包括越冬越夏率）、生长速率、平均高度、活力、美观性等方面。

　　Lewellyn L. Manske 和 Jerry C. Larson（2003）利用植株活力、观赏价值、花序美观性、色泽和高度等指标构建了观赏草综合评定方法。植株活力、观赏价值、花序美观性按照 $0 \sim 5$ 分评定等级；色泽记录为 12 种色泽之一，并不进行等级评定；植株高度划分为 3 类，即低矮类、中等高度类和高大观赏草类。采用随机区组设计，3 次重复，在其苗期、生长初期、生长中期、晚期和休眠期（post growing-season period）进行评定（表 5-1）。

表 5-1　观赏草综合评定方法

植株活力评定					
5	4	3	2	1	0
健壮	较健壮	中等活力	活力较低	活力低	死亡
观赏价值评定					
5	4	3	2	1	0
高	较高	中等	较低	低	无价值

(续)

花序美观性评定					
5	4	3	2	1	0
极为诱人	诱人	中等	较低	低	无花序

色泽评定		
1. 干枯	5. 蓝绿色	9. 黄绿色
2. 深绿	6. 浅蓝色	10. 浅红色
3. 绿色	7. 深蓝色	11. 紫色
4. 浅绿	8. 金黄色	12. 棕褐色

高度评定	
低矮	15 ~ 60cm
中等	60 ~ 90cm
高大	>90cm

注：Lewellyn L. Manske and Jerry C. Larson，2003。

武菊英（2008）确定了描述观赏性状指标及其数量化评分标准。其中叶色和花序颜色在观赏价值中具有重要地位，因而将其作为单独的评价指标。每年春季（5 月中旬）、夏季（7 月中旬）及秋季（9 月中旬）由至少 3 位专家同时对每个草种的各个指标进行调查评价，年度间的数据取平均值。以参试的 20 个草种作为一个灰色系统，每一种为系统中的一个元素，对性状的量化值进行标准化及无量纲化处理后，以各性状评价值均为 5 作为"理想种"，计算不同品种综合性状与理想种的关联度（表 5-2）。

表 5-2 描述性观赏性状评价标准

评价等级	成活率	生长状况	观赏价值	花序美感	叶色	花序颜色
5	100	强壮	高	很好	蓝色或紫红	紫色或红色
4	80	较好	较高	好	浅蓝或浅红	浅紫或浅红
3	60	中等	一般	一般	深绿	黄色
2	40	较弱	较低	差	绿色	浅黄
1	20	弱	低	很差	浅绿或黄色	枯黄
0	0	死亡	无观赏价值	无花序	干枯	无花序

注：引自武菊英，2006。

李秀玲等根据武菊英方法并稍作改动，以成活率、生长状况、植株观赏价值、花序美感及叶片颜色为评价指标，采用灰色关联分析对 13 种多年生观赏草夏秋两季的观赏价值进行了综合评价（表 5-3）。

表 5-3 改进后描述性观赏性状评价指标

评价等级	成活率	生长状况	观赏价值	花序美感	叶色
5	100	强壮	高	很好	红色或紫色，两和谐色相间
4	80	较好	较高	好	浅蓝或浅红，两色相间
3	60	中	一般	一般	深绿

（续）

评价等级	成活率	生长状况	观赏价值	花序美感	叶色
2	40	较弱	较低	差	绿色
1	20	弱	低	很差	浅绿至黄色
0	0	死亡	无观赏价值	无花序	干枯

注：引自李秀玲等，2008。

评定结果表明：狼尾草（*Pennisetum alopecuroides*）、红叶白茅（*Imperata cylindrical* cv. 'Rcd Baron'）、花叶蓝鸟草（*Phalaris arundinacea* var. *picta*）、香茅（*Cymbopogon citrates*）、花叶蒲苇（*Cortaderia selloana* cv. 'Silver Comet'）、金叶苔草（*Carex oshimensis* cv. 'Vergold'）和欧根金线蒲（*Acorus gramineus* cv. 'Ogon'）7 种观赏草观赏价值较高，且夏秋两季观赏价值变化不大。斑叶芒（*Miscanthus sinensis* cv. 'Zebrinus'）、细叶芒（*M. sinensis* cv. 'Gracillimus'）、花叶芒（*M. sinensis* cv. 'Variegatus'）、蒲苇（*Cortaderia selloana*）4 种观赏草秋季花序盛开，观赏价值较夏季有较大幅度的提高；蓝羊茅（*Festuca ovina* var. *glauca*）叶片银蓝色，叶形色泽美观，初夏观赏价值较高，但随着时间的推进出现橘黄现象导致其观赏价值明显降低；细茎针茅（*Stipa tenuissima*）夏秋两季的观赏性评价均较低，不适合用于夏秋两季南京地区的景观绿化。

胡静、张延龙（2008）利用灰色关联度分析法，对 50 种观赏草资源的生境、抗性、植株观赏性、株高、叶色和花序等 6 个性状进行了综合评价。结果表明综合评价比较高的观赏草品种有芦竹（*Arund donax*）、荻（*Miscanthus sacchariflorus*）、小香蒲（*Typha minima*）和地肤（*Kochia scaparia*）等，其与理想种的关联度分别为 0.7917、0.7730、0.7964 和 0.8222；32 种禾本科观赏草中有 88% 具有耐旱性，且植株观赏性关联系数低于 0.6 的仅有 7 种；50 种观赏草中有 38 种与理想种的关联度在 0.6 以上。

王庆海等（2008）从生态价值、资源价值和美学价值三方面构建了观赏草景观效果评价指标体系，其具体指标和权重评定如下（图 5-1，表 5-4 至表 5-7）：

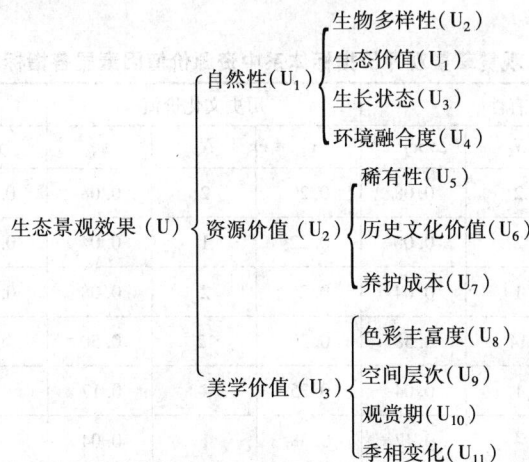

图 5-1　观赏草生态景观效果指标

表 5-4　观赏草景观评价指标体系中项目层各因素的权重

序号 No(i)	生态价值			资源价值			美学价值		
	权重值 χ_i	频数 N_i	频率 w_i	权重值 χ_i	频数 N_i	频率 w_i	权重值 χ_i	频数 N_i	频率 w_i
1	0.30	3	0.13	0.15	3	0.13	0.28	1	0.04
2	0.35	3	0.13	0.17	1	0.04	0.30	4	0.17
3	0.38	2	0.08	0.19	2	0.08	0.31	2	0.08
4	0.39	1	0.04	0.20	9	0.38	0.38	1	0.04
5	0.40	8	0.33	0.21	1	0.04	0.40	1	20.50
6	0.42	1	0.04	0.25	4	0.17	0.44	1	0.04
7	0.45	4	0.17	0.30	3	0.13	0.50	3	0.13
8	0.50	2	0.08	0.35	1	0.04			
Σ		24	1.00		24	1.00		24	1.00

表 5-5　观赏草景观评价指标体系中生态价值因素层各指标的权重

序号 No(i)	自然性			生物多样性			生长状态			环境融合度		
	χ_i	N_i	w_i	χ_i	N_i	w_i	χ_i	N_i	w_i	χ_i	N_i	w_i
1	0.15	5	0.21	0.18	1	0.04	0.25	8	0.33	0.25	4	0.17
2	0.18	2	0.08	0.20	8	0.33	0.28	3	0.13	0.22	4	0.17
3	0.20	6	0.25	0.21	3	0.12	0.29	1	0.04	0.28	2	0.08
4	0.25	7	0.29	0.25	7	0.29	0.30	5	0.21	0.20	2	0.08
5	0.26	1	0.04	0.30	4	0.17	0.33	2	0.08	0.35	6	0.25
6	0.28	2	0.08	0.33	1	0.04	0.35	1	0.17	0.27	2	0.08
7	0.30	1	0.04				0.36	1	0.04	0.15	4	0.17
Σ		24	1		24	1		24	1		24	1

表 5-6　观赏草景观评价指标体系中资源价值因素层各指标的权重

序号 No(i)	稀有性			历史文化价值			养护成本		
	χ_i	N_i	w_i	χ_i	N_i	w_i	χ_i	N_i	w_i
1	0.20	2	0.08	0.20	2	0.08	0.30	5	0.21
2	0.25	2	0.08	0.22	1	0.04	0.40	14	0.58
3	0.28	1	0.04	0.25	2	0.08	0.50	5	0.21
4	0.30	14	0.58	0.30	12	0.50			
5	0.32	1	0.04	0.35	4	0.17			
6	0.35	4	0.17	0.38	1	0.04			
7				0.40	2	0.08			
Σ		24	1		24	1		24	1

表 5-7 观赏草景观评价指标体系中美学价值因素层各指标的权重

序号 No(i)	色彩丰富度			空间层次			观赏期			季相变化		
	χ_i	N_i	w_i	χ_i	N_i	w_i	χ_i	N_i	w_i	χ_i	N_i	w_i
1	0.20	6	0.25	0.20	5	0.21	0.25	6	0.25	0.20	11	0.46
2	0.23	2	0.08	0.24	3	0.13	0.27	1	0.04	0.25	8	0.33
3	0.25	12	0.50	0.25	8	0.33	0.30	13	0.54	0.18	1	0.04
4	0.29	1	0.04	0.30	8	0.33	0.32	1	0.04	0.22	1	0.04
5	0.30	2	0.08				0.35	3	0.13	0.12	1	0.04
6	0.35	1	0.04							0.11	2	0.08
Σ		24	1		24	1		24	1		24	1

利用此模糊数学方法对北京植物园和北京南中轴公共绿地观赏草的景观效果进行评判，所得结果与人们的现场感觉基本一致，验证了该评判方法的科学性。模糊综合评判法将景观效果的模糊性和景观评价的定量化很好地结合，为最后的评判结果提供了丰富的信息，也将所有参评人员对景观效果的认知详尽地反映了出来。模糊集理论可进行大区域景观的评价，突破了传统方法只能在小区域进行景观评价的局限。

5.2 观赏草种质资源的保护和保存

5.2.1 观赏草常见科概述

自 20 世纪 70 年代以来，美国观赏草的应用急剧增加，我国在 2000 年以后在北京、上海等城市的应用也持续增长。观赏草景观效果良好，用途多样，适应性强，和环境协调一致，生长速度快，养护成本低，因此园林绿化中广泛采用国外品种或利用本土草种来进行景观营造。

观赏草用途多样，能用于不同的景观配置。可应用于在多个生境中，如水生花园、岩石园、天然生境等，栽培为主题植物，或盆栽，可和灌木搭配栽植，可作为挡风植物，可作为切花，也可用于控制水土流失。

观赏草种类多，适应性强。多数喜阳，也有部分观赏草适应荫蔽环境(northern sea oats, *Chasmanthium latifolium*)，有些喜欢潮湿土壤(cord grass, *Spartina pectinata*)，有些喜欢干燥土壤(prairie dropseed, *Sporobolus heterolepis*)。

观赏草和其他园林植物兼容性好。观赏草通常和一年生花坛植物、多年生草花以及落叶和常绿灌木混配，也用于天然场地和其他观赏草混种。

观赏草主要包括禾本科、莎草科、灯心草科、香蒲科、木贼科、花蔺科和天南星科菖蒲属的一些植物。

【禾本科 Poaceae 或 Gramineae】

现代命名法以 aceae 为末尾表明植物科。以本科典型植物为科名，禾本科名 Poaceae 来自早熟禾 *Poa*。Gramineae 是禾本科以前的科名，现基本不用。

禾本科属单子叶植物，有 600 多个属 9 000 多个种，仅次于菊科和兰科，是地球上最成功、最庞大的开花植物之一。在全球任一大陆均有分布，是陆地主要生态系统的重要组成部分。从北极到温带、热带再到南极，从山区到海岸均有天然分布。多数喜阳，在开阔生境中居于优势地位，但在丛林中，除竹以外，则极为稀少。禾本科内存在巨大差异，其生长类型包括冷季型和暖季型、草本和木本、一年生和多年生。可划分为 5 个亚科：芦竹亚科，含草本和木本植物；竹亚科，为各类竹子；早熟禾亚科，为冷季型草；虎尾草亚科为暖季型草本植物；黍亚科为暖季型草本植物。

禾本科是最有经济价值的植物。禾本科是人类和动物最主要的食物来源。禾谷类籽实都来自禾本科，包括水稻、燕麦、小麦、黑麦、大麦、玉米和高粱。甘蔗是制糖的最主要原料，多种禾本科还是香料和食用油的原料。啤酒、白酒及酒精饮料需要多种禾本科作物。禾草还用于人们住房的屋顶。竹是重要的建筑材料。禾草还可用于乐器制造。草坪则为人们休闲娱乐提供了独一无二的运动场所。

【莎草科 Cyperaceae】

莎草科比禾本科小，但依然有约 115 个属 3 600 个种，基本上均为多年生。

科名来自莎草属 *Cyperus*。莎草科全球分布，但主要发生在温带和亚极地带的湿润或潮湿生境，在土壤固定中意义重大。多数喜阳，也有多个物种原生于荫蔽森林。

莎草科不是重要的食物来源，但有些可食用。如荸荠 *Eleocharis dulcis*，块茎可食用，在国内广泛栽培。纸莎草 *Cyperus esculentus var. sativus* 的茎是制作纸的良好原料。水葱 *Schoenoplectus tabernaemontani* 及其他多种莎草，可用于编制篮子、席子、座椅等。高莎草可提炼芳香油制作香料。羊胡子草属花序轻软，可用于填充枕头。

多数莎草科植物具有须根，通常还具有匍匐茎或根茎，其上发出新植株。莎草科植物通常丛状，个别垫状。莎草科茎实心，内含髓质海绵层，没有节间，三角形。叶子三列排列，叶鞘通常融入茎。叶片像禾本科，但通常无叶舌或极不发达。地上部分通常常绿，色泽从绿色到接近黄色、蓝色和红褐色不等。多个栽培品种叶色为杂色。

莎草科植物风媒授粉，单个小花不明显，没有明显可辨的萼片和花瓣，通常小花在小穗上成团簇生，花或穗排列成穗状花序、伞状花序或圆锥花序，但不形成松散圆锥花序或密集的羽毛状花序。花序基部常有缩小的叶或苞叶。刺子莞属的苞叶白色，特别美观。有些莎草科植物雌雄同株，如苔草属 *Carex*，雄花和雌花着生于不同小穗。雌花通常为囊状结构的胞果（或雄器苞）包围，在 *C. grayi* 中这个结构特别明显，独具美感。有些莎草花为黑色，如 *C. nudata*；有些为微红色，如 *C. baccans*。

【灯心草科 Juncaceae】

灯心草科植物全球广泛分布，仅有 10 个属，不到 400 个种。多数为多年生草本，主要生长在冷温带和亚北极区的潮湿生境中。一年生物种较为罕见。

灯心草科植物经济价值较低，主要用于纤维原料和捆绑材料。灌木蔺属 *Prionium*，是本科唯一的灌木属，其中 *P. palmitum* 的叶子是纤维的重要原料，称为 palmite。*Juncus maritimush* 是重要的捆扎材料，称为 juncio。*J. effuses* 茎秆较为柔韧，可编制篮子、座垫、席子，包括日本榻榻米。

灯心草科多年生草本植物通常具有多毛的根系，根茎直立或平卧。茎秆直立，圆柱形，实心。叶片通常在底部，有时缩减只剩叶鞘。风媒传粉，花小，但色泽细腻，通常绿色、褐色或接近黑色，有时为白色或乳黄色。花结构与百合花植物极为相似。多数灯心草植物具两性花。

　　仅 2 个属用于观赏草，即灯心草属 *Juncus* 和地杨梅属 *Luzula*，都为多年生草本植物。灯心草属喜欢潮湿、阳光充足的生境，夏季开花。叶从基丛中生出，圆柱形，和茎相似。地杨梅属原生于湿润或干燥荫蔽环境，春季或初夏开花，叶片常绿，主要基生，扁平，通常边缘有毛。

【帚灯草科 Restionaceae】

　　帚灯草科主要天然分布于南半球，包括澳洲大陆、塔斯马尼亚、新西兰、东南亚、马来西亚、马达加斯加、智利和非洲。本科约 38 属 400 余种，多年生草本。其中至少 300 种原生于南非开普植物生态保护区（Cape floral region）。此区气候为地中海气候，夏季干热而冬季冷湿，土壤沙质，贫瘠。

　　帚灯草科和灯心草科是近缘科，在外观上最像灯心草科，但茎有多个分支，形似马尾。植株高 20cm 到 3m 不等。帚灯草科很少发育出功能叶片，光合作用主要发生在绿色的茎秆。茎实心或中空，有明显的节。叶鞘生长于节，通常黄褐色、金色或黄棕色，极具景观效果。多种帚灯草科呈簇生丛状，其余的具有慢速生长的根茎。根肉质、丝状。花单性，小，风媒授粉，雌雄异株。花绿色或褐色，小穗上簇生，构成松散的花序。花序部分被叶鞘状的苞叶包围，苞叶通常褐色或琥珀色。雄株和雌株在外观上差异较大，使得对本科植物的鉴定和分类较其他科植物困难。

　　帚灯草科不是食物原料，但长期用于茅屋屋顶。在南非用 Thamnochortus insignis dakriet 做的屋顶能使用超过 20 年，目前在南非开普地区重新兴起对传统建筑的爱好，使得茅屋建造业再度繁荣。帚灯草科茎和花非常美丽，其切花生产也是国际切花贸易重要的产业。

　　多种帚灯草科具观赏价值，但基本上不耐严冬。在园艺上扩繁也较为困难。根系易于受损，主要通过种子繁殖，但如果采用常规方法，种子发芽率特别低。南非国家植物研究所发现多数帚灯草科在天然火烧加上其烟雾作用下促进萌发。通过控制烟雾处理种子，能大大提高帚灯草科植物的发芽率，从而在全世界许多地方推广帚灯草科植物作为观赏草应用。

【香蒲科 Typhaceae】

　　香蒲科仅 1 个属，即香蒲属 *Typha*，主要分布在全球淡水生境中。为多年生草本植物，喜欢浅水，能长到 2.4m 高，能通过发达的根茎扩展成大株丛。是水鸟重要的筑巢材料和庇护所。

　　香蒲科成熟叶片长期用于编制席子、茅屋屋顶等。根茎厚实，富含淀粉，可食。花序可用于替代鸭绒，能过滤水体中的污染物。

5.2.2　观赏草的种质资源保护

　　育种原始材料、品种资源、种质资源（germplasm resources）、遗传资源（genetic resources）、基因资源（gene resources）是一类意义内涵大体相同的名词术语，一般是指具有特定种质或基因、可供育种及相关研究利用的各种生物类型。世界上的种质库保存有广泛的植物遗传资源种质，总的目标是长期保存并为植物育种者、研究人员和其他用户提供可获取的植物遗传资源。植物遗传资源是在作物改良中所用的原材料。这些植物遗传资源的持续保存取决于通过应用标准和程序进行有用的和高效的种子库管理，确保植物遗传资源连续的存活和可获取性。

　　种质资源是经过长期自然演化和人工创造而形成的一种重要的自然资源，它在漫长的生物进化过程中不断得以充实与发展，积累了由自然选择和人工选择所引起的各种各样、形形色色、极其丰富的遗传变异，蕴藏着控制各种性状的基因，形成了各种优良的遗传性状及生物类型。长期的育种实践已让种质资源在育种中的物质基础作用与决定性作用表现得非常明显。每一次育种上的飞跃都离不开品种的作用，而突破性品种的培育成功往往与一新的种质资源的发现有关。

　　随着遗传育种研究的不断发展，种质资源所包含的内容越来越广，凡能用于作物育种的生物体都可归入种质资源之范畴，包括地方品种、改良品种、新选育品种、引进品种、突变体、野生种、近缘植物、人工创造的各种生物类型、无性繁殖器官、单个细胞、单个染色体、单个基因，甚至 DNA 片段等。

　　植物种质资源保存是指利用天然或人工创造的适宜环境保存种质资源，使个体中所包含的遗传物质保持其遗传完整性和活力，并能通过繁殖将其遗传特性传递下去。其保存类型有两种，即原生境保存和非原生境保存。

5.2.2.1　原生境保存(on site maintenance)

　　自 20 世纪下半叶开始，随着中国和世界人口的增加和经济快速发展，农作物种植面积扩大，造成野生植物栖息地遭受严重破坏，植物遗传资源在自然界急剧下降。为了遏制植物遗传资源面临永久丧失的趋势，全世界各国政府开展了植物遗传资源的抢救性收集和非原生境保存工作，取得了巨大成绩。虽然原生境保护工作开展得相对较晚，但近十年来也有了很大发展，原生境保护进入了一个快速发展时期。

　　原生境保存也称为就地保护(*in situ* conservation)，是将植物的遗传材料保存在它们的自然环境中，通过保护植物原生长地的天然生态系统来有效保护种质资源。原生境保存的地方多是植物保护区，是保存植物整个群落的最好方法。另一种方法为农田种植保存，即将原生境植物种植在农田中进行保护。

　　(1)调查与编目

　　观赏草种质资源大多分属于粮食作物的近缘种、牧草、草坪以及观赏植物种质资源库。在粮食作物的野生近缘种中野生稻(普通、疣粒、药用野生稻、假稻等)，小麦近缘野生植物(山羊草、鹅观草、披碱草、赖草、冰草等)，野生大麦，谷子野生近缘植物狗尾草，多年生野黍等，这些粮食作物近缘种很多都可以作为观赏草进行栽培、利用。

　　中国是世界八大作物起源中心之一，粮食与农业栽培植物野生种和野生近缘植物也很多。目前，中国的栽培作物有 661 种(林木未计在内)，其中与观赏草相关的遗传资源包括：粮食作物涉及 103 个栽培物种，311 个野生近缘种；饲草与绿肥涉及 196 个栽培物种，353 个野生近缘种；观赏植物涉及 588 个栽培物种，484 个野生近缘种。已收集和保存的农业野生植物遗传资源约 35 000 份，其中粮食作物野生近缘种资源 20 000 余份，麻类、甘蔗和牧草等野生近缘种资源 2 300 份左右。

　　我国在西北和西南 9 省份 133 个县(市)对小麦野生近缘植物进行了调查，调查了小麦野生近缘植物 8 属 87 种 690 多个居群，发现二倍体冰草(*Agropyron cristatum*)、偃麦草(*Elytrigia repens*)、赖草和大颖草等可用于防沙、固沙、保护荒漠生态系统的重要物种。这些物种可开发用于观赏草。

　　美国科罗拉多州立大学对美国本土观赏草资源进行了调查和评定，认为在干旱地区可应用美国本土观赏草种，包括大须芒草（*Andropogon gerardii*）、柳枝稷（*Panicum virgatum*）、蓝滨草（*Sorghastrum nutans*）、小须芒草（裂稃草，*Schizachyrium scoparium*）、蓝茎冰草（*Agropyron smithii*）、六月草（*Koeleria macrantha* syn. *K. cristata*）、帚状针茅（*Stipa spartea*）、野牛草（*Buchloe dactyloides*）和格兰马草（*Bouteloua gracilis*）等。在湿润地区可应用柳枝稷（*Panicum virgatum*）和芒（*Miscanthus species*）等。

（2）自然保护区和原生境保护点

建立生物自然保护区是国内外公认保护生物多样性、保护珍稀动植物资源、保护天然植被景观、人文景观和生态系统的重要有效手段。

至 2006 年年底，全国共建立各种类型、不同级别的自然保护区 2 395 个，保护区总面积 15 153 × 10^4 hm^2，陆地自然保护区面积约占国土面积的 15.16%。中国自然保护区分为自然生态系统、野生生物、自然遗迹保护区。其中自然生态系统类自然保护区无论在数量上还是在面积上均占主导地位，分别占自然保护区总数和总面积的 66.51% 和 68.41%。已建的自然保护区中保存着一定数量的植物遗传资源，但还没有以观赏草为主要保护对象的保护区。

作物野生近缘植物中多个物种可用于开发观赏草。作物野生近缘植物大多分布于农、牧区，生态环境破坏严重，生境片断化致使作物野生近缘植物群落分布面积较小，不利于以保护区方式进行管理。农业部 2001 年开始进行作物野生近缘植物原生境保护点建设，确立了围栏、围墙、天然屏障、植物篱笆等方式，制定了原生境保护点建设技术规范、管理技术规范和监测预警技术规范。截至 2007 年年底，全国 26 个省（自治区、直辖市）共建成 86 个作物野生近缘植物原生境保护点，另有 30 个已列入计划待建。这些原生境保护点涉及 26 类野生近缘植物，其中野生稻、小麦野生近缘植物、野生甘蔗等 3 类野生近缘植物中多个物种具有开发观赏草的潜能。

（3）保护区外农业生态系统保护

受经济、技术条件和认识水平限制，保护区外农业生态系统保护尚未纳入遗传资源保护的工作计划。近年来，随着全民对遗传资源保护意识的提高、经济条件的好转，中国政府启动了相应的工作。

5.2.2.2　非原生境保存（off site maintenance）

也称异地保护（*ex situ* conservation）或异生境保护，即人为地将具有重要经济价值和遗传价值，或受到高度威胁的珍稀濒危种迁出原地进行保护，是将植物的遗传材料保存在不是它们自然生境的地方。迁地保存常针对资源植物的原生境变化很大，难以正常生长和繁殖、更新的情况，选择生态环境相近的地段建立迁地保护区（避难所）。非原生境保存方式有植物园、种子库、种质圃、试管苗库、超低温库等，具体保存方法有 4 种，即种植保存、贮藏保存、离体保存和基因文库保存。

（1）收集

为了更好地保存和利用自然界生物的多样性，丰富和充实育种工作和生物学研究的物质基础，种质资源工作的首要环节和迫切任务是广泛发掘和收集种质资源并很好地予以保存。

收集种质资源的方法有 4 种，即直接考察收集、征集、交换、转引。

直接考察收集是指到野外实地考察收集，多用于收集野生近缘种、原始栽培类型与地方品种。直接考察收集是获取种质资源的最基本的途径，常用的方法为有计划地组织国内外的考察收集。除到起源中心和各种野生近缘种众多的地区去考察采集外，还可到本国不同生态地区考察收集。为了能充分代表收集地的遗传变异性，收集的资源样本要求有一定的群体。如自交草本植物至少要从 50 株上采取 100 粒种子；而异交的草本植物至少要从 200～300 株上各取几粒种子。收集的样本应包括植株、种子和无性繁殖器官。采集样本时，必须详细记录品种或类型名称，产地的自然、耕作、栽培条件，样本的来源（如荒野、农田、农村庭院、乡镇集市等），主要形态特征、生物学特性和经济性状、群众反映及采集的地点、时间等。

征集是指通过通讯方式向外地或外国有偿或无偿索求所需要的种质资源，征集是获取种质资源花费最少、见效最快的途径。

交换是指育种工作者彼此互通各自所需的种质资源。

转引一般指通过第三者获取所需要的种质资源。由于国情不同，各国收集种质资源的途径和着重点也有所差别。资源丰富的国家多注重本国种质资源收集，资源贫乏的国家多注重外国种质资源征集、交换与转引。美国原产的种质资源很少，所以从一开始就把国外引种作为主要途径。如美国广泛应用的芒属观赏草（*Miscanthus*），主要来自中国等东亚地区。

目前我国征集观赏草种质资源的主要来源：第一，依靠植物遗传资源协作网的征集和收集，收集对象是各地区以前未收集到的地方品种、过去多年新育成的品种以及具有重要研究价值的特殊遗传材料等。第二，通过国家项目进行野外考察收集，如我国 2001～2002 年实施的"防沙治沙特种植物遗传资源调查、评价和利用"；2006～2010 年实施的"云南及周边地区农业生物资源调查"等。第三，从国外引进植物遗传资源。

目前我国北京、上海、青岛、西安等地从国外引进了大量观赏草草种，北京、上海、大庆、重庆等还对本地观赏草资源开展了调查、收集和鉴定利用的研究。

收集到的种质资源，应及时整理。首先应将样本对照现场记录，进行初步整理、归类，将同种异名者合并，以减少重复；将同名异种者予以订正，给以科学的登记和编号。如美国，自国外引进的种子材料，由植物引种办公室负责登记，统一编为 P. I 号（plant introduction）。前苏联的种质资源登记编号由全苏作物栽培研究所负责，编为 K 字号。

此外，还要进行简单的分类，确定每份材料所属的植物分类学地位和生态类型，以便对收集材料的亲缘关系、适应性和基本的生育特性有个概括的认识和了解，为保存和做进一步研究提供依据。

（2）种植保存

种植保存以资源圃为主。为了保持种质资源的种子或无性繁殖器官的生活力，并不断补充其数量，种质资源必须每隔一定时间（1～5 年）播种一次，即种植保存。在种植保存时，每种作物或品种类型的种植条件，尽可能与原产地相似，以减少由于生态条件的改变而引起的变异和自然选择的影响。在种植过程中应尽可能避免或减少天然杂交和人为混杂。播种和收获时取样要有代表性以免因抽样而造成遗传漂移。总之要尽可能地保持原品种或类型的遗传特点和群体结构。

植物园也是异地保护的重要场所。植物园功能包括物种保存、科学研究、资源开发、公众教育和休闲娱乐等各个方面，如以植物展示和休闲娱乐为主的城建园林植物园；教育部门建立的以植物教学、实习为主的植物园；农林部门建立的专门收集林木资源的植物园，如南岳树木园、长沙植物园等。部分植物园已经成为植物引种驯化、资源开发利用、迁地保护及园林景观建设的重要研究中心、资源宝库、科普教育基地。如美国明尼苏达州大学景观植物园是美国最大的观赏草收集中心之一，收集有超过 200 多种景观草种和品种，承担科学研究、品种展示、景观美化的功能。我国部分植物园也进行了观赏草的收集保存和研究工作，如武汉植物园、南京植物园。

（3）贮藏保存

对于数目众多的种质资源，如果年年都要种植保存，不但土地、人力、物力有很大负担，而且往往由于人为差错、天然杂交、生态条件的改变和世代交替等原因，易引起遗传变异或导致某些材料原有基因丢失。因而，近来各国对于种质资源的贮藏保存极为重视。贮藏保存主要是用控制贮藏时的温、湿条件的方法，来保持种质资源种子的生活力。

长期贮藏保存种子生活力的技术关键是低温、干燥、密封，通过控制种子周围环境中的温湿度以及隔绝空气，迫使种子处于代谢作用的最低限度。

我国和国内外种质资源库保存有大量的草坪、牧草、作物及其近缘种，这些材料中许多具有作为观赏草的潜能。

美国国家植物种质资源体系收集有 450 000 份材料，但仅有约 3 000 份观赏植物，占收集材料的 0.7%。因此在美国俄亥俄州立大学创立了观赏植物基因库，其中就收集有鸢尾属等观赏草种质资源。我国还没有专门的观赏草收集和保存基因库，但在作物近缘种、牧草、草坪等种质资源库中包含部分观赏草种质资源。

（4）试管保存（离体保存）

用试管保存植物的组织和细胞的培养物。常用的培养物有：愈伤组织、悬浮细胞、幼芽生长点、花粉、花药、体细胞、原生质体、幼胚等。

利用试管保存具有以下优点：

①所需空间小；

②可以解决常规方法不易保存的种质资源；

③繁殖时不受季节限制，繁殖速度快；

④培养物不带病虫害，便于种质交流。

离体保存方法有低温保存、超低温保存和生长抑制剂保存 3 种方法。

（5）基因文库技术

每年都有大量珍贵的动植物死亡灭绝，遗传资源日趋枯竭。建立和发展基因文库技术（gene library technology），对抢救和安全保存种质资源有重要意义。这一技术的要点是：从资源植物提取大分子量 DNA，用限制性内切酶切成许多 DNA 片段。再通过一系列步骤把连接在载体上（如质粒、黏性质粒、病毒）的 DNA 片段转移到寄主细胞（如大肠杆菌、农杆菌）中，通过细胞增殖，构成各个 DNA 片断的克隆系（增殖成大量可保存在生物体中的单拷贝基因）。在超低温下保持各无性繁殖系生命，即可保存该种质的 DNA。因此，建立某一物种的基因文库，不仅可以长期保存该物种遗传资源，而且还可以通过反复的培养繁殖筛选，获得各种目的基因。

种质资源的保存还应包括保存种质资源的各种资料，每一份种质资源材料应有一份档案。档案中记录有编号、名称、来源、研究鉴定年度和结果。档案按材料的永久编号顺序排列存放，并随时将有关该材料的试验结果及文献资料登记在档案中，档案资料贮存入计算机，建立数据库。

5.3　观赏草种质资源的利用

植物遗传资源的利用可概括为以下 4 个主要方面：一是用于基础研究，揭示植物生长发育的分子生物学机理与系统演化关系，为植物科学的原始创新提供理论基础；二是用于优异性状鉴定和预育种活动，发掘新基因和创造符合育种目标的亲本材料；三是作为育种亲本材料用于培育新品种；四是用于教学和展览，提高全民族植物遗传资源保护意识。

特别重要的是，植物遗传资源在新品种培育方面发挥了重要作用。

5.3.1　种质资源的研究与利用

5.3.1.1　种质资源的研究

（1）表现型鉴定与评价

主要开展植物学性状、产量性状、抗病性、抗虫性、抗逆性、营养成分和加工品质、氮和磷高效利用等性状的鉴定与评价。鉴定是种质资源研究主要工作，鉴定内容因作物不同而异，一般包括农艺性状，如生育期、形态特征和产量因素；生理生化特性，抗逆性，抗病性，抗虫性，对某些元素的过量或缺失的抗耐性；美学价值，如株型、叶色、质地等。鉴定方法依性状、鉴定条件和场所分为直接鉴定（direct evaluation）和间接鉴定（indirect evaluation），自然鉴定和控制条件鉴定（诱发鉴定），当地鉴定和异地鉴定。为了提高鉴定结果的可靠性，供试材料应来自同一年份、同一地点和相同的栽培条件，取样要合理准确，尽量减少由环境因子的差异所造成的误差。由于种质资源鉴定内容的范围比较广，涉及的学科多，因此，种质资源鉴定必须注意多学科、多单位的分工协作。

根据目标性状的直接表现进行鉴定称之为直接鉴定。对抗逆性和抗病虫害能力的鉴定，不但要进行自然鉴定与诱发鉴定，而且要在不同地区进行异地鉴定，以评价其对不同病虫生物型（biotypes）及不同生态条件的反应。对重点材料广泛布点，检验其在不同环境下的抗性、适应性和稳定性已成为国际上通用的做法。根据与目标性状高度相关性状的表现来评定该目标性状称之为间接鉴定。

美国在 2012 年由明尼苏达州立大学主导启动了国家观赏草评价项目（The National Ornamental Grass Trial），主要对美国不同环境下本土观赏草品种的景观特性和适应性进行评价。实验地点包括 11 个州的 17 个点，包括 Vermont，North Carolina，Florida（4 个点），Minnesota，Pennsylvania，Ohio，Nebraska，Texas（5 个点），Colorado 和 Oregon 州。目前评价了柳枝稷、北美小须芒草和 *Panicum amarum* 的 22 个品种。每个地点种植 4 株，评定其植株大小、总体生长状况、花序、叶色、秋季色相、自播性、越冬率和病虫草害情况，每个试验持续 3 年。

（2）遗传多样性评价

综合利用形态学、蛋白质、DNA 标记等分析方法，近年来重点开展了不同年代育成品种的遗传多样性变化、地方品种的遗传构成、多样性的地理分化等方面的研究。能否成功地将鉴定出来的具有优异性状的种质材料用于育种在很大程度上取决于对材料本身目标性状遗传特点的认识。因此，现代育种工作要求种质资源的研究不能局限于形态特征、特性的观察鉴定，而要深入研究其主要目标性状的遗传特点，这样才能有的放矢地选用种质资源。资源利用另一方面是用已有种质资源通过杂交、诱变及其他手段创造新的种质资源。

（3）核心种质构建

在表现型鉴定与遗传多样性分析的基础上，借助现代分子标记技术，构建了核心种质，并建立微型核心种质。以微型核心种质为材料，深入分析其可能携带的优异基因，并为这些基因找到分子标记，为分子标记辅助育种奠定基础。另外，以微型核心种质为供体亲本，与生产上的主栽品种杂交、回交，拓宽育种遗传基础，培育高产、抗病、抗旱、耐盐碱、适应性广、品质好的新品种。

（4）功能基因发掘

针对育种和生产中的重要目标性状，运用现代分子生物学的理论和技术，发掘重要功能基因，特别是抗病、抗虫、抗旱性等相关功能基因的发掘。

美国利用 RAPD、ISSR 等方法对芒（*Miscanthus sinensis*）、珍珠粟等观赏草的遗传多样性进行了研究，并构建了高密度的遗传图谱，对观赏草的分子标记辅助育种、抗逆性鉴定以及核心种质构建提供了物质基础和技术手段。

5.3.1.2　预育种与种质创新

为了拓宽育种遗传基础，近年来通过远缘杂交等手段，将外源物种的期望基因转入栽培种，并在方法和材料创新方面取得显著进展。如 2003 年美国佐治亚大学 Tifton 实验站利用红色四倍体珍珠粟（$2n=4X=28$）和一个狼尾草种间杂交种［*P. purpureum* 'Merkeron'（$2n=4X=28$），napiergrass（*P. squamulatum*，$2n=8X=56$）］进行杂交，从中筛选出一株生长健壮的植株，并用以给 'Princess' napiergrass［*P. purpureum* 'Princess'（$2n=4X=28$）］授粉，从后代中选育出 Tift 17 观赏草。同时，他们利用紫狼尾草（*Pennisetum purpureum*，$2n=4X=28$）和红色四倍体珍珠粟（$2n=4X=28$）杂交，从中选育出 Tift 23 观赏草。

5.3.2　我国观赏草种质资源的研究与利用进展

观赏草种类繁多，且繁殖容易、养护管理相对简单，适应各种不同的城市绿地环境条件。观赏草在园林造景中有着不可低估的作用，不仅能丰富城市园林绿化的植物材料，增加城市园林绿化景观配置的多样性与特色，提升城市园林绿化的水平，而且给人们以田园式风光的自然美感的享受，是其他植物不可替代的新材料。目前，观赏草已成为欧美国家景观建设中的新宠，近几年来，北京、上海、杭州等地开始将观赏草应用于城市绿化建设，充分体现了园林植物的物种多样性和景观多样性，并在园林植物造景中发挥了重要作用。

国内对观赏草的研究和利用是近几年才兴起的，由于观赏草原为野草，与我国传统的审美观点有一定的差异，国内很多人甚至包括行业内许多人对观赏草了解不多，不为大多数人接受，应用范围也比较狭小，观赏草在园林应用方面的研究报道不多，观赏草资源开发、研究及生产现状还滞后于园林建设的迫切需求，表现为园林中应用的观赏草种类偏少，应用形式、配置手法单一，对观赏草的概念理解模糊，或趋之若鹜般盲目地运用观赏草造景，且应用领域较为狭窄，主要用于花境布置、滨水绿化、地被应用、道路两侧种植，对各类观赏草生长习性的了解及观赏效果所持的鉴赏力具有局限性，并未充分发挥出观赏草应有的景观价值和生态效益。

有关国内观赏草资源调查的研究报道更为缺乏。随着对观赏草需求的不断上升，观赏草在我国有着很大的发展空间，迫切需要加强观赏草野生资源的引种驯化和育种工作，加强观赏草的抗逆性研究，大力进行观赏草商品化生产，合理地推广应用适宜的观赏草，丰富园林景观等。目前，国外的观赏草种类已有 400 种之多，而国内常用种类仅有几十种。因此，"摸清家底"对于观赏草资源的开发和应用显得尤为重要。

中国素来被称为园林之母，园林植物资源丰富多彩。我国观赏草种质资源丰富，开发野生资源，丰富园林景观，营造本地特色，创造良好的生态环境，其前景十分广阔。作为乡土观赏草，它们更能适应产地生态环境特点，没有生物入侵的风险，而且用它们育出的新品种还具有自主知识产权。禾本科植物约 200 余属，1 500 种以上，具有开发潜力的野生禾草分布较广。苔草属有 400 多种，一些种类如白颖苔草、异穗苔草、卵穗苔草、砾苔草等具有春季返青早、耐干旱、耐践踏、耐瘠薄及低矮、纤细的特点，作为观赏地被植物开发应用有广阔的前景。

种质资源是生物研究和品种改良的物质基础，其收集、评价和保存利用早已引起世界各国的重视。在我国，近几年来随着园林生态和环保水平的日益提升，观赏草种质资源的收集和调查得到了更多园艺和园林工作者的重视。

唐岱等（1994）对重庆地区观赏禾草资源进行了调查研究。结果表明，有 33 种野生禾草具有开发价值。徐泽荣等对四川 16 种富有广阔园林应用前景的野生观赏草的形态特征、生态特征、培育特点及利用途径进行了简要介绍。刘磊等（2005）对滇中地区的 80 余属野生禾草进行野外考察、选择、采集和引种观察试验，整理出 14 种具有滇中特色且未曾做过园艺开发研究的野生禾草。

北京市农林科学院草业与环境研究发展中心是国内较早进行观赏草研究的单位之一，他们从国内外收集了各类观赏草 39 种，其中包括北京本土观赏草 12 种，在昌平小汤山试验示范基地建立了近百亩观赏草资源圃，筛选出 38 种（含品种）适应北京及周边地区应用的观赏草并投入产业化生产。武菊英等（2005，2006）以生长状况、植株观赏价值、花序美感、株高等性状为评价指标，利用灰色关联分析，对 20 种多年生观赏草在北京地区春季、夏季和秋季的生长状况和观赏价值进行了综合评价，观察表明狼尾草的基本生物学特点，评价了狼尾草的适应性，认为狼尾草在各类园林中可作为孤植独赏、花境配置以及地被植物等应用。

北京植物园从 2001 年开始引种观赏草，先后共引进 20 属 30 余种，经在苗圃地开放性越夏、越冬试验，已成功筛选出 13 种可以在北京地区不经任何防寒手段即可安全越冬、生长良好的观赏草种类。2003 年，北京汉枫园林科技有限公司开始销售进口蓝羊茅、彭巴斯羽毛草等观赏草种子，筛选出适合北方地区种植的十余个品种。通过对这些研究机构、种苗公司的调查，总结适于北京地区广泛应用并已投入规模化生产的栽培植物共 49 种（含品种），分别隶属 3 科 21 属。

刘明栋等（2007）研究证明大庆地区野生观赏草种植资源丰富，包括禾本科、莎草科、灯心草科、香蒲科、天南星科、木贼科在内的观赏草种质资源 49 种，并从园林应用和形态学特征出发，对大庆地区的观赏草种质资源的株型、叶、花、韵律和动感的观赏性进行了分析。

赵岩等（2006）调查表明狼尾草等 13 种野生观赏草在山东地区极具发展潜力，并对山东省观赏草资源进行了评定，发现山东省主要城市观赏草资源包括禾本科、莎草科、灯心草科、天南星科、香蒲科、花蔺科、百合科和藜科共 8 个科的种质资源，其中禾本科的观赏草种类最多，在山东省园林应用中能够适应不同环境的植物配置。在山东干旱缺水地区，应该大力推广耐干旱品种如狼尾草、蒲苇、狗尾草、灯心草等，在盐碱地区应大力推广耐盐碱品种如芦苇、香蒲、水葱等。

胡静等（2008）对陕西省观赏草资源进行了考查研究，并采用灰色关联度分析法对资源价值进行综合评定，筛选有良好适应性和观赏性的草种，芦竹（*Arund donax*）、荻（*Miscanthus sacchariflorus*）、小香蒲（*Typha minima*）、地肤（*Kochia scoparia*）等，这些材料可直接用于园林绿化美化；50 种观赏草中多数具有开发潜力，禾本科观赏草中可开发出节水耐旱草种。

我国也逐步开展了观赏草的基础研究和利用。蔡青等（2005）对 301 份甘蔗属及其近缘植物的染色体进行分析研究，247 份割手密（*S. spontaneum*）中具有 11 种染色体类型，其中 $2n = 104$、$2n = 108$ 两种类型为国内首次报道；46 份斑茅（*S. arundinaceum*）中具有 3 种染色体类型，其中 $2n = 20$ 类型为国内首次报道；2 份芒（*M. sinensis*）、4 份河八王（*N. porphyrocoma*）、2 份蔗茅（*E. fulvus*）分别具有 $2n$ 为 60、30、20 等染色体类型。陈健文等（2010）对斑茅（*Erianthus arundinaceus*）使用基因组原位杂交（GISH）技术分析了甘蔗 – 斑茅杂种及回交后代 F_1、BC_1 和 BC_2 的染色体构成与传递行为。发现在 F_1 代，来自斑茅 HN92-77 的染色体数目介于 28 ~ 30 条，来自热带种 Badila 的染色体数目介于 38 ~ 40 条，体细胞染色体数为 $2n = 68 ~ 70$，基本符合 $n + n$ 的染色体传递方式；在 BC_1 和 BC_2 代，来自斑茅的染色体数分别为 22 ~ 28 条和 13 ~ 15 条，来自甘蔗的染色体数分别是 87 ~ 94 条和 98 ~ 101 条，其体细胞染色体数 $2n$ 分别为 110 ~ 121 条和 112 ~ 115 条，基本符合 $2n + n$ 和 $n + n$ 的染色体传递方式。在所观察的渐渗系中，均存在有染色体丢失的现象，但未观察到染色体发生交换与重组。张健波等（2013）利用相关序列扩增多态性（SRAP）分子标记对我国 7 个省的 45 份野生斑茅种质资源进行遗传多样性研究，发现我国野生斑茅资源具有丰富的遗传多样性，种质资源亲缘关系呈现出较强的地域分布规律，我国野生斑茅资源的遗传多样性及聚类结果受地理条件的影响，大洋、山体能阻碍不同地域斑茅间的基因交流，而河流能促进基因交流，为斑茅的开发利用及甘蔗的遗传改良育种提供重要基础资料。贵州草研所吴佳海等（2013）则利用收集的丰富沿阶草种质资源，从中筛选出优异株系，选育成功"剑江"沿阶草。

中国虽然已组织了多次植物遗传资源重大考察收集活动，但对于观赏草和交通不便的边远山区的考察收集还很不够。随着经济的快速发展、农业生产集约化和山区开发步伐的加快，植物遗传资源损失日趋加速。因此，应进一步加强观赏草调查、考察与收集，避免中国特有和特异植物遗传资源的丢失。

思考题

1. 观赏草的美主要体现在哪几个方面？并简单阐述。
2. 观赏草的株型主要有哪几种？并举例。
3. 从形态学评价观赏草，主要从哪几方面进行？
4. 按照 Lewellyn L. Manske 和 Jerry C. Larson 的观赏草综合评定法对你身边的观赏草进行评定，并判定该草是否适合该地生长栽培。
5. 简述禾本科、莎草科、灯心草科、香蒲科等科的观赏草主要生物学特性。
6. 观赏草种质资源的保存主要有哪些法？其具体步骤包括哪些？
7. 观赏草种质资源的利用途径主要有哪些？并简单举例说明。

参考文献

Anon. 1894. Horticulture and Arboriculture in the United States [N]. Bulletin of Miscellaneous Information. Royal Gardens.

Darke R. 2007. The Encyclopedia of Grasses for Livable Landscapes[M]. Portland：Timber Press.

Darke, Rick. 1999. Color Encyclopedia of Ornamental Grasses[M]. Portland：Timber Press.

Greenlee, John. 1992. Encyclopedia of Ornamental Grasses[M]. New York：Rodale Press.

Grounds, Roger. 1998. The Plantfinder's Guide to Ornamental Grasses[M]. Portland：Timber Press.

Horton J L, Fortner R, Goklany M. 2010. Photosynthetic characteristics of the C₄ invasive exotic grass *Miscanthus sinensis* Andersson growing along gradients of light intensity in the southeastern United States.

King, Michael and Piet Oudolf. 1998. Gardening with Grasses[M]. Portland：Timber Press.

Mary H. Meyer and Larry Zillox. 1998. University of Minnesota Extension, "Ornamental Grasses for Minnesota", INFO-U publication #464.

柴翠翠，徐迎春，钱仙云，等. 2009. 10 种观赏草叶片的细胞膜热稳定性鉴定[J]. 江苏农业学报，04：162 − 165.

丰会民，张志国. 2008. 几种观赏草在上海园林的应用[J]. 安徽农业科学，22：140，221.

高鹤，刘建秀，郭爱桂，等. 2008. 南京地区观赏草的适应性和利用价值初步评价[J]. 草业科学，08：135 − 142.

高鹤，宗俊勤，陈静波，等. 2010. 7 种优良观赏草光合生理日变化及光响应特征研究[J]. 草业学报，04：90 − 96.

胡静，张延龙. 2008. 陕西省主要观赏草资源及其评价[J]. 西北农林科技大学学报（自然科学版），06：113 − 120.

孔兰静，李红双，张志国，等. 2008. 三种观赏草对土壤干旱胁迫的生理响应[J]. 中国草地学报，04：42 − 47.

李秀玲，刘君，宋海鹏，等. 2010. 13 种观赏草在南京地区夏秋两季观赏价值的灰色关联分析[J]. 草业科学，02：43 − 48.

李秀玲，刘君，宋海鹏，等. 2010. 应用 Logistic 方程测定 13 种观赏草的耐热性研究[J]. 江苏农业科学，03：194 − 196.

李秀玲，刘君，杨志民，等. 2010. 九种观赏草在南京地区的适应性评价[J]. 中国草地学报，03：78 − 83，89.

李秀玲，刘开强，杨志民，等. 2012. 干旱胁迫对 4 种观赏草枯叶率及生理指标的影响[J]. 草地学报，01：80 − 86.

王庆海，袁小环，武菊英，等. 2008. 观赏草景观效果评价指标体系及其模糊综合评判[J]. 应用生态学报，02：159 − 164.

武菊英，滕文军，袁小环，等. 2008. 适宜北京地区的观赏草评价与应用[J]. 中国园林，12：30 − 33.

谢彩云，范国华，吴佳海，等. 2013. 观赏草新品种剑江沿阶草的选育[J]. 贵州农业科学，12：18 − 20.

袁小环，武菊英，杨学军，等. 2012. 基于半致死浓度的观赏草萌发期和幼苗期耐盐性评价[J]. 中国草地学报，06：51 − 55.

岳锋，樊智丰，杨斌，等. 2010. 昆明地区主要观赏草资源及其观赏价值评价[J]. 安徽农业科学，08：153 − 155，171.

张智，夏宜平. 2008. 杭州城市绿地中的观赏草调查及其配置应用[J]. 中国园林，12：24 − 29.

宗俊勤，高鹤，郭爱桂，等. 2011. 优良暖季型观赏草抗寒性研究[J]. 草业科学，11：11 − 14.

第 *6* 章
常见禾本科观赏草

6.1　赖草属(*Leymus*)

　　赖草属，禾本科，过去归属于披碱草属中，约 30 余种，分布于北半球温寒地带，多数种类产中亚和欧洲沿海沙滩、盐碱地、石质山坡和草原地区，我国有 9 种。该属所有物种都耐旱，耐盐，是非常重要的海滩地改良植物。由于植物叶面多蓝绿色、银蓝色或蓝灰色，观赏价值较高，有些种很早就应用于园林绿化。但其发达的根茎生长往往具有入侵性，在园林应用时应加以控制。

6.1.1　密穗赖草(*Leymus condensatus*)

　　【形态特征】　植物丛生，叶子和茎通常绿色，稍被白粉(图 6-1)。茎秆高 115～350 cm，成簇生长。叶片低于花序；叶片宽 10～28 mm，光滑，质硬，纹理粗放。圆锥花序，下段节部 2～6 分枝，分枝长达 8 cm，向上生长。小穗有 3～7 小花，花淡黄色，排列紧凑。夏季开花，庞大的植株和圆锥花序使密穗赖草成为小麦族中一个独特的物种(图 6-2)。

图 6-1　密穗赖草全株

图 6-2　密穗赖草圆锥花序

常见栽培品种有"峡谷王子"密穗赖草(*Leymus condensatus* 'Canyon Prince')，1968 年由美国圣巴巴拉植物园(Santa Barbara Botanic Garden)从加州南部海岸附近的王子岛采集筛选并由此命名。植物体表有白粉，外观蓝银色，花期株高 1.2 ~ 1.5m。常绿，夏季花序繁多，排列紧簇，别具特色。据美国专家 Rick Darke 在其著作 *Encyclopedia of Grasses* 中推测，该植物可能是滨麦(*Leymus mollis*)和密穗赖草的自然杂交种，因为该植物所表现的性状介于以上两种植物之间。

【生态学特性】 原产美国南加州至墨西哥南部，自然分布在海岸山脉、加利福尼亚近海岛屿的干山坡和开阔的林地，海拔可达 1 525 m。根茎蔓延生长缓慢，自播能力很强，在大型景观种植中很容易管理。耐寒性较弱，耐旱、耐盐性强，喜欢充足的阳光。品种"峡谷王子"植株蓝银色，相对密穗赖草较矮，花期株高 1.2 ~ 1.5 m，比该属其他植物的扩展性强(图 6-3)。生长不择土壤与环境，冬季耐寒，夏季耐旱，适应性广，易于栽培，是一种优质的观赏草。

图 6-3 "峡谷王子"株丛

【栽培管理】 密穗赖草可以露天栽培，粗放管理。在干旱区株高 60 ~ 90 cm，生长期如果正常浇水可长至 150 cm。在阳光和遮阴处均能生长，但植株颜色在阳光下会表现得更好，能耐 -12℃以下低温，可大范围在园林中种植。能以地下短小根茎扩展生长，随时间推移，可扩繁到大片区域，因此在栽培时，可通过有选择地沿种植边缘去除根茎或利用物理屏障(如铺路或在根部套置塑料物)来限制增长。平时要避免过度灌溉，因为浇水过多会使植物丢失其典型的直立特性而平卧生长。每年夏季修剪一次，植物可以生长得更好，修剪后新发的枝叶为亮绿色，不过很快会长大变回灰蓝色。

【观赏部位及利用价值】 植物常绿，叶片质硬，纹理粗放，色蓝且有白粉，夏季开花，花淡黄色，花序繁多，排列紧簇，极具特色。该植物抗旱性强，适应性广泛，能自播，易于栽培，从绿地园林到热带花园均可种植。但需注意，该物种根茎生长往往具有侵占性，在引种种植和园林应用时应加以控制。

6.1.2 沙滨草(*Leymus arenarius*)

沙滨草别名莱姆草或沙黑麦草，禾本科赖草属。原产欧洲北部和西部，中亚和西亚。在加拿大北极地区，因纽特人使用沙滨草编织篮子。在欧洲，沙滨草的茎用于盖屋顶屋面，种子在过去可作食物。沙滨草的根茎能稳固沿海沙滩，是重要的固沙植物，在 17、18 世纪，英国和苏格兰政府都曾以法律手段保护这种植物。

【形态特征】 植物弱丛生，根状茎，植株密被白粉。秆松散生长，斜生，叶丛高 30 ~

60 cm；叶低于花序；叶片宽 3 ~ 11 mm，呈拱形弯曲，钢蓝色，具明显条纹，秋季叶色变成黄色或米色。穗状花序直立于茎顶，修长，抽穗后株高可达 90 ~ 120 cm，每个节点通常有 2 小穗。每个小穗含 2 ~ 5 小花，成熟期呈现出淡淡的米色，夏季开花(图 6-4)。

【生态学、生物学特性】　该植物丛生习性差，根茎蔓延迅速，尤其是在疏松，肥沃的土壤中。茎叶在温和气候下常绿，在寒冷气候下为半常绿。虽然常作为冷季型植物种植，但该植物在夏天亦能耐湿热。由于具有低矮蔓生的习性，所以也特别适合做地被使用。抗寒性强，冬季能抵抗 −9℃ 低温；在阳光和遮阴处均可生长，适应海滨条件。能适应任何 pH 值土壤，但要求土壤排水良好，且是黏土、壤土和沙的混合物。

图 6-4　沙滨草

【栽培管理】　沙滨草最好在排水良好且光照充足的土壤中种植。由于该植物耐干旱、耐寒冷，种植管理时很少需要浇水，只有当土壤快变干时浇灌一次，太多的水会导致茎叶和根部病害。由于该物种茎叶丛生，根茎发达，蔓延性强，种植在传统的花境可能会难以遏制，因此常在公路中间绿化带和贫瘠、盐碱土壤中种植。营养贫瘠的土壤可以减少该植物的入侵倾向。通过种子繁殖，也可在春季分株繁殖。

【观赏部位及利用价值】　该植物多用于花园装饰，四季均能观赏。营养生长期叶片扁平，呈拱形弯曲，颜色鲜艳，钢蓝色，独特的颜色和条纹能带来惊人的视觉效果(图 6-5、图 6-6)。在夏季，叶茎顶部以上一个个小小的花簇形成一个直立穗，穗在即将成熟时会转变成米色。秋季凉爽的气候下，叶子会变成黄色或浅粉色。在冬季随着严寒时间的延长，茎叶变成米色，看上去有些凌乱，但仍然有视觉冲击效果。

图 6-5　沙滨草营养生长期

图 6-6　沙滨草蓝色的茎叶

园林常见栽培品种'蓝色沙丘'(*Leymus arenarius* 'Blue Dune')，又叫蓝沙丘莱姆草，茎叶春夏季钢蓝色，秋季会变黄，叶片纹理粗放，颇具特色(图 6-7)。植物抗逆性强，适应性广，栽培容易，图 6-8 为生长在海边的沙滨草。

图6-7 "蓝色沙丘"沙滨草

图6-8 生长在海边的沙滨草

6.1.3 大赖草[*Leymus racemosus*（Lam.）Tzvel]

别名伏尔加河赖草，主产欧亚。植株比沙滨草略大一些，但这两种植物在外形上非常相似，因此在市场上两者往往会混淆。

【形态特征】 多年生，具有长的横走根茎。秆粗壮直立，高1 m，直径约1 cm，基部被黄褐色叶鞘，全株微糙涩。叶鞘松弛包茎；叶片浅绿色，质硬，长20～40 cm，宽约10 mm。穗状花序直立，长15～30 cm；穗轴坚硬（图6-9）；小穗轴节间长3～4 mm，每节具4～6枚小穗（穗顶部可具3个）；小穗含3～5个小花。花期6～7月，果期8～9月。

【生态学、生物学特性】 主要分布于北美洲和中亚干旱、半干旱荒漠山地，对盐碱土、寒冷、干旱等不良环境具有较强的适应性。国外在蒙古、原苏联（西伯利亚）也有分布，在我国主要生长在新疆额尔齐斯河两岸低阶地的固定、半固定沙丘上。大赖草为中温超旱生根茎型禾草，其根系极为发达，在土壤中常呈网状交错分布，延伸得很深且长，其横走的地下根茎具有较强的繁殖力，加之种子发芽率、幼苗成活率也高，这一切均

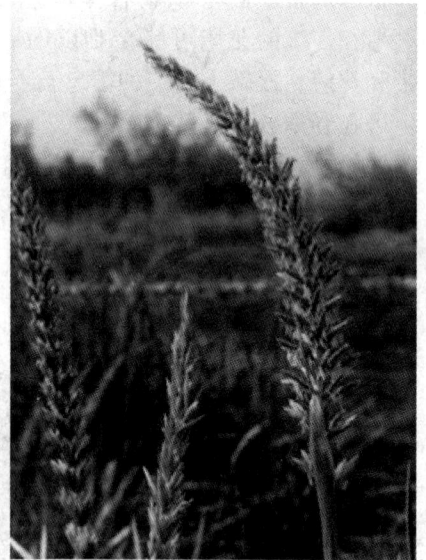
图6-9 大赖草花序

为其在严酷条件下生存提供了良好的适应特性。大赖草的抗逆性颇强，既能忍受40℃左右的高温，也能在-35℃左右的低温下安全越冬，耐盐碱、耐瘠薄。对多种病害如小麦赤霉、条锈、秆锈、叶锈、根腐病和黄矮病也具很高的抗性，我国多用来作小麦育种材料。

【栽培管理】 大赖草喜欢沙质土壤和光照充足的环境，遮阴下生长不好，可用于海滩固沙。由于该植物根茎发达，入侵性很强，在引种栽培时应加以控制。仲春进行播种繁殖，浅播，种子能被土覆盖住即可。播种后2周内发芽。如果种子少，可先种在简易温室内，出苗后移栽到花盆中，到夏季再定植到露地。该植物在春夏季进行分株繁殖也很容易，可以分成较大的株丛直接移植，也可把母株分成很多小的株丛，先移植到室内生长，等根系发育好后再移到露地。

【观赏部位及利用价值】 该植物密集丛生，带状蔓延生长，叶片淡蓝色，拱形下垂，轻拂流畅，叶丛松散自然。夏季开花，穗状花序刚硬直立，颇具特色。随生长时间的延长，花色会由蓝灰渐变为浅黄。有蔓延性很强的根茎系统，常用于稳固内陆沙丘。地下新芽甜嫩，可以食用，种子在北美和俄罗斯一些地区作为谷物的替代品。在我国，大赖草是小麦育种中的重要种质资源及保护植物，为新疆三级保护物种。

6.2　羊茅属(*Festuca*)

该属内大约有 300 个多年生种，有的丛生，有的蔓生，主要分布在温暖地区。大部分羊茅叶片细腻，适宜作草坪。作观赏草的种类大多密集丛生，叶片蓝绿色，植株大小不一，有的较矮，株高只有 30 cm，有的株高达 1 m。花序为圆锥，花期在初夏。

羊茅属植物大多喜光，在排灌条件良好的土壤中长势旺盛。在夏季高温高湿条件下，长势弱，易感病。单株的生长寿命不长，一般生长 2 年后中间部分枯死，2～3 年需分株一次。为了保持植株的旺盛生长，可在每年冬末或早春修剪一次，修剪后的植株生长旺盛，颜色鲜艳。种苗繁殖可以种子育苗，也可以分株。

6.2.1　美丽羊茅(*Festuca macrar*)

【形态特征】 冷季型多年生草本，丛生，具有短的根茎及发达的须根。株高 40～60 cm，茎秆直立或基部稍膝曲。叶大量从根际生出，狭而稍硬，叶片扁平；新生叶鞘闭合但不达顶部。圆锥花序长 10～15 cm，小穗含 2 至多数小花，顶花发育不全。

【生态学、生物学特性】 广布于温带和寒带地区，抗逆性极强，对酸、碱、瘠薄、干旱土壤、寒冷、炎热的气候及大气污染等具有很强的抗性。耐寒性较强，春、秋两季生长旺盛，适合于我国北方地区栽培。对环境适应能力强，在田野、路旁、山坡和树荫下均有分布，喜光、耐阴，竞争能力强，耐涝。适宜的生长温度是 15～25℃，当气温下降到 0℃ 时停止生长，－10℃ 时开始休眠，叶片变黄，5℃ 以上开始生长。当高温超过 30℃ 时，又会停止生长，进入夏季休眠期。有极强抗病性，适应性好。

【栽培管理】 最佳播种时间为秋季的 9 月上旬至 11 月中旬，出苗期 6～7 d，全苗期为 13～15 d。绿色期长，可达 300 d 左右，无需特殊栽培管理措施。

【观赏部位及利用价值】 植株整体颜色美观均一，生长旺盛，最佳观期为春末夏初 4～6 月，秋季 9～11 月。可以固土护坡，防止水土流失。

6.2.2　蓝羊茅(*Festuca glauca* Lam)

蓝羊茅原产地为澳大利亚，属禾本科羊茅属植物，由唐山市西郊苗圃于 2001 年 10 月引进。草叶细，革质，针状，蓝绿色，具有颇高的观赏价值。具有极强的耐寒、耐旱、耐阴、耐盐碱、耐践踏、病虫害少等优良特性，绿期为 300～330 d 左右，特别适合北方干燥、寒冷地区栽种(图 6-10)。虽然国内引进蓝羊茅时间不长，但发展势头良好，应用范围不断扩大。蓝羊茅品种众多，不同品种的色彩也各异，因其新颖独特的蓝色，大受青睐，同时它纤细的叶型与其他植物形成鲜明的对比，具有广阔的开发和应用前景。蓝羊茅现已广泛应用于城市绿化(观赏草坪绿地)，庭院栽培和园林设计中，在北京奥运园林绿化中也占有一席之地，还可作为盆栽观赏。

【形态特征】 蓝羊茅是最知名的低矮蓝色观赏草，为多年生常绿宿根草本，冷季型。垫状丛生，低矮，密集，株高 40 cm 左右，冠径 40 cm 左右。直立平滑，叶细线型，长 7 ~ 15 cm，叶片宽 1 mm，叶片强内卷几成针状或毛发状，蓝绿色，具银白霜。圆锥花序常侧向一边，长 10 cm，5 ~ 6 月开花，7 ~ 8 月结实。根系呈伞状竖直生长，次生根密集发达，一年生露地苗根深可达 0.6 ~ 0.8 m，并逐年加深。从根部放射型分蘖枝和叶，分蘖力强，枝叶茂盛，可修剪，高 6 ~ 10 cm。叶表有反光绒膜层，并随四季光照强弱而转换颜色，春季呈现翠绿色、夏季呈现银蓝色、秋季呈现蓝绿色、冬季呈现深绿色。

图 6-10　蓝羊茅

【生态学、生物学特性】 蓝色的观赏草多为贫瘠干旱土壤的原生草种，蓝色不仅可以保护叶子免受强烈阳光的伤害，而且可以减少蒸腾作用引起的水分损耗。在冬季，其叶片往往变成黄绿色，这种颜色上的转变有利于它们充分利用这个季节微弱的阳光。喜通风、阳光充足且排水良好的土壤，强壮的根系决定了蓝羊茅很强的耐旱、抗寒特性，松枝形的叶片特征不利于水分蒸发。耐 45℃ 高温，一般在 −32℃ 仍可保持深绿色，当温度回升到 5℃ 以上便开始分蘖，春、秋季分蘖速度快。耐贫瘠，基本无病害，适应性广。中性或弱酸性疏松土壤长势最好，稍耐盐碱。适应在 pH 6 ~ 10 的土壤中正常生长，栽植的成活率达 95% 以上，在 pH9.5 ~ 11 之间重盐地生长的植株，成活率达 86%。全日照或部分荫蔽长势良好，阳光越充足，蓝羊茅呈蓝色的时间越长。忌低洼积水，在持续干旱时应适当浇水。

【栽培管理】 最好将蓝羊茅置于拥有日照 5 h 以上的地方以使它平稳的生长。在一年中最寒冷的时期，草地植物地上部分通常变干枯，并在其后的春天返青，而蓝羊茅可以整年种植在花园中，保持绿色，它不惧怕寒冷的天气，能忍耐低温。

(1)品种选择

蓝羊茅类(*Festuca glauca*)是最知名的蓝色观赏草，包括数个品种，其中颜色最蓝的是"埃丽"蓝羊茅(*F. glauca* 'Elijah Blue')，这是一种丛生状的常绿冷季型观赏草，具有柔软的针状叶子，夏季为银蓝色，冬季更绿一些。其冠幅是株高的 2 倍，形成约 30 cm 高的圆垫。在春末夏初之季，长出细弱的圆锥花序，颜色与叶子相同，到结实时则变为淡褐色。有人喜欢这种颜色上的对比，而不喜欢的人会将花序剪掉。

"金发"蓝羊茅(*F. glauca* 'Golden Toupee')，一种美丽的丛生观赏草，是花境种植和岩石园装饰的极好选择(图 6-11)。明亮的黄绿色叶子紧密簇拥，可用来代替针叶树和其他常绿植物，在花盆中生长良好。"金发"蓝羊茅品种蔓延缓慢，通常形成致密、优美的拱形，头发般明亮的黄绿色使它明显区别于蓝羊茅中的其他品种。

各个品种依据蓝色深浅程度和高度的不同，可将其区别开来，如'迷你'蓝羊茅

（*F. glauca* 'Minima'）高仅 10 cm；'蓝灰'蓝羊茅（*F. glauca* 'Caesia'）与'埃丽'蓝羊茅相似，高 30 cm，但是叶子更细一些；'铜之蓝'蓝羊茅（*F. glauca* 'Azurit'）高 30 cm，偏于蓝色，银色较少；'哈尔茨'蓝羊茅（*F. glauca* 'Harz'）呈现深暗的蓝色，可用于不同蓝色的深浅对比；'米尔布'蓝羊茅（*F. glauca* 'Meerblau'）叶片蓝绿色，长势强健。

图 6-11　蓝羊茅景观

（2）栽培技术

①整地　选择阳光充足且排水良好的土地。深翻土地 25 ~ 30 cm，然后筛土整平，使土壤平整疏松。将砖、瓦、石等杂物清走。若土质不好，应换土 10 ~ 15 cm，或对土壤进行改良。黏土改良可掺入粗沙，并每亩增施有机肥 1 500 kg，其他土壤改良可每亩增施有机肥 1 000 ~ 1 500 kg。栽植地低于路牙石 3 ~ 5 cm，并且中心高，四周低，坡度 0.2% ~ 0.3%，以达到排水目的，防止积水。

②施肥　蓝羊茅对土壤肥力的要求不高，在肥力低、灌溉条件差的情况下仍能生长。施基肥有利幼苗的生长及定植，建植时施含磷高的基肥，有利幼苗根的生长和扩展，若要加速其生长，一般一年内追施氮肥 1 ~ 2 次。施肥在春秋两季进行，可增加其密度及叶片色泽。但不要过度施肥，否则会使它们失去特性，甚至死亡。

③栽植时间及方法　繁殖采用分株方法，因其具有很强的分蘖扩繁能力和适应性，春、夏、秋三季都可。但以 3 ~ 5 月栽植效果最好。栽植时以穴栽为主，每穴栽 5 ~ 10 根，株行距 10 cm×10 cm，栽植深度 3 ~ 5 cm，1 m² 草能分栽 10 ~ 20 m²。

④浇水　栽植后浇一次透水，以后每隔 2 ~ 3 d 浇水 1 次，1 个月后根据土壤墒情定浇水量和次数，可忍受短期干旱，5 个月长成后正常降水量情况下不需要浇灌。

⑤杂草防治　新植草要及时防治杂草，6 ~ 8 月为杂草高发期，人工拔草效果好，利于蓝羊茅生长。

⑥修剪　由于生长量小、生长速度慢，一般每年修剪 1 ~ 2 次，时间在 3 月下旬至 4 月上旬，剪掉上一年的老植株，以不伤新芽为准。

⑦病虫害防治　病虫危害应以预防为主，春季日较差相对较大，时常降雨，正是容易发生真菌病害的时期，应在真菌过度繁殖前提早施用杀真菌剂。在冬季末施用杀虫剂以控制蚜虫和胭脂虫等害虫的袭击。每次修剪后适量喷施杀菌剂。若发生地下害虫，幼虫可用 20% 的氯氰菊酯 1 000 倍液进行防治。

⑧养护技术　秋季适量施肥，到初冬满灌二、三次封冻水，一般可满足冬绿效果。因蓝色羊茅草具有类似早熟禾耐寒、观赏价值高的优良特性，又具有类似野牛草的耐旱、生长量小、病虫害少、萌蘖性强、管理粗放的优点，年均管理费用只需冷季型早熟禾草的四分之一。

（3）繁殖

繁殖一般用分株方法，因其具有类似野牛草的扩繁能力，春、夏、秋季都可进行。分栽时注意要将根部埋入土中，踩实。浇透水，使其获得充分的水分。如果5月栽植，当年8月可覆盖地面。成活后可粗放管理。蓝羊茅也可用种子繁殖，等其开花结实，收集种子，但通常的做法是剪掉花序用分株的方法繁殖，这取决于每个种植者的喜好。

蓝羊茅在营养生长幼嫩期，株高约15～23 cm，低矮、密集、垫状丛生，冠幅与高度相当。但是随着年限增长，将逐渐向外扩张，结果中心部位死亡，剩下一个蓝色的圆环继续向外扩展，最终各自形成独立的株丛。为避免出现这种现象，通常2～3年就应挖出植株进行分株。这个措施还有助于颜色的保持，使幼年活力强植株的蓝色得到最好的展现。

【观赏部位及利用价值】 蓝羊茅形态美丽，株形稠密丰满，植株观赏以叶为主。盆栽、成片种植或花坛镶边效果非常突出。最佳观赏期：4～6月，9～11月。蓝羊茅的蓝色属于冷色调，与白色植物配置应用可以加强冷感，而与红色、黄色或棕色的植物配置在一起则增加温暖的感觉。还可以与其他颜色的植物混合种植，在少量其他颜色的植物间成丛成片种植可能会取得更好的效果。特别注意的是蓝色的观赏草应该种在阳光直射的地方，不宜应用于荫蔽处。在合适的土壤中，所有的蓝羊茅品种与春植球根花卉配置都可以相得益彰。可用于花坛、花镜、地被或岩石园中，其突出的颜色可以和花坛、花境形成鲜明的对比。很多广场花坛造型需要多种花色搭配。蓝羊茅适合于镶边、作对比色、摆放各种标志。

蓝羊茅密集的根系竖直向下伸展，亦即组成持久牢固的"生物坝"。有坚实、密集的根系，有精细、韧性的枝叶，既防风护坡，又美观耐看。有效拦截地表径流的冲刷和侵蚀而起到固土作用，良好的遮阴有效抑制地表蒸发，对盐碱侵蚀可发挥极为有效的保护作用。利用蓝羊茅突出的生态生物学特性，用于公路、道旁、河堤护坡、园林坡地、城乡大绿化带、灌溉不便处、盐碱地区、缺水城市的绿化，从而实现水土保持、固土护坡、防风固沙、防洪灾害等生态改善之目的。在缺水地区和城市，可根据用户地点的实际需要选择使用，粗放管理、维护费用低。

6.2.3 爱达荷狐茅（*Festuca idahoensis* 'Siskiyou Blue'）

爱达荷狐茅，又名爱达荷羊茅（图6-12）。原产地美国（本土48州）以及加拿大，分布于加利福尼亚州、科罗拉多州、爱达荷州、蒙大拿州、内华达州、俄勒冈州、南达科他州、犹他州、华盛顿州和怀俄明州等。爱达荷狐茅是广泛分布的草本植物，但在北美、欧洲的南部地区较为少见。

【形态特征】 株高25～75 cm，茎节脆而膨胀，茎直立或上升，呈圆柱状，丛生、簇生或聚集。叶对生，蓝绿色，叶面质地细腻，基部叶片稀少，叶片呈线形，宽2～10 mm。圆锥花序，花两性，小穗包含3～7朵小花，孤立于节上。果实和种子呈褐色，颖果，卵圆至披针形。种子盛夏成熟。

图6-12 爱达荷狐茅

【生态学特性】　适应海拔 300 ~ 4 000 m 区域不同的生境，最适海拔范围为 1 524 ~ 2 439m。可在多种不同条件下的土壤上生长，喜砂壤土或砂质壤土。具有优良的耐冷性，耐旱性中等，适度耐阴。抗寒性较好，尤其是在有雪覆盖的地区，通常无霜期不低于 130d。生长适应酸度为 pH 5.6 ~ 8.4，极端酸性条件下耐受性差，不耐盐碱，盐分高的土壤及盐碱地上无法生长。根系深度大于 36cm，土壤板结会影响其出苗，形成草丛较慢，但仍然比其他细叶羊茅所用时间短。能抗胁迫，抗燃烧能力中等，火烧后需 3 年恢复，不能忍受高水位或洪水。

【栽培管理】　爱达荷狐茅种子活力相对比较高，如果条件适宜能够维持较好的生长状态。纯林的播种量为 1.36 ~ 1.82 kg/亩*（Pure live seed，PLS 纯的活种子），种植 2.74 ~ 3.65 kg/亩（PLS）将为控制水土流失提供合适的草种密度。通常与其他本地物种混合播种，适当控制杂草并准备好苗床，有助于形成爱达荷狐茅密集草丛。蝗虫、鼠类和真菌可导致爱达荷狐茅的幼苗产生伤害。

【观赏部位及利用价值】　爱达荷狐茅密集丛生，蓝绿色的叶子紧紧卷和、质地粗糙，发达的须根系呈黑色或深棕色。生长季晚，常与早熟禾、山雀麦、天竺葵、西洋蓍草、山蒿、黄松、冰草和小麦草生长在一起，被广泛用于机场、庭院、花坛、林下等观赏绿化，还可用于水土保持、固土护坡及建植运动场。

6.3　黍属（*Panicum*）

柳枝稷（*Panicum virgatum* L.）

柳枝稷是北美的本土植物，原用于水土保持，也可作为优良牧草和观赏植物，从墨西哥一直到加拿大皆有分布。至今发现了两种生态型，在其分布的南部区域主要是粗秆的低地生态型，这种柳枝稷适应于温暖潮湿的生活环境，诸如漫滩、涝原，植株高大，茎秆粗壮，成束生长，主要品种有 Alamo、Kanlow；另一种细秆高地生态型主要分布在美国中部和北部地区，适应干旱环境，茎秆较细，分枝多，在半干旱环境中生长良好，主要品种有 Trailblazer、Blackwell、Cave-in-Rock、Pathfinder。柳枝稷的生态多样性可以归结为 3 种主要特性：①与开放授粉生殖方式相关联的遗传多样性；②快速生长的深根体系；③高效的生理代谢系统。我国大部分地区均适合柳枝稷生长。目前，作为一种引进物种，柳枝稷主要分布于我国的华北低山丘陵区和黄土高原的中南部。

图 6-13　柳枝稷全株

【形态特征】　柳枝稷茎秆直立，质较坚硬，高 110 ~ 170 cm，草丛高 90 ~ 95 cm（图 6-

---

* 1 亩 = 1/15hm²。

13）。叶长 30~80 cm，叶宽 0.8~1.3 cm，叶两面有蜡质。叶上表皮呈灰绿色、毛较多，下表皮毛较少、叶色较绿。叶鞘无毛，呈暗红色。仲夏或夏末开花，一直持续到冬季。圆锥花序展开，长 30~58 cm，开花时呈塔形疏散展开的小枝。小穗椭圆形，灰绿色略呈紫色，种子浅黄绿色。

【生态学、生物学特性】　柳枝稷为 C₄ 植物，氮和水的利用率高，生长迅速，适应性强。对环境有极好的耐受性，从干旱草原到盐碱地，甚至在开阔的森林都可以生长，最宜生长环境为年降水量为 381~762 mm 的粗质土壤，在南部潮湿地带植株可高达 3 m。因其根系发达，也用作防风固沙。适应性广，容易入侵种植地的自然植物群落。柳枝稷对土壤类型没有严格要求，适应广泛的土壤类型，甚至在沙地上亦可种植。柳枝稷具有良好的抗旱性，能忍受长期干旱，也能在潮湿或者排水良好的砂土、壤土或黏土中生长，适宜中性至微碱性的土壤(pH6.8~7.7)。

【栽培管理】　大多数的柳枝稷种子在 22℃下，经过 14~21d 都会萌发，一般采取春播或夏末播种，以春播效果较好。柳枝稷可通过种子或根状茎扩散繁殖，发芽理想条件为：轻质土壤，土壤温度为 25~35℃，土壤 pH 值 5.0~8.0。在壤土或黏土中播种，适宜的播种深度为 1~2 cm，播种过深会引起柳枝稷无法出苗，在砂土中播种深度在 3~10 cm 范围内为宜，播种后应适当镇压。柳枝稷种粒小，千粒重为 1.7 g，种皮薄，吸水力强，在适宜的水热条件下发芽快，出苗好。一般连续阴雨 3~5d，降水量达到 20~40 mm，即可获得好的出苗效果。柳枝稷单丛分蘖能力强，一年生柳枝稷单株平均有 8~12 个分蘖，多年生柳枝稷单株平均有 26~37 个分蘖，也可以进行分株繁殖。分株繁殖应在柳枝稷植株还处于休眠状态时进行，即在冬末或早春进行。

【观赏部位及利用价值】　柳枝稷丛生，株形优美，叶片和花序有丰富的季节变化，从夏季到冬季均有良好的视觉效果，最佳观赏期是 7 月至冬季。柳枝稷作为观赏草有很多品种，叶色各异，有叶片呈蓝灰色的品种九彩 'Cloud Nine'、达拉斯蓝 'Dallas Blues' 和重金属 'Heavy Metal' 柳枝稷，也有叶色较深的圣兰多 'Shenandoah' 柳枝稷、红花 'Rostrahlbusch' 柳枝稷等。红花柳枝稷是澳大利亚应用的主要类型，株丛直立，高达 1 m，秋季叶片变为锈色至古铜色，另有一番风景，从夏至秋一直保持红色的花序是其主要特征，适合在花园和居住区绿地成片种植。柳枝稷既可片植，也可条带种植，是配置花境的理想材料。目前，柳枝稷在美国园林栽培品种逐渐增多，凭借其旺盛的生命力和多变的形态，从路旁无人问津的野草逐渐成为美国现代园林的新星。柳枝稷适应性广泛，既可在干旱贫瘠的地区种植，也可在水景园林中种植，既可在全光照下生长，也可在小部分荫蔽的情况下生长，因而，在我国园林中很受欢迎。

柳枝稷主要观赏品种：

①九彩 'Cloud Nine'　目前柳枝稷观赏草品种中最优品种，高可达 150~220 cm。其淡金属色泽的蓝色叶片组成一个较密的株丛，株丛顶部在夏季有细腻、金色的圆锥花序像薄薄的一层云雾覆盖在叶丛上方(图6-14)。圆锥花序的观赏可以持续到秋天种子变成浅褐色并最终成熟之前，种子上附着的羽毛可以持续至冬天。中等湿润至潮湿的土壤和全光照至部分荫蔽有利于该品种生长。土壤适应性广，在干旱的情况下也能生长，但是更适合于潮湿的沙质土或黏土。虽然可以在部分荫蔽的条件下生长，但是过于荫蔽往往造成其失去正常情况下近于圆柱形的株丛形状，株丛变得更松散，甚至可能在秋季倒伏。在晚冬或早春需进行修

<table>
<tr><td>（a）</td><td>（b）</td></tr>
</table>

图 6-14　九彩柳枝稷

剪，使株丛高度齐于地面。抗病虫害能力很好，无严重的病虫害。最好片植或丛植。在园林中，它可以作为划分永久性边界的植物，也可以在天然草甸和花园中种植。

　　②达拉斯蓝'Dallas Blues'　其最明显的特征是蓝灰色的叶片，株丛浓密，圆锥花序更大更明显，开花迟且冬季叶色丰富。株丛直立、浓密，形似花瓶（图 6-15）。在柳枝稷的品种中，蓝灰色的叶片比其他大多数品种更宽，叶片在冬季会从锈棕色变成棕褐色。其茎秆直立，不易倒伏。9 月初，细腻的淡紫色圆锥花序像一片云飘在叶丛上。种子上附着的羽毛可持续整个冬季，具有很好观赏价值，还可以为鸟类提供食物。中等湿润至潮湿的土壤和全光照至部分荫蔽有利于该品种生长，对土壤的适应性广，在干旱的情况下也能生长，但是

图 6-15　达拉斯蓝柳枝稷

更适合于潮湿的沙质土或黏土，在过分肥沃的土壤中可能倒伏。一般来说，在全光照下生长状况最好。虽然可以在部分荫蔽的条件下生长，但是过于荫蔽往往造成其失去正常情况下近于圆柱形的株丛形状，株丛变得更松散，甚至可能在秋季倒伏。生长初期株丛较紧密，但伴随匍匐状根茎的形成会逐渐扩散。在晚冬至早春修剪株丛，使其高度齐于地面。无严重的病虫害。有时易感锈病，尤其是在高温潮湿的夏季。可以作为园林中欣赏的焦点，丛植或者片植。也可作为分隔空间的有效屏障，划分永久性边界种植。可种植于天然野花地，或乡土植物组成的花园、草甸，也适于种植在水景花园和沼泽花园中。

　　③圣兰多'Shenandoah'　市场上众多的柳枝稷品种中具有美丽紫红色叶片的品种，叶片萌发时呈蓝绿色，但在 6 月底迅速变为紫红色并形成紧凑而直立约 90 cm 高的叶丛（图 6-16）。在夏季，细腻、微微粉红色的圆锥花序像一层云雾浮在叶丛顶部。秋季，圆锥花序随着种子成熟变成浅褐色，种子上附着的羽毛一直保持到冬天。秋季叶片也变成浅褐色，即使

图 6-16　圣兰多柳枝稷

在冬季也可以观赏。中等湿润至潮湿的土壤以及全光照至部分荫蔽下都能正常生长，对土壤的适应性广，在干旱的情况下也能生长，但是更适合于潮湿的沙质土或黏土。虽然能在部分荫蔽的条件下生长，但是过于荫蔽往往造成其失去近于圆柱形的株丛形状，株丛变得更松散，甚至可能在秋季倒伏。在晚冬至早春需进行修剪，使株丛高度齐于地面，无严重的病虫害。最好片植或丛植，在园林中，它可以作为划分永久性边界的植物，也可以在天然草甸和花园中种植。

④重金属'Heavy Metal'　叶片呈金属色泽的蓝色，形成直立的圆柱形株丛，约 90 cm 高（花期株高可达 150 cm）（图 6-17）。在整个生长季至冬季，其茎秆均呈直立。秋季金属色泽的蓝色叶片变为黄色，冬季枯萎变为棕褐色。仲夏，略微粗糙、淡粉红色分枝的圆锥花序像一层轻快的云雾飘在叶丛上面。冬季，由于种子成熟变为浅褐色，圆锥花序变成淡黄色。种子上附着的羽毛可持续整个冬季，既具有很好观赏价值，还可以为鸟类提供食物。中等湿润至潮湿的土壤和全光照至部分荫蔽有利于该品种生长。对土壤的适应性广，在干旱的情况下也能生长，但是更适合于潮湿的沙质土或黏土。在肥沃的土壤中易倒伏。一般来说，在全光照下生长状况最好，虽然可以在部分荫蔽的条件下生长，但是过于荫蔽往往造成其失去正常情况下近于圆柱形的株丛形状，株丛变得更松散，甚至可能在秋季倒伏。常丛生，偶尔由于根茎而扩散。在最适生长条件下可以种子自播，但是，重金属品种不能通过种子自播建植，为了保证其叶片颜色的一致，应该除去通过自播产生的新植株个体。在晚冬至早春修剪株丛，使其高度齐于地面。无严重的病虫害，有时易感锈病，尤其在高温潮湿的夏季。可以作为园林中欣赏的焦点，丛植或者片植；也可以作为分隔空间的有效屏障，划分永久性边界种植；或种植于天然野花地，或乡土植物组成的花园或草甸；也适于种植在水景花园和沼泽花园中。此品种还可以作为鲜切花或干花利用。

图 6-17　重金属柳枝稷

6.4　狼尾草属（*Pennisetum*）

禾本科狼尾草属，一年生或多年生草本，约 130 种，分布于热带和亚热带地区，我国约 8 种（包括引种），其中狼尾草 *P. alopecuroides*（L.）Spreng 1 种，几乎广布于全国，多为优良牧草，又供造纸、编织等用，近年来城市园林景观中常用作背景植物。

6.4.1 长序狼尾草(*Pennisetum longissimum* S. L. Chen et Y. X. Jin)

长序狼尾草在我国云南、贵州、四川地区海拔 1 000 ~ 2 000 m 左右和黄土高原阴湿山地海拔 1 000 m 左右的平地、缓坡均可栽种，要求水肥条件较好。主要适应于我国亚热带西部南自 25°N 左右起，北到 34°N 左右，和西自 99°E 左右起，东到 106°E 左右的广大地区。

【形态特征】 多年生疏丛型中、高草，秆直立，较粗壮，茎节通常 8 ~ 14 个，下部茎节多有肿胀或膝曲，高 80 ~ 210 cm。叶片线形，扁平或对折，长 10 ~ 70 cm，宽 10 ~ 17 mm。穗状圆锥花序圆柱形，排列较紧密，直立或弯曲，长 10 ~ 24 cm，宽 5 ~ 10 mm(刚毛除外)，主轴密被短硬毛，小穗通常单生，稀 2 ~ 3 枚簇生，披针形，长 4 ~ 8 mm，通常和其下由刚毛所围成的总苞一起脱落，刚毛粗糙、坚硬、直挺，颜色深紫到暗棕色，长 1 ~ 2 cm；柱头羽毛状，紫色，于小穗顶端伸出。

【生态学、生物学特性】 喜温暖的中生—湿中生植物，生长在中等偏湿的山坡、路旁、地埂，分布地区土壤为山地黄壤、山地红壤、黄棕壤、森林棕壤与各种石灰土等，pH4.0 ~ 6.0(8.5)，耐微酸性到微碱性土壤，比较耐旱、耐湿。最适生长条件为年均气温 12 ~ 22℃，年平均降水量 600 ~ 1 800 mm，年平均相对湿度 53% ~ 79%，日照全年平均 1 250 ~ 2 000 h 左右。在我国云南昆明地区栽种，自播种到出苗期约需 6 ~ 9 d，出苗至抽穗期约需 74 d，抽穗至种熟期约需 52 ~ 71 d，生育期 126 ~ 145 d，苗期到成熟期植株基部半直立或斜伸，上部直立。再生性强，分蘖力强，人工栽培第一年，平均每株总分蘖数 74 个，单株叶面积 556.8 cm^2。花果期 8 ~ 10 月，开花多在每天 7：00 ~ 12：00。结实率低，种子长圆形，颜色灰黄，千粒重 1.75 ~ 1.80 g。根系多集中分布在地面以下 20 cm 范围内。种子无明显后熟性和休眠性，人工建植容易成功，形成群落后比较稳定。

【栽培管理】 栽种长序狼尾草的地块应翻耕、破垡、耙耱，地面保持平整，防止播前跑墒，播种期昆明地区以 5 月下旬雨季后为宜，华中地区、甘肃陇南黄土高原阴湿山地 4 月下旬至 5 月上、中旬为宜，播种时最好去除刚毛，颖壳。条播、撒播均可，条播行距以 25 ~ 30 cm 或 35 ~ 40 cm 为宜，覆土深度约 1 cm。如有灌溉条件的地方应注意适时适量灌水，一般每年灌水 2 ~ 3 次。注意幼苗期除草。播种第一年分蘖到拔节期应进行第一次追肥。采收种子以每年 10 月中、下旬为宜。

【观赏部位及利用价值】 长序狼尾草秆丛生，株高 30 ~ 100 cm，叶片宽 2 ~ 6 mm，圆锥花序 5 ~ 20 cm，花序下密生柔毛，小穗具有较长的紫色刚毛，具有较高的观赏价值，可种在路边、庭院或池塘边作点缀观赏植物。

6.4.2 狼尾草[*Pennisetum alopecuroides* (L.) Spreng]

狼尾草分布在日本、印度、朝鲜、缅甸、巴基斯坦、越南、菲律宾、马来西亚、大洋洲及非洲等。我国属乡土植物北起辽东半岛，南至海南岛，西至陕西关中等地区均有野生分布，其中以胶东半岛、辽东半岛分布较多。多生于海拔 50 ~ 3 200 m 的河岸、田岸、路旁、荒地山坡、溪边、林缘等地。

【形态特征】 狼尾草为一年或多年生草本植物，须根较粗壮。茎秆直立丛生，株高 30 ~ 120 cm(图 6-18)。叶片线形扁平，长 15 ~ 50 cm，宽 2 ~ 6 mm，顶端渐尖，通常内卷。

穗状圆锥花序形似狼尾，直立或呈弧形，长 5~20 cm，宽 1.5~3.5 cm，主轴短，花序下密生柔毛。小穗线状披针形，常为单生，偶有 2~3 枚簇生。小穗具有较长的紫色刚毛，刚毛粗糙，淡绿色或紫色，具微小糙刺，成熟后通常呈黑紫色；每小穗有 2 小花。花果期夏秋季，7 月中旬开花，花期持续至 11 月底，果熟期为 9 月下旬~12 月。

(a)　　　　　　　　　　　　　　　(b)

图 6-18　狼尾草

【生态学、生物学特性】　喜光照充足的生长环境，耐旱、耐湿、耐半阴，抗寒性强。对土壤适应性较强，耐轻微碱性，亦耐干旱贫瘠土壤。生性强健，萌发力强，容易栽培，对水肥要求不高，耐粗放管理，少有病虫害。多年生狼尾草根系较发达，生长 2 年以上的植株根系可达 1.5~2 m 深，具有良好的固土护坡功能。抗寒能力较强，在 -20℃ 时也能安全越冬，越冬存活率在 95% 以上。有的狼尾草品种喜湿，适宜在池塘溪流边等潮湿地带种植。在夏季高温干旱时，叶片卷曲，叶尖发黄，可浇一次透水。一般狼尾草种植 3 年后，由于植株太大，残存的老茎秆过多，需要进行分栽，使新长出的茎叶更具有活力。

【栽培管理】　狼尾草喜冷湿气候，耐旱，宜选择肥沃、稍湿润的砂地栽培。繁殖可采用播种方式，亦可在春秋季分株繁殖。种子繁殖采用直播，2~3 月将种子均匀撒入整好的地上，盖一层细土。分株繁殖将草带根挖起，切成数丛，按株行距 15 cm×10 cm 开穴栽种，盖土浇水。狼尾草根系发达，喜土层深，要求耕深 30 cm，种子繁殖可先行育苗。由于种子小，幼芽顶土能力差，整地的好坏对出苗影响很大，因此苗床整地要精细，利于出苗。当温度稳定达到 15℃ 时播种为宜。播种时要掌握土壤水分适宜，播后覆土深度 1.5 cm 左右，播种后 5~6 d 即可出苗。播种量 0.7~1.0 kg/亩，行距 50 cm。育苗移栽，5~6 枚叶片时移栽，行距 45 cm，株距 20~25 cm。1 亩种苗可栽种 30~40 亩大田。在华北地区，4 月上旬即可在田间移栽狼尾草幼苗。移栽初期要定期浇水，为减少土壤水分的散失，可在幼苗周围的土表覆盖一层植物秸秆、树叶等。待幼苗定植后，可减少浇水量，只要叶片不卷曲打蔫，一般不用人工浇水。正常条件下，狼尾草当年就可抽穗开花。狼尾草的花期较长，花期过后的植株可继续留在田间，作为秋冬季的观赏植物。第二年早春将上一年的老茎秆剪掉，留下约 10 cm 高的老茬，以利新茎叶的发生。

为了防治蚂蚁等地下害虫对种子或幼苗危害，必须用农药拌种或施毒土，播种后设置小棚薄膜覆盖。保持土壤湿度，以保证全苗。狼尾草苗期生长慢，常易被杂草侵入，应及时进行中耕除草 2 次，促进早发分蘖。一旦开始分蘖即可迅速生长。苗期要争取全苗，出苗后，及时拔除杂草，每年施 1 ~ 2 次追肥，肥料以人畜粪水为主，如遇干旱要及时灌溉。狼尾草对锌有一定的敏感性，缺锌会出现叶发白，发生缺锌现象可喷施 0.05% ~ 0.1% 的硫酸锌溶液，每隔 7 ~ 10 d 喷一次，喷 2 ~ 3 次。

【观赏部位及利用价值】　狼尾草生长快，耐移植，可广泛用于公路护坡、河岸护堤和水土保持等，具有较高的观赏价值，既可单株种植起点缀作用，又可成片种植形成狼尾草花坛，还可作为过渡带，连接精致的花园和自然粗放的草地（图 6-19）。狼尾草的花序如瓶刷状，花期长达 2 个月。在夏季微风吹拂下，柔美的花序随风起伏，不仅具有静态美，也具有

图 6-19　狼尾草与其他观赏草群植

动态美。花序颜色丰富多彩，有乳白色、淡绿色、粉红色、深红色、紫红色，甚至黑色。它的叶片色彩还可随季节变化，春季为淡绿色，夏季为深绿色，秋季为金黄色，可形成具有鲜明特色的四季景观。狼尾草丰富的株型、叶色、花序和质朴自然的气质，既为园林增加了独特的美感和田园趣味，又符合现代人渴望回归自然的心理需求，可以极大地促进节约型园林的发展，对建设节水型、环保型园林具有积极意义。

6.5　芒属（*Miscanthus*）

6.5.1　芒（*Miscanthus sinensis* Anderss.）

禾本科芒属，又名芭茅，植株较高大，广泛分布于亚洲与太平洋岛屿，中国长江以南丘陵山地普遍生长，遍布于海拔 1 800 m 以下的山地、丘陵和荒坡原野，常组成优势群落。也分布于朝鲜、日本，常与野古草（*Arundinella hirta*）、金茅（*Eulalia speciosa*）等组成稳定群落。

【形态特征】　多年生草本，秆直立，稍粗壮，高 1 ~ 1.25 m，无毛，节间有白粉。叶片长条形，长约 20 ~ 50 cm，宽约 1 ~ 1.5 cm，背面疏被柔毛并有白粉。圆锥花序扇形，长 10 ~ 40 cm，主轴长不超过花序之半；小穗披针形，成对生于各节，具不等长的柄，含 2 小花。

【生态学、生物学特性】　一般寿命为 18 ~ 20 年，最长可达 25 年以上。根系发达，一般入土深度达 1 m 以上，具有发达的地下根茎，根茎多横走于地下 10 cm 左右，可构成地下纵横交织的根茎—根系立体网络系统，根量一般以 0 ~ 60 cm 的土层最为集中。芒草分蘖能力强，分蘖数可达 100 支以上，生长 8 年的五节芒最大株丛的分枝数高达 673 支。不同芒草植物种的花、果期有较大差异，在四川盆周地区川芒和五节芒为 5 ~ 11 月；芒和尼泊尔芒为 8 ~ 12 月；短毛芒为 7 ~ 11 月；荻为 11 ~ 12 月。芒草为风媒植物，花粉靠风力传播至雌蕊上进行授粉以产生种子，但自然有效结实率一般都较低。种子的散布也主要靠风力作用，其距离取决于种子的重量。芒草种子千粒重 250 ~ 1 000 mg，成熟种子的发芽率一般为 40% ~ 80%，高者可达 90% 以上。

图 6-20　芒群植景观

芒草是生态幅宽的植物类群，从低海拔的沿海滩涂、河流岸边、道路沿线、干热河谷地到海拔 2 000 m 以上的山地草丛都可见到芒草的踪迹。适宜的生长温度范围大约为 15 ~ 28℃。耐热性强，五节芒在 35℃ 以上持续高温(20 d)环境下，能正常生长发育；也有很好的耐寒性，在 -10℃ 的低温下都能安全越冬，五节芒的幼苗和成年植株分别能耐受 -23℃ 和 -29℃ 的短期低温。喜光照充足的环境，在开阔的地段，不但能成片形成芒草群落，而且株丛分蘖多，生长繁茂(图 6-20)。在郁闭度为 0.5 的林下亦能生长，多呈散生分布，分蘖数、生殖枝比率、结实率、生物量等均会显著下降，是具有一定耐阴性的阳性植物。芒草为中生植物，对水分的反应因种而有一定的差异；根系发达，入土深，具有很强的耐旱性。土壤适应性广泛，各种类型的土壤上均能生长，适应的土壤 pH4.2 ~ 8，对土壤通透性敏感，疏松土壤利于根系的发育，在板结的土壤上根系浅化，根茎发育不良，株丛矮小。施氮肥能延长芒草的青绿期。芒草的侵袭能力和竞争能力很强，侵入初期呈散生状态，随之种群通过无性繁殖方式迅速扩展，在局部形成斑块状芒草群落。

【栽培管理】　芒草无性繁殖能力较强，无论采用分株法还是根茎繁殖法都易成活，也可用茎芽繁殖法进行扩殖。根据芒草具有性生殖和无性繁殖的特点，可利用有性生殖选育芒草新品种，并利用杂交种，再利用无性繁殖方式保持杂种优势，达到长期利用杂种优势而不分离退化。

芒草常见观赏品种：

①细叶芒（*Miscanthus sinensis* cv. 'Strictus'）来自加拿大的一种多年生暖季型草本，冬季休眠，株高 60 ~ 80 cm，绿色叶片具黄色横状斑纹，叶色美丽而株型挺拔(图 6-21)。圆锥花序，呈扇形，花色初为红色，秋季转为银白色。花期 8 ~ 11 月，最佳观赏期 5 ~ 11 月。

喜光、耐半阴，耐寒、耐高温干旱，耐涝，耐瘠薄。适宜在湿润、排水良好的土壤中种植。生长时间较长的可以形成宽至数米的冠幅。斑纹的产生受温度影响，春季斑纹明显，但早春气温较低的条件下往往没有斑纹，太高的温度下斑纹会减弱以至枯黄。

图 6-21　细叶芒

以分株繁殖为主，以二芽和三芽繁殖为佳，多在冬末或早春进行。生长势强，在重庆地区 3 ~ 5 月幼苗生长期，每 10 ~ 15d 施 1 次肥，追肥宜用含氮量较高的腐熟人畜粪，冬季应施入基肥。幼苗及成苗都应选择光线充足的地方，光线足够可使植株生长健壮，基部分蘖的小苗数目增多，叶片色泽亮丽，叶片斑纹更明显。冬末早春应对其重剪。病虫害少，干旱时注意防治红蜘蛛的为害，发生时用专用杀螨剂防治。

　　孤植、丛植均可，可用于花坛、花境、岩石园，作假山、水边的背景材料，也可独立成景。

　　②斑叶芒（*Miscanthus sinensis* 'Zebrinus'）　多年生草本，叶片条形，有不规则的斑马斑纹，圆锥花序呈扇形，花期 8～9 月，抗性强（图 6-22）。

　　喜光、耐半阴，耐寒、耐热性良好，耐旱，对气候的适应性强，对土壤要求不严。

　　斑叶芒栽培措施同细叶芒。

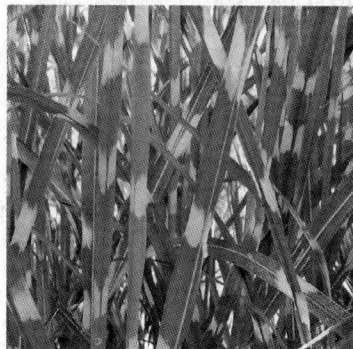

图 6-22　斑叶芒

　　可孤植、丛植、盆栽或成片种植。可用于花坛、花境、岩石园，也可作绿篱。斑叶芒是花叶芒中一个特殊类群，斑纹横截叶片，而不是纵向条纹。生长时间较长的还可以形成宽至数米的冠幅。斑纹的产生受温度影响，早春气温较低的条件下往往没有斑纹，太高的温度下斑纹会减弱以至枯黄，应用时应该引起注意。

　　③纤弱芒（*Miscanthus sinensis* 'Gracillimus'）　多年生暖季型草本，冬季休眠，株高 70～80 cm。叶细长，直立，较硬，叶脉白色。圆锥花序，花色初为粉红色，秋季转为银白色。花期 9～11 月，最佳观赏期 5～11 月。

　　喜全日照至轻度荫蔽，耐高温干旱，也耐涝耐寒。适宜在湿润、排水良好的土壤中种植。

　　栽培措施同细叶芒。

　　可孤植、丛植、成片种植。可用于花坛、花境，作背景材料，也可作绿篱。

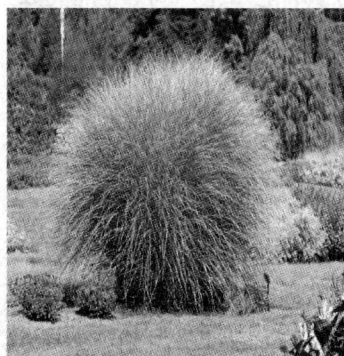

图 6-23　晨光芒

　　④晨光芒（*Miscanthus sinensis* 'Morning Light'）　多年生草本，株高 150 cm，叶直立、纤细，顶端呈弓形，顶生圆锥花序，花期为 10 月，花色由最初的粉红色渐变为红色，秋季转化为银白色（图 6-23）。

　　晨光芒喜光、耐半阴、耐寒（-30℃）、耐旱、耐涝，对气候的适应性强，不择土壤，能耐瘠薄土壤。可种植于水边、花境、石边，也可作为自然式绿篱使用，细叶芒姿态优美，秋季开花，可营造出秋季的野趣。

　　⑤柔板细叶芒（*Miscanthus sinensis* 'Adagio'）　在中等或良好排水土壤、全日照、部分阴地生长良好，可在多种土壤中生长，如排水良好的砂土或黏土。喜湿，全日照条件生长最好。用作小地区装饰草，平房花园、池塘、水景园周边（图 6-24）。

　　⑥紫叶芒草（*Miscanthus sinensis* Anderss. 'Purpurascens'）　秆较粗壮，高达 1 m 以上；叶片宽线形，长 60 cm 以上，宽约 1.5 cm，顶端长、渐尖。圆锥花序长达 30 cm，主轴延伸至花序下部，分枝较少，分枝长 10～20 cm，总状花序轴节间长 6～8 mm；小穗披针形，长 5～5.5 mm。花果期 8～10 月。

图 6-24　柔板细叶芒

产于吉林、河北、山东、陕西、江西等省；生于低山带阳坡路旁林缘灌丛中，海拔1 000 m以下。也分布于日本、朝鲜及远东地区。

⑦密集芒（*Miscanthus sinensis* var. *condensatus* 'Cosmopolitan'） 喜光，大多数情况下生长良好。喜中等肥沃、湿润、排水良好的土壤。用作小地区装饰草，平房花园，池塘、水景园周边。

【观赏部位及利用价值】 芒草种类多，分化类型多，不同种或分化类型的株型和叶片形态差异较大，既有高大挺拔的类型，如巨芒草，也有相对低矮的细叶类型，如细叶芒，这些婀娜多姿的株型本身就产生了深厚的美学价值。叶片色彩富有季相变化，暖季叶色翠绿富有生机，冬季部分叶片枯黄而不脱落，从而丰富了自然景观色彩，增添了无穷魅力。花期长，花序独特壮观，富有韵律和动感美，特别是整齐成片栽植时，芒草大型的圆锥花序随风舞动，叶片沙沙作响，给人以无限遐想。

6.5.2 台湾芒草（*Miscanthus transmorrisonensis* Hayata）

台湾芒草别名高山芒、高山寒芒、高山萱草。禾本科（Poaceae），常绿芒属（*Miscanthus*），台湾原生种高山植物，中国芒变种，为多年生宿根性草本植物，在台湾是一种分布广泛的本地野草。在向阳开阔的破坏地上形成自然植被植物，有利于坡地水土保持，芒草也是台湾先民用来建构房舍及编造用具的材料。

【形态特征】 多年生丛生草本，秆高50～150（～200）cm，直径2 mm以上。叶长30～80cm，宽4 mm以上。圆锥花序狭窄，长10～40 cm，由5～10枚直伸的总状花序组成，紫褐色；孪生小穗同型，具不等长小穗柄，小穗长约5.5 mm。花期7～9月，果期10～12月。花期6～9月。

【生态学、生物学特性】 分布于海拔2 000～3 700 m的高山，族群集生于阳光充足的开阔地、玉山箭竹草坡、台湾冷杉林边。高山芒生长的临界低温为7.7℃，最适生长季节为6～9月。期间日平均温度在14℃左右，降水量较多，有助于高山芒生长。高山芒的比叶重很大，植株中钾含量比五节芒高，钾有助于调整植物细胞渗透压功能，适应在高海拔山区低温环境下生长。

【栽培管理】 台湾芒草每穗的颖花数多，平均可达8 000多个，虽然结实率低，但在生长季其庞大的颖花数也能促成相当多的种子，因此台湾芒草可以通过种子繁殖。由于其生长海拔高，繁殖后的管理完全靠台湾芒草自身，即无需多余的人工干预。目前尚无引进栽培案例。

【观赏部位及利用价值】 台湾芒草紫色花序大片大片在风中摇曳的景观，愈来愈吸引人们的眼球；由其形成的绿野草原，更令人心旷神怡。由于其生长于海拔2 000～3 700 m的高山，为忙碌的都市人提供了闲暇之余休闲游憩的好去处。

6.5.3 巨芒（*Miscanthus giganteus*）

巨芒，又名大象草，奇岗，五节芒。近年来在欧洲已经广为人知，原产地为日本，在欧洲有数十年的栽培历史，近些年才引进国内。植株高大，可用于观赏和生产利用，成为各国研究热点，目前在欧洲许多研究机构都有种植，但尚未发现其自然群落。有趣的是，这种植物在欧洲曾一度被称为"芒"或"中国芦苇"（*M. sinensis*，China reed）。奇岗（*M. giganteus*）既不是芒（*M. sinensis*），也不是芦苇（*Phragmites* spp.），迄今也未发现在中国有自然分布。它具有生物产量高、纤维品质好、灰分低等优点，被看作一种有潜力的工业原料和绿色能源植物。该种植物仅在欧洲有人工栽培，除用于观赏之外，主要作为工业原料作物进行研究和开发，如加工成环保型的板材、型材及包装模块等，或者直接用作燃料。

图 6-25　巨　芒

【形态特征】　巨芒为三倍体植物，具粗短的根状茎，植株高大（图6-25）。秆高2.5～3.5 m，秆节无毛。叶片条形，长50 cm，宽3 cm。圆锥花序长约30 cm，总状花序轴长15 cm。小穗成对，同形，一柄长，一柄短。小穗长4～6 mm，小穗轴长者为4 mm。无种子。花期为9～11月。

　　奇岗的地下茎根系属于匍匐型（荻类）和丛集型（芒类）之间的过渡型。地下茎直径0.5～1.5 cm，密被鳞叶。地下茎内部结构：横截面皮层有一圈小的气腔，中柱有髓，中央有一小的髓腔。茎的内部结构：上部节间有髓，无髓腔（实心）；下部节间有小的髓腔（中空）。根的内部结构：根的横截面皮层有一圈大的气腔，中柱有一圈小的管腔（导管）。

【生态学特性】　巨芒属 C_4 植物，光合效率高。喜阳，耐寒，由于具有强壮的根系，抗逆性极强，既耐旱又耐涝，对土壤水分含量要求低，具有适应力强的特点，在大多数土壤类型中均能够旺盛生长。

【栽培管理】　奇岗对栽培条件没有特殊要求，可以不施用任何肥料与化学药剂，海拔5 000 m以下的地域都可进行栽培。通常采用分株或扦插繁殖。春季萌发早，一般3月中旬开始萌发，4月中旬草高10 cm，7月抽穗开花，营养成分大量消耗，植株变粗糙。巨芒前期生长迅速、恢复生长快，再生力强。在多雨地区，芒有良好的水土保持作用。

【观赏部位及利用价值】　巨芒养护成本低，环境耐受力好，适应性强，在观赏草中也占有重要的地位，它全株均可观赏，植株刚劲挺拔，气势雄伟、壮观，不仅能成片种植营造自然和谐的景观，也能单独一丛种植，在花园中成为非常引人注目的焦点。最佳观赏期为6～11月，秋季银白色花序质朴自然，具有很高的观赏价值。巨芒草可作为能源作物，种植将为农民带来巨大经济效益。

6.6　大油芒属（*Spodiopogon*）

大油芒（*Spodiopogon sibiricus* Trin）

　　大油芒，别名大荻、山黄菅。产于我国黑龙江、吉林、辽宁、内蒙古、河北、山西、河南、陕西、甘肃、山东、江苏、安徽、浙江、江西、湖北、湖南等地区，以华北地区生长最为普遍；通常生于山坡、路旁林荫之下，也分布于日本、西伯利亚，在亚洲北部的温带区域广布。大油芒株型高大,叶片细长,花序紫红色,可观花、观叶,还可作地被或鲜切花材料,片植或丛植效果均好。目前大油芒已在园林植物配置中应用,是一种优异的观赏草。

【形态特征】　　大油芒为多年生草本植物,属中宽叶禾草,具有粗壮较长的根茎,根茎密被鳞片(图6-26)。秆直立,刚硬,高100～150 cm左右,长有7～9个节。叶片呈宽线形,长15～28 cm,宽6～14 mm。圆锥花序大而呈长圆形,长15～20 cm,宽1～3 cm,分枝近轮生,下部裸露,排列较松散,带淡紫褐色,上部具1～2个小枝,小枝长有2～4节,每节有2个小穗,一个有柄,一个无柄;小穗呈灰绿色至草黄色,长5～5.5 mm,含有2朵小花(图6-27)。大油芒再生性强,返青早,在东北4月初开始发芽,7月抽穗开花,8月中旬种子成熟。

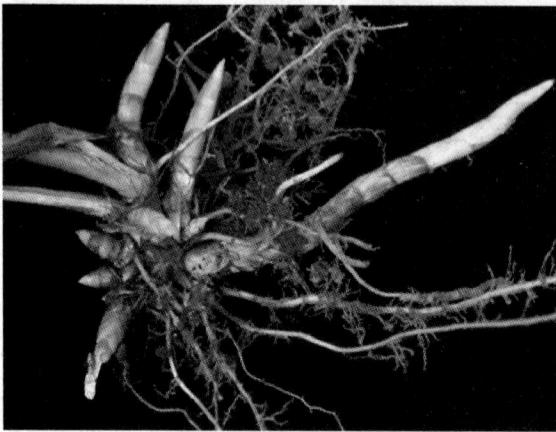

图6-26　大油芒根茎　　　　　　　　　　图6-27　大油芒花序

【生态学、生物学特性】　　大油芒喜生于向阳的石质山坡或干燥的沟谷底部,在东北草原也有分布。生长迅速,可以形成小片单种群落,也散生在固定沙丘上。在森林区的阳坡,森林破坏和撂荒后可以大量生长,成为植被演替的一个阶段——根茎禾草阶段。喜光,对土壤要求不严,较耐阴,耐贫瘠性强,干旱贫瘠的土壤上也可以生长良好,但其耐盐碱性较差。大油芒为暖季型禾草,不耐寒,9月后因温度降低,叶片逐渐变黄。

【栽培管理】　　目前,中国栽培的大油芒皆为野生驯化品种,可采用根茎繁殖及播种的方式进行栽培。大油芒为根茎型多年生禾草,可在春夏两季采用根茎繁殖的方式进行分株栽培。大油芒野生种子的发芽率达80%,也可在春夏两季采用播种的方式栽培。大油芒抗性强,对土壤要求不严,耐粗放管理。在栽植及播种需要水分及施肥管理,后期生长中几乎不用灌溉及施肥,自然降水条件下即可正常生长。

【观赏部位及利用价值】　　大油芒植株高大,茎秆直立,姿态优美,颜色随季节而变化,全生育期皆为观赏期(图6-28至图6-30)。其叶片形状狭长,挺立,形似小竹;叶片颜色在夏天呈亮绿色,秋天呈紫红色,霜后变成黄褐色。大油芒的花序也能起到很好的装饰作用,花序呈圆锥花序,颜色为亮紫色。在国外,大油芒作为观赏草,应用非常普遍,但在国内的研究应用才刚开始。大油芒主要作为园林景观中的点缀植物,以单株或几株丛栽种植观赏效

图 6-28　大油芒夏景　　　　　图 6-29　大油芒秋景　　　　　图 6-30　大油芒深秋景

果最好,以草坪为背景,可以展现大油芒夏绿,秋紫,冬黄的独特景观;也可以用花色鲜艳的草花与大油芒搭配,产生色彩的对比,作为桥头、路边拐角处的景观装饰。

6.7　发草属 (*Deschampsia*)

　　发草属,禾本科,约 40 种,分布于温带地区,多生长在空旷遮阴地,包括草地,林间空地,林缘等。我国有 3 种,产东北、西南至台湾。多年生草本,小穗具柄,有 2 (~ 3) 小花,长不及 1 cm,排成圆锥花序,2 小穗轴基部具节,顶部延伸于最上的内稃外成一秃裸或毛笔状的柄。颖膜质,短尖,有棱脊,第二颖约与第一小花等长或较长;外稃近透明,顶有齿,背部在中部以下有芒;颖果无腹沟,与稃分离。

6.7.1　发草[*Deschampsia cespitosa* (L.) Beauv.]

　　发草别名细叶稷,多年生草本。分布于我国西南、华北、东北等地,生于海拔 1 500 ~ 4 500 m 的河滩地、灌丛中及草甸草原;国外分布于全世界温寒地区。发草适生范围较广,耐修剪,是耐寒、耐旱、观赏效果较好的地被植物,适合作为城市园林绿化材料。

　　【形态特征】　多年生草本植物,高(含花序)30 ~ 150 cm,茎粗 2 ~ 4 mm,具 2 ~ 3 节,密簇丛生,冠幅 60 cm 左右;叶片常纵卷或扁平,叶片狭细,深绿色,早春即开始生长。叶多基生,茎生者仅 1 ~ 2 枚,叶片多纵卷,稀扁平,线形,宽 1 ~ 4 mm,叶背平滑,叶面粗糙(图 6-31)。圆锥花序紧缩呈穗状圆柱形,或稍疏松为卵圆形,长 10 ~ 30 cm,宽 1 ~ 2.5 cm,常下垂,突出植株约 50 cm(图 6-32)。小穗褐黄色或褐紫色,有光泽,长 4 ~ 6 mm,常含 2 小花。种子为浅褐色。

　　【生态学、生物学特性】　分布广泛,欧洲、亚洲及北美都有分布,喜欢生长在潮湿环境,如溪流旁、河边、湿地、草地或潮湿林地等,在高纬度、冷凉地区生长茂盛,但在干燥、高温地区长势差。北京地区露地条件下能正常越冬;在黏土中能正常生长,土壤要保持中等湿度。不耐热,高温高湿的夏季,老叶片会变黄,但秋季后能恢复正常。全日照或部分荫蔽条件下长势最好。抗旱性比较好,根系发达,能充分吸收土壤水分;耐寒性强,重霜后叶片仍保持青绿,在 - 30℃ 的低温下能安全越冬,生长良好;耐碱性强,能在 pH 值 8.2 的土壤上生长发育,对土壤选择不严。分蘖能力强,一般当年分蘖 10 ~ 25 个,当水分充足、土壤疏松时,分蘖可达 50 ~ 80 个。一般来说,4 月中、下旬为返青盛期,5 月中、下旬拔

图 6-31　发草株丛

图 6-32　发草花序

节，6 月中旬抽穗，7 月初开花，8 月中下旬种子成熟，生育期 115 ~ 123 d。

【栽培管理】　发草种子小，播前要整地精细，地表平整，土块细碎。大面积播种时，根据杂草萌芽出土情况，在播前用轻耙带糖子灭草 1 ~ 2 遍，灭草效果达 55% ~ 75%。播种育苗时如表层土壤干燥，播前要进行镇压，以利机播时控制播种深度。可选择春季或初秋播种，播种前用 50℃ 温水浸泡种子，并且需要搅拌，保温 5 min 后，待温度下降至 30℃ 时，用清水冲洗几遍，再放于 25 ~ 30℃ 的温度中催芽，能提高出苗率并早出苗。直播或育苗移栽均可。由于种子产量极少，种子繁殖很难产生大量种苗，分株简便易行，所以分株繁殖是常用的扩繁方法。种植时要保持一定的株行距，有利于植株充分生长，形成圆形簇生的株形。高温时下部老叶片变黄，应及时清除，保持植株旺盛和整齐。

在旱作条件下以 5 月中、下旬播种最为适宜，播种量为 11.25 ~ 15.0 kg/hm^2，播种深度为 2 ~ 3 cm，条播行距 15 ~ 30 cm，播后镇压，使种子和土壤紧密接触，有利于出苗。

小面积的试验地，当年可进行人工除草 1 ~ 2 遍。大面积可用 2,4-D 丁酯乳油灭除杂草，用量 750 ~ 1 125 g/hm^2，加水 30 ~ 40 kg，晴天用喷雾器均匀喷洒。发草品种较多，适应性广，能在不同的立地条件下栽培，且抗病虫能力强，在生长过程中，不需要喷施农药。发草根系发达，耐旱能力强，种植初期浇足水，以后不用人工灌溉，完全靠自然降水就能正常生长。在生长中，几乎不需要特别的管护，除了在早春平茬一次外，以后不需修剪就能长期保持美感，大大减轻了由于修剪所耗费的人力和能源。

【观赏部位及利用价值】　发草密集簇生，株形紧凑，基生叶片狭细坚挺，深绿色；圆锥花序松散开展，不脱落，初期绿色，后逐渐变为黄色，到冬季变为金黄色。花期 5 ~ 6 月，绿色期长，从早春一直到初冬都有良好的观赏效果。发草低矮，适合路边、桥头岸边作点缀镶边用；发草放射状的株型是理想的装饰形式，可以在园林景观配置中起不同的作用，形成各具特色的景观效果。可以盆栽，也可用作花坛、花境、道路绿化、水景岩石配置，还可作地被植物等。利用发草的植株形态、质地、色彩、花絮形状、株高等特征和不同的园林要素搭配，可以组成不同的园林景观，形成丰富的视觉效果。将发草与多种形状、质地、色彩及高矮不同的其他观赏草组合搭配，可以创造出精致的景观，其观赏价值不低于花卉组成的景观。尤其是成片种植，花期大片花序能形成缥缈舞动的景色，令人心旷神怡。冬季发草可作室内盆栽观赏植物，嫩绿清新，赏心悦目。

发草在结实前牲畜喜吃，但营养价值不高；秆细长柔韧，很适合编织草帽。

园林中常见品种有（图 6-33）：

①'Goldgehange'（金饰）　叶片有光泽，春夏绿色，秋冬渐变为黄色；夏季开花，花序高于叶丛，亮黄色，松散低垂，见风便缥缈舞动；花序可作干花。花期株高 60～90 cm。

②'Northern Lights'（北方之光）　该品种的叶片奶油黄色，中间带有绿色条纹。天气凉爽时呈现出粉红色彩。在夏季，美丽的银色花序在叶丛上方朦胧飘舞，非常美观，秋季会变为金黄、紫红色。有时不开花。花期株高 30～45 cm。

③'Bronzeschleier'（青铜面纱）　花序开放时为青铜色。花期株高 60～90 cm。

④'Goldschleier'（黄金面纱）　花序开放时黄绿色。花期株高 30～60 cm。

⑤'Goldstaub'（砂金）　花序开放时为绿黄色，花期株高 30～60 cm。

(a)

(b)

(c)

(d)

图 6-33　发草观赏品种

(a)'Goldschleier'　(b)'Schottland'　(c)'Northern Lights'　(d)'Goldstaub'

⑥'Goldtau'（黄金水露） 花序质感精细，绿黄色。花期株高 30～60 cm。

⑦'Schottland' 叶片暗绿色，花序开放时浅绿色。花期株高 60～105 cm。

⑧'Tardiflora' 开花略晚，花序开放时浅绿色。花期株高 60～90 cm。

⑨'Tauträger' 花序细长，开放时浅绿色。花期株高 30～60 cm。

⑩'Vivipara' 花序因过重而下垂。花期株高 60～90 cm。

6.7.2 曲芒发草（*Deschampsia flexuosa*）

曲芒发草又名卷发草或米芒，为禾本科发草属观赏草，具有尖细的叶子，易随风晃动的圆锥花序组成银色略带紫褐色的头状花序呈波浪状起伏，茎秆纤细（图 6-34）。原产于美国，适宜寒冷湿润的高山气候，生于松软、潮湿，地表覆盖 10～20 cm 生草层的高山草甸土上。这些类型的草地所处高山带气候冷湿，年均降水量 700 mm，植被低矮，盖度 60%～90%，较好的耐性和观赏性使它也可用于高尔夫球场建坪。曲芒发草华丽的外观，精细的质感以及常绿的特点使其常被布置于花园和林地阴暗处。春末，曲芒发草发芽并开出泡沫状的花絮，随着天气的转凉，形成密生型常绿草丛，可形成冬景，具有较高的观赏价值，也可为一些鸟类提供巢穴和避难所。

(a)   (b)

图 6-34 曲芒发草

【形态特征】 多年生，须根稀疏柔韧。秆直立，丛生，高 15～30 cm，径约 0.8 mm，具 2～3 节。叶鞘紧密裹茎，光滑。叶片纵卷如丝状，长 3～5 cm，宽约 1 mm，光滑。圆锥花序疏松开展，长 5～10 cm，分枝细弱、屈曲、光滑、多孕生；小穗具纤细的长柄，含 2 小花，长 6～8 mm。颖果长圆形。花果期 7～9 月。

【生态学特性】 曲芒发草具有适应性广、抗病虫害能力和抗旱性强、管护成本低的特点。喜部分遮阴的湿润、酸性、排水好的土壤，也能忍耐一定的干旱，最好应避免将其种植在林下完全遮阴处和干旱的土壤中。能忍耐重黏土壤，适宜在阴凉处充分种植。不能忍耐暴露在过冷或过热、阳光直晒的地点。喜欢富含腐殖质的潮湿土壤，避免在干燥的土壤或过于潮湿的重黏土中种植。

【栽培管理】　种子繁殖，也可分株繁殖。曲芒发草的植株低矮，具匍匐性，茎叶多肉，可贮水，所以耐旱。但是干旱时开花少，叶子会掉光，以减少水分散失。所以作为观赏用途时，在夏季始末最好各浇一次水。忌潮湿或排水不良；曲芒发草怕潮湿，如果遇到几天连续下雨，最好将盆栽移到淋不到雨的地方，或者在土壤方面做改良，多放一些珍珠岩，以增加通气性。曲芒发草需水、肥较少，栽培初期要为其留下充足的生长空间。生长期间不需要特别管理，一般不需要额外灌溉、施肥等养护措施。曲芒发草为丛生型，分蘖快，冠幅增长也快，一般种植后第 2～3 年达到最佳景观效果，第 4～5 年需要分株、间苗，进行调整。

【观赏部位及利用价值】　曲芒发草为矮型观赏草，主要观赏部位为常绿叶片以及穗状花序。尖细的常绿叶子，茎秆纤细，易随风晃动，银色略带紫褐色的圆锥花序易随风波浪起伏，每当微风吹过叶片，植物前后摆动沙沙作响，韵律自然、美妙，尽现动感美，这些特点使曲芒发草具有一定的覆盖和观赏价值。曲芒发草能生长在遮阴角落，对于阴暗处的绿化布置有重要作用；与其他植物搭配应用时，需要考虑各种植物的

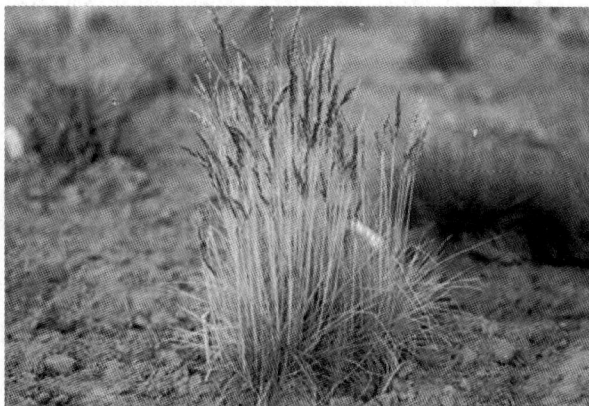

图 6-35　'Aurea'

生态学特性和生态习性，实现优势互补，应充分利用植物的季相变化，在粗放管理条件下使景观丰富多彩。

品种主要有：'Aurea'（'Tatra Gold'，'Hohe Tatra'）（图 6-35），叶片绿黄色，特别是在春季，凉爽的气候下色彩更明显持久。初夏开花，花序浅绿色略带粉红色，种子繁殖。耐旱。

6.8　画眉草属（*Eragrostis*）

画眉草属植物为禾本科草本，一般为多年生或一年生，茎秆丛生状，叶片线形（图 6-36）。圆锥花序开展或紧缩；小穗两侧压扁，有数个至多数小花，小花常疏松或紧密地覆瓦状排列；小穗轴常作"之"字形曲折，逐渐断落或延续而不折断。

画眉草属约 300 种，广布于全世界，主要分布在热带至温带地区。我国包括引种的共约有 38 种 2 变种。云南有 23 种 2 变种。在画眉草属中，43% 的种原产地在非洲、18% 在南美洲、12% 在亚洲、10% 在澳大利亚、2% 在欧洲；埃塞俄比亚是画眉草的起源和多样性中心。

图 6-36　画眉草

图 6-37　画眉草花序

6.8.1　画眉草 (*Eragrostis spectabilis*)

【形态特征】　一年生，秆丛生，直立或基部膝曲，高 15 ~ 60 cm，茎通常具 4 节，光滑。叶片线形扁平或卷缩，长 6 ~ 20 cm，宽 2 ~ 3 mm，无毛。圆锥花序开展或紧缩，长 10 ~ 25 cm，宽 2 ~ 10 cm，分枝单生，簇生或轮生，多直立向上，小穗具柄，长 3 ~ 10 mm，宽 1 ~ 1.5 mm，含 4 ~ 14 小花(图 6-37)。花果期 8 ~ 11 月。

【生态学特性】　喜温暖气候和向阳环境。宜选择疏松、排水良好的砂质壤土栽培。

【栽培管理】　种子繁殖法，3 ~ 4 月播种，在整好的地上，按行距 20 ~ 25 cm 开沟，条播，播后盖土。

【观赏部位及利用价值】　画眉草可孤植，或用于花带、花境配置。可作为优良饲料，还可作保土固坡植物，防止水体流失。

观赏种类：

丽色画眉草[*Eragrostis spectabilis* (Pursh) Steud.]　丛生，叶细，高约 40 ~ 50 cm，夏末开花，圆锥花序，紫色具分枝，簇生在茎端。寿命较短，可自播繁衍，可配置在道路两旁。喜全光照，对土壤要求不高，能在排水良好的土壤上生长。

6.8.2　弯叶画眉草 (*Eragrostis curvula*)

禾本科画眉草属多年生草本植物。中等绿色，暖季型草种，茎秆直立，丛生型，广泛分布于全世界的温带地区，最常见于朝鲜、日本、印度、美国、加拿大和澳大利亚。在我国华北、华南和西南各地区均可种植，主要包括四川、贵州、云南、湖南、湖北、广西、福建、江西、广东、安徽等地区。

【形态特征】　多年生，秆密丛生，直立，高 90 ~ 120 cm，基部稍压扁，一般具有 5 ~ 6 节；叶片细长丝状，向外弯曲，长 10 ~ 40 cm，宽 1 ~ 2.5 mm(图 6-38)。圆锥花序开展，长 15 ~ 35 cm，宽 6 ~ 9 cm，花序主轴及分枝单生、对生或轮生，平展或斜上升，小穗长 6 ~ 11 mm，宽 1.5 ~ 2 mm，有 5 ~ 12 小花，排列较疏松，铅绿色。花果期 4 ~ 9 月。

【生态学、生物学特性】　弯叶画眉草属中旱生植物，根系非常发达，须根粗壮，长

30~60 cm，入土深度可达 50~80 cm 以上，根
幅为 60~90 cm 左右。具有较强的抗旱和抗寒
性，在年降水量为 300~1 700 mm 的地区均可
种植，最适于在干燥冷凉、年平均气温 5.9~
26.2℃的地区生长，特别是砂质坡地、林缘、
农田边缘、公路坡面以及植被受到破坏的地段。
对土壤要求不严，在土壤 pH 为 5.0~8.2 的范
围内均可正常生长。耐瘠薄土壤，在半干旱甚
至沙漠地区也能够生长，但要求排水条件良好，

图 6-38　弯叶画眉草

最适宜于肥沃的砂壤土上种植。生长能力极强，是很好的水土保持植物，尤其是在生境条件
较为干旱的砂质土壤上也能够良好地生长发育，繁殖新个体，并形成致密的草丛。

【栽培管理】　可以无性繁殖，也可以通过种子繁殖，每年散落在周围的种子，翌年在
适宜的条件下，即可萌发产生新枝，生长速度很快。兼具广泛的生态可塑性，能够适应多种
复杂的环境条件。

【观赏部位及利用价值】　弯叶画眉草的叶片向四周下垂，圆锥花序也随着叶片呈辐射
状下垂，具有较好的观赏价值，被广泛应用于公路护坡、河岸护堤和水土保持。它能够很好
地与侵占性较强的狗牙根和百喜草混播用于护坡绿化工程。

6.9　乱子草属(*Muhlenbergia*)

乱子草属(*Muhlenbergia*)为禾本科植物，约 155 种，分布于美国西南部、墨西哥、中南
美洲和东南亚、喜马拉雅至日本，但主产地为北美，我国约有 6 种，分布广泛。常见物种有
多枝乱子草、鹿草、乱子草。

6.9.1　多枝乱子草[*Muhlenbergia ramosa*(Hack.)Makino]

【形态特征】　多年生草本植物，匍匐根茎长 11~30 cm。秆质较硬，高 30~120 cm，基
部直立，茎 1~2.5 mm，部分带紫色；叶片扁平，质较薄，两面及边缘均粗糙，先端渐尖，
长 5~12 cm，宽 3~6 mm。圆锥花序狭窄，长 10~18 cm，分枝单生或孪生，直立或稍开
展，粗糙，自基部即密生小穗或主枝下部裸露；小穗柄粗糙，短于小穗，与主轴贴生；小穗
灰绿色稍带紫色，狭披针形，长约 3 mm。颖果狭长圆形，棕色。花果期 7~10 月。

【生态学特性】　多枝乱子草生于海拔 120~1 300 m 的山谷疏林下或山坡路旁潮湿处；
适应性强。在砂土、壤土、黏土中均能生长，但在肥沃潮湿且排水良好的土壤生长最佳；有
一定的抗旱性。

【观赏部位及利用价值】　根系较发达，可以应用于边坡绿化，防止水土流失。叶片有
一定观赏价值；穗与叶片色系近似，呈灰绿，花穗呈云雾状，亦可观赏。

6.9.2　鹿草[*Muhlenbergia rigens*(Benth.)Hitchc.]

【形态特征】　多年生暖季型观赏草，具有致密的基部丛生叶。小叶窄尖，长约 90 cm，

颜色从亮银绿色到紫色。开花期为夏季，圆锥花序高达 150 cm，银白色，而后逐渐变为黄褐色。鹿草是美国西部高草草原所特有的草种。

【生态学特性】　鹿草是 C_4 植物，在干旱和高温环境下有较好的竞争力。喜欢肥沃潮湿且排水良好的土壤，在周期淹水区能正常生长，也可忍受干旱的土壤。不耐阴，需全光照或轻度遮阴才能正常生长。

【栽培管理】　鹿草在晚春和初夏进行播种，可以在灌溉的土地上进行撒播，每平方米播种 500 多粒种子，然后用镇压器轻轻的将其镇入土壤表层。火烧、减少施肥等抑制杂草生长的措施可以使鹿草生长更好。容器种植是一种更高效的栽培方法。在 5 月播种，同年秋天进行移植，株距最小要有 60 cm。种植后几乎不需要进行管理，在正常的降雨年份不需要浇水、施肥，施肥反而会增加杂草的竞争力。每隔几年进行一次火烧或者刈割，可以减少枯落物的堆积。

【观赏部位及利用价值】　鹿草纤细，浅绿的叶片窄而密聚成一个美丽、对称的草丛，在秋季呈美丽的麦秆色，冬天也能保持良好景观。夏季开花，花序呈细鞭一样，高高顶在枝叶之上，像一小团透明云朵在天空中摇曳。鹿草是一种特色植物，可作为地被植物，在边界和其他地被植物混植；由于耐寒，也被应用于庭院和公园中的旱地景观。

6.9.3　乱子草（*Muhlenbergia huegelii* Trin.）

【形态特征】　具细长、鳞片状的根状茎。茎秆直立，空心，高 70～90cm（图 6-39）。茎节坚硬，被微毛。叶鞘光滑，短于茎节，叶宽 0.4～1cm，长 4～14cm。圆锥花序长 8～27cm，小穗披针形，2～3mm，灰绿色或紫色，颖片 0.5～1.2mm，花期 7～10 月。

【生态学特性】　喜潮湿土壤，适应性较广泛，亦可生于砂土、黏土、壤土，在山谷、溪边以及林下。适宜在光线强、日照充足的地方生长，花穗偏紫色。

【观赏部位及利用价值】　花序优美，似云雾状，

图 6-39　乱子草

花期长，株丛和花序相得益彰，观赏价值较高。可布置在荫蔽潮湿的公园林下，也可植于河岸边作为背景，还可用于路边护坡，防止水土流失。

6.10　虉草属（*Phalaris*）

虉草属约 22 种，分布于欧洲和北美，其中虉草（*P. arundinacea* L.）在我国西北部、东部和东北部均有分布，其变种花叶虉草，叶有白色条纹，各地常栽培供观赏用。

6.10.1　虉草（*Phalaris arundinacea* Linn.）

主要分布于北美、北非、北欧和亚洲等温带地区，在我国的东北、华北、西北、华东、华中等地均有分布，喜湿，常生长在河漫滩、湖边、低洼地、沼泽地，与芦苇混生。虉草是多倍体植物，基本染色体数是 7，二倍体染色体数为 14，多倍体有四倍体（$2n = 28$）和六倍

体($2n=42$)。四倍体䅟草比六倍体分布广泛和耐寒，六倍体䅟草适应较温暖环境，冬季不休眠，生产力高于四倍体䅟草。六倍体䅟草主要分布在澳大利亚和新西兰；四倍体䅟草分布在欧洲、美洲以及亚洲的温带地区和南非；二倍体䅟草主要分布在北温带。

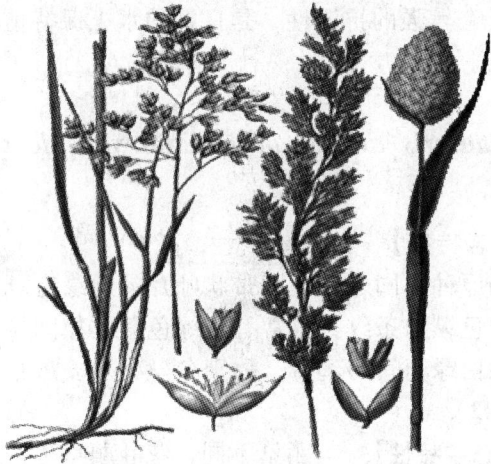

图 6-40　䅟草花序及种子

【形态特征】　多年生草本，有根茎。茎秆通常单生或少数生，直立，高 60～140 cm，有 6～8 节。叶鞘无毛，下部者长于节间，而上部者短于节间。叶片扁平，幼嫩叶微粗糙，长 6～30 cm，宽 1～1.8 cm。圆锥花序紧密狭窄，长 7～16 cm，分枝上举，小穗丛密，长 4～5 mm，每小穗具 3 小花(图 6-40)。种子长椭圆形，光滑，花、果期 6～8 月。

【生态学、生物学特性】　䅟草是 C_3 阳性植物，开花需要双重光周期诱导，即初始诱导和二次诱导。初始诱导需要短日照天数为 12～18 周，二次诱导需要长日照和较高温度。种子在接近成熟时易脱落，往往不能充分成熟。一般开花后 11～15 d 收获种子，平均种子产量最高。种子发芽的最低温度为 7～8℃，最适温度为 22～25℃，高于 38℃ 时发芽不良。䅟草具有较好的抗旱性和耐涝性，抗逆性强与其发达的根系有关，除了根状茎横向伸长外，还会产生大量的分蘖节，每节都能长出若干不定根，大量的根状茎和不定根组成了一个吸收水分、养分和透气的根层，遇旱涝均能正常生长。春季成熟植株的耐涝天数为 49d 以上。不适于盐性土壤，但耐 pH 范围在 4.9～8.4 之间，我国东北不同盐碱湿地上分布有野生䅟草。

【栽培管理】　䅟草适应性强，对土壤选择不严格。栽培时要求清除土壤中杂草，施足基肥，翻耕后，耙平即可。䅟草可用种子直播，选择在春季或秋季进行。长江以南地区 3 月中下旬以前播种，北方可推迟到 4 月中旬以前，南方秋播宜于 10 月中旬之前。用种子直播，可开沟条播，播深为 3 cm，行距 30 cm，播后覆土 1 cm。每亩播种量为 1～1.5 kg。也可通过切割根状茎等无性繁殖手段来进行栽培，繁殖成活率更高，管理容易，根茎以 50 cm 的株行距(行间各穴错开)，栽后需灌透水即可成活。不同纬度的䅟草，物候期差别较大。在我国温带地区，䅟草返青早，一般于 3 月中下旬返青，7 月中下旬种子成熟，生育期约 113～124d；而在南方的亚热带地区，一般播种当年不能开花结实，只有在第二年才能完成其生活周期。如果春播，其生育期可达 337d，如秋播，其生育期可达 285d。䅟草繁殖能力强，种植第二年可形成强大的株丛，第三年即覆盖地面，使其他杂草难以侵入。一般无病虫害，因此，田间管理简单、省工。但每次刈割修剪后，要及时施速效

图 6-41　群植䅟草

氮肥并灌水，以促进茎叶再生。

【观赏部位及利用价值】　虉草叶片线形，白色花序在春末形成后，在茎叶顶部形成紧凑尖峰，然后在夏季开始分枝，经历春末至夏，给人一种紧凑而松弛的感受。可盆栽，可群植(图6-41)，亦可单独植于花园中心地带。虉草具有较强的抗逆性，是良好的水土保持植物；其茎秆可编织用具或造纸，幼嫩茎叶也是优良饲草。

6.10.2　花叶虉草(丝带草、银边草)(*Phalaris arundinacea* Linn. var. *picta* Linn)

图 6-42　花叶虉草

【形态特征】　植株蔓生性，高 60 ~ 90 cm。本品种与原种不同之处在于带状叶片的边缘有乳黄色或白色纵向条纹，也常有与绿色条纹相间排列者，像白绿相间的丝带，故别名丝带草、玉带草(图6-42)。

【生态学特性】　与虉草不同，花叶虉草是一种具有较强耐阴性的 C_3 植物，可以配置在林下或建筑物的两侧。尽管具有较好的抗旱性，花叶虉草更加喜水湿，能用作水生植物。

【栽培管理】　花叶虉草的栽培方法基本与虉草相同。种植初年长势较好，观赏价值较高，但因花叶虉草属于根茎型繁殖，繁殖速度快，随着年份的推进，长势减弱，易形成种内竞争，导致长势变差、观赏价值急剧降低，也易成为侵占草种，园林应用中可采取适当措施，如适时间苗、种植边缘设置砖瓦隔离带等，防止种内竞争和侵占其他草种。

【观赏部位及利用价值】　花叶虉草在夏秋两季一直维持较高的观赏价值，繁殖速度快、侵占性强，适合做绿篱。在较暖和地区，花叶虉草冬季短暂休眠。花叶虉草还具有恢复污染土壤的潜力，可以用作生物修复；还可用作生物质燃料。

6.10.3　带状虉草(*Phalaris arirndinacea* 'Dwarf Garters')

【形态特征】　蔓生性，高 30 cm，直立，叶绿色，有大片白色垂直条纹；在春季茎叶经常被染以粉色。

【生态学特性】　可以适应全日照或部分荫蔽的环境，对水分、养分的适应性较强，更喜欢终年湿润的肥沃土壤。

【观赏部位及利用价值】　可用作地被植物，种在容器中或群植，也可种在池塘边缘。种子可用作鸟的饲料。

6.11　蒲苇属(*Cortaderia*)

蒲苇属植物为多年生高大草本植物，雌雄异株。秆直立，高大，丛生。约有 24 种，原产于南美洲、巴西，属于暖季型观赏草，我国上海、南京、杭州等地成功引种栽培种植。

6.11.1　蒲苇[*Cortaderia selloana*（Schult. & Schult. f.）Asch. & Graebn.]

【形态特征】　高大丛生多年生草本植物。秆高大粗壮，紧密丛生，高 2～3 m，冠幅2 m 左右。叶绿色或灰绿色，质硬，狭窄，簇生于秆基，长达 1～3 m，边缘尖锐具齿。圆锥花序大型稠密，长 50～100 cm，银白色至粉红色。雌雄异株，雌花序较宽大，雄花序较狭窄，小穗含 2～3 小花，雌小穗具丝状柔毛，雄小穗无毛(图 6-43)。

(a)　　　　　　　　　　　　　　　　(b)

图 6-43　蒲　苇

【生态学特性】　夏末或早秋开花，花期一直持续到冬季。适应性广，耐盐抗旱，喜欢阳光充足、排水良好的土壤，偶尔一次浇水可延长其抗旱时间。在全日照、开阔地块的湿润肥沃土壤上生长茂盛。在温暖气候条件，种子易自繁，入侵周围环境。

【栽培管理】　繁殖方式以分株为主，也可播种育苗。分株在春季或初夏进行，秋季分株则易死亡。播种育苗，易产生变异植株、降低观赏价值。适应性广，对土壤要求不严。易栽培，管理粗放，建植后几乎不需要管护措施、维护成本低。必要时可用耙除去褐色枯叶，但经常性的剪切草丛会致使整株破坏甚至死亡。

【观赏部位及利用价值】　蒲苇花序硕大，柔软飘逸，突显于茎秆上，在园林景观中是易吸引视线的观花观赏草之一。目前已培育出很多品种应用于园林景观配置。蒲苇适宜条植或丛植，应用在面积较大的景观中。在地块开阔的园林绿地中作点缀或背景；在庭院中可应用于花坛、花境；或在墙边、门口两侧孤赏或作背景；也可在滨水景观中应用，不宜在小型花园中应用。蒲苇花序还可用于干花制作。

6.11.2　矮蒲苇[*Cortaderia selloana*（Schult. & Schult. f.）Asch. & Graebn. 'Pumila'）]

【形态特征】　大型常绿多年生草本，植株高大，株高120 cm，花期可达180 cm，但较蒲苇低矮。株形圆整，叶簇生于茎基部，长而狭，边有细齿。圆锥花序大，雌花穗银白色，具光泽，小穗轴节处密生绢丝状毛，小穗由2～3朵花组成（图6-44）。雄穗为宽塔形，疏弱。花期9～10月。

(a)　　　　　　　　　　　　　　　　(b)

图6-44　矮蒲苇

【生态学特性】　适应性广，非常耐干旱，但在干燥天气，偶尔浇水会生长更好。喜充足的光照，耐寒性强，喜湿润而排水良好的土壤。耐水湿，耐盐碱，是理想的海滨植物。

【栽培管理】　分株繁殖为主，易栽培，管理粗放，建植后几乎不需要管护措施，维护成本低。虽然如此，但由于矮蒲苇庞大的株体，会产生大量的枯枝败叶，有人建议每年将它们直接从茎端处剪掉，但这是一项极其痛苦而巨大的工程量，而且也不是所有的植株都能进行这样的工作，最好的做法就是用耙自由梳理出一些枯死的枝叶。

【观赏部位及利用价值】　矮蒲苇株丛形态高大、花序硕大优美，是非常理想的孤植或景观配置观赏草。矮蒲苇是蒲苇的矮化园艺品种，株高与人相仿，或更矮小，用于庭院栽培壮观而雅致；植于湿地水岸边，秋赏其银白色羽状穗的圆锥花序；配置于花境、观赏草专类园，具有优良的生态适应性和观赏价值，亦可布置于岩石园、组合容器摆花进行孤植或丛植。花序也可用于制作干花。

6.11.3　玫红蒲苇[*Cortaderia selloana*（Schult. & Schult. f.）Asch. & Graebn. 'Rosea'）]

【形态特征】　多年生大型草本。茎直立、密丛株型。株丛高1～3 m，宽0.6～1.5 m。

（a）　　　　　　　　　　　　　　（b）

图 6-45　玫红蒲苇

圆锥花序，呈淡粉色，具有柔软的丝状羽毛（图 6-45）。夏末开花，花期 8～10 月。

【**生态学特性**】　适应性广，喜光，喜排水良好的土壤，抗旱性强，抗逆性好。

【**栽培管理**】　以分株繁殖为主，宜在晚春或初夏进行。定植后几乎不需要管护措施，植株生长发育过程中易修剪，管护成本低。

【**观赏部位及利用价值**】　主要观赏其高大、优美的株丛形态以及漂亮的花序。在庭院角落或岩石处作背景或做焦点植物，是庭院及广域景观中优雅美丽的观赏草类。

6.11.4　银色蒲苇[*Cortaderia selloana*（Schult. & Schult. f.）Asch. & Graebn. 'Silver Comet']

【**形态特征**】　别名花叶蒲苇，多年生高大草本。株高 1～1.2 m，有节点分割成独立的节间。叶片狭长，从节点伸出，常绿，叶色斑驳，叶脉平行，叶边缘镶银白色条纹，叶缘通常光滑。花序出现在中心茎秆上，为总状花序或圆锥花序，由柔软如羽毛的白花组成高约 1.5 m（图 6-46），花期 8～10 月。

【**生态学特性**】　喜中性偏酸、pH 范围为 5.5～6.5 的砂壤土至黏壤土；水分要求不高，干燥或湿润均可。喜肥沃土壤，施肥可使植株郁郁葱葱；喜温暖，也可耐 -10℃ 左右的低温。抗逆性好；抗旱性强，其根部形成纤维管，利于抵御长期干旱；可以忍受鹿采食和植物缠绕；在斜坡、污染的环境中可正常生长。

图 6-46　银色蒲苇

【栽培管理】　可种子繁殖，易定植；植株具匍匐茎或根茎，易扩展。

【观赏部位及利用价值】　银色蒲苇草丛形状边缘清晰、绿叶白带、具有柔软如羽毛的白花。花色艳丽，随风飘动，是叶、花共赏的蒲苇优良品种。银色蒲苇是理想的孤赏观赏草，亦可配置于花境、观赏草专类园等园林景观中，是广域园林绿化景观中的独到风景。

6.12　燕麦草属(*Arrhenatherum*)

多年生草本，植株粗壮、高大，具扁平叶片。本属约有 6 种，分布于欧洲和地中海区域。

块茎燕麦(*Arrhenatherum elatius* var. *tuberosum* 'Variegatum')

英文名：Variegated Bulbous Oat Grass；别名：丽蚌草、条纹燕麦草、银边草、玉带草。

【形态特征】　多年生宿根草本，株高约 20~40 cm，散丛状。叶线形，叶面有白色纵纹，叶缘白色(图6-47)。地下茎白色念珠状；地上茎簇生、光滑。叶丛生，细长扁平，线状披针形，长30 cm，宽约 1 cm，上有纵向黄白色条纹。圆锥花序具长梗，约 50 cm，有分枝；小穗含 2 小花，上面花两性或雌性，下部花常为雄花。花期 6~7 月。

【生态学特性】　喜冷凉、湿润气候，喜阳光充足，稍耐阴。忌暑热，在炎热湿润地区夏季处于休眠或半休眠状

图6-47　块茎燕麦

态。耐寒也耐旱，对土壤要求不严，以肥沃、湿润但排水良好的砂质壤土或腐殖质土最佳。

【栽培管理】　分株繁殖为主，生长季都可进行，但以 3 月和 9 月休眠后刚萌发为佳。亦可用扦插法扩繁，春至秋季均能育苗，成活率较高。开花前修剪灌水以促进其秋季生长。夏季休眠期，需清理掉黄叶，适当控水，中午进行喷灌降温。秋凉后，追肥 1~2 次，又可旺盛生长。冬季放避风处就可越冬。若室内保持5℃以上，则叶可不落。盆栽 3 年后，株丛过大，要进行分株，否则叶易枯黄。

【观赏部位及利用价值】　叶片绿白相间，整洁、素雅，成片栽植呈白绿色调，可与地被菊、常夏石竹、细叶麦冬、铺地柏、铺地枸子等配置组成花境。作为花坛、花境等景观的镶边或组合材料，或丛植于小路边、石块间及坡地树下。叶丛生，线状披针形，具银白色的边缘，地下茎为白色念珠状，奇特可爱，也可作小型盆栽观赏，用于广场、阳台摆放。具良好的耐阴性，在荫蔽生境下配置表现依然出众，耐旱、耐寒、低矮、分生性强，也是一种良好的屋顶绿化材料。

6.13　异燕麦属（*Helictotrichon*）

多年生草本，本属约有 80 余种，遍布于温带，主产于欧亚大陆及热带非洲与南非洲，北美洲有少数几种分布。我国有 14 种 2 变种，产东北、甘肃、青海、西藏和云南等地。

欧洲异燕麦（蓝燕麦）［*Helictotrichon sempervirens*（**Villars**）**Pilger**］

英文名：Blue oat grass；别名：蓝燕麦草，常青异燕麦。

在园林设计和景观美化中用于装饰草坪。原产于欧洲中部和西南部，最早发现于石灰性土壤草地中。

【**形态特征**】　多年生草本植物，直立密丛生，基部生长于叶鞘中，茎秆长 40～100 cm。叶片扁平或卷曲，长 15～60 cm，宽 0.9～4 mm，质硬，蓝灰色，无渗出液或粉霜层，叶片下叶脉具有连续、规则的皮下厚壁组织。叶片表面具棱微糙。圆锥花序生于花茎顶端，由 30～55 个小穗组成，线性或椭圆形，长 8～20 cm。小穗由 2～3 小花组成，椭圆形，长 10～14 mm（图 6-48）。

【**生态学特性**】　主要分布在地中海西部地区，是易于种植的观赏草种。适应炎热、干旱地区，喜光照充足。在疏松肥沃、排水良好的土壤中生长旺盛，当土壤黏重、有积水时长势弱。温度适应范围较广，冬季最低气温为 - 34.4～4.4℃的地区均适宜种植。但在不同地区表现有些差异，在温暖地区如地中海沿岸四季常绿，但在冷凉地区为半常绿植物。

图 6-48　欧洲异燕麦

【**栽培管理**】　在疏松肥沃、排水条件好的土壤中生长旺盛，土壤黏重、积水条件下长势弱。易感染锈病，特别是在夏末高温高湿条件下，严重时，地上部分叶片萎蔫、枯黄，应及时加以控制。夏季干旱胁迫下会出现半休眠状态。扩繁主要采用种苗繁殖和分株繁殖两种方式，种苗繁殖可采取种子育苗方式。

【**观赏部位及利用价值**】　因叶片鲜艳的蓝色而备受园艺者青睐，是著名的蓝色观赏草之一，是前庭花园很好的伴生植物；也可用作点缀，与色彩鲜艳的玫瑰等组合配置于花坛或边缘，具有良好的配色效果。此外，盆栽种植时，冷静的蓝色也会令人耳目一新。

6.14　香根草属（*Vetiveria*）

香根草［*Vetiveria zizanioides*（**L.**）**Nash**］

香根草，又名岩兰草，是禾本科多年丛生草本植物。原产印度等国，现主要分布于东南亚、印度和非洲等(亚)热带地区,中国也有天然香根草分布。我国江苏、浙江、福建、台湾、广东、广西、海南及四川均有引种。香根草具有适应能力强、生长繁殖快、根系发达、耐旱耐贫瘠等特性,有"世界上具有最长根系的草本植物""神奇牧草"之称;被世界上100多个国家和地区列为理想的水土保持植物,应用广泛。

【形态特征】　香根草属于多年生粗壮草本,须根含挥发性浓郁的香气。秆丛生,高 1 ~ 2.5 m,直径约 5 mm,中空。叶片线形,直伸,扁平,下部对折,与叶鞘相连而无明显的界限,长 30 ~ 70 cm,宽 5 ~ 10 mm,无毛,边缘粗糙,顶生叶片较小(图 6-49)。圆锥花序大型顶生,长 20 ~ 30 cm(图 6-50)。花果期 8 ~ 10 月。

图 6-49　香根草植株　　　　　　　　　　图 6-50　香根草的花序

【生态学特性】　香根草属于暖季型草,喜生于水湿溪流旁和疏松黏壤土上。生态适应性、抗逆性强,对土壤要求不严,在红壤黏土、完全砂土、缺乏黏粒的砂土条件下均可生长,在强酸(pH =3)、强碱(pH =11)、盐碱土、有机质贫瘠及在强烈侵蚀的土壤中均能生长。耐热、耐寒、可耐 55 ℃的高温,也可抗 -15.9 ℃的低温(地上部枯死,地下部存活),日均气温超过 8 ℃,香根草就开始萌发生长,随着气温的升高,生长逐渐加快,以日均温在 20 ~ 30 ℃范围内生长最快。香根草具有抵抗长期干旱或渍水的能力,在潮湿土壤生长最好,也耐旱,连续干旱几个月的情况下仍能生长,年降水量在 200 ~ 6 000 mm 的地区均适合生长。

【栽培管理】　目前我国已经发现的香根草生态型有 2 个,一个是在广东湛江自然分布的野生种;另一个是 20 世纪 50 年代从印度和印度尼西亚等国引种过来的。目前国内栽植的香根草大多是国外引种过来的。香根草不能结实,只能靠无性繁殖方式育苗。

①栽培时间　3 月中旬至 4 月中旬为香根草的最佳栽植季节,太早栽植时,倒春寒会影响香根草的成活率和分蘖能力;太晚会错过香根草的速生、分蘖旺盛期(5 月),因为香根草移栽后有 15 ~ 20 d 的缓苗期。

②整地　种植前先清理地面的杂草和石块等杂物,沙滩种植一般不垦地;在其他地方种植时,应开垦 15 ~ 20 cm 深以改变土壤结构,增强透水性,提高蓄水保墒和抗旱能力,有利于香根草根系生长。根据立地种植时沿等高线带状挖穴,栽植密度以株距 30 ~ 40 cm、行距 40 ~ 60 cm 为宜,穴挖成"V"状,穴深 10 ~ 15 cm。

③种植　香根草在种植前要进行分株。在保证成活率和分蘖数的情况下，每窝分为 2 ~ 3 蘖为最经济，留根不少于 5 条。地上部分和根部都需"剪截"，将草苗修剪至根长 5 ~ 10 cm，茎叶长 20 ~ 30 cm，分苗时 2 ~ 3 株一起掰下，种于穴中，然后填土压实，让根与土壤紧密结合，以利于成活。

④管理　香根草耐粗放管理，只要掌握好种植时间和适当加以管理，便可以 100% 成活。一般情况下可以不进行人工浇水，但在初次移栽后必须及时浇定根水，有利于提高栽植成活率、缩短缓苗期；下一场中雨即可保证成活，如果没有雨，土壤比较干旱，需人工灌溉 1 ~ 2 次。香根草移栽初期生长缓慢，3、4 月气温回升、雨水充足导致杂草生长迅速，因此，移栽初期进行除草是十分重要的管理措施。在香根草进入速生期后，仍然需要定期除草，一般 1 年 3 ~ 4 次，在 4、5、7、10 月进行。施用 N、P、K 及复合肥对香根草各生长指标均有促进作用，香根草分蘖与生长高峰都在 8 ~ 9 月，此时应追施肥料。

【观赏部位及利用价值】　香根草植株高大，叶片细长，春夏呈亮绿色，形态优美，根系发达，是全世界公认的最理想的水土保持植物，常用于高速公路及河岸边坡绿化。香根草含氮、磷养分高，兼有陆生和水生特点，对富营养化水体中的氮、磷、COD、BOD 等具有明显的去除效果，能显著改善富营养化水体的水质，因此，可将香根草种植于河岸、湖边，或湿地(图 6-51)，一方面用于水景景观的营造；另一方面也可净化水体。

图 6-51　香根草河岸景观

6.15　大明竹属(*Pleioblastus*)

菲黄竹(*Pleioblastus viridistriatus*)

菲黄竹，混生竹的一种，原产于日本，属地被竹。分布广泛，在各大园林中都有运用。嫩叶纯黄色，具绿色条纹，老后叶片变为绿色。园林绿化彩叶地被、色块或做山石盆景栽观赏。

【形态特征】　多年生，具根茎，须根细长。秆直立或斜生，高 30 ~ 50 cm，直径 2 ~ 3 mm。叶颜色随年龄的增加而加深，嫩叶纯黄色，具绿色条纹，老后叶片变为绿色(图 6-52)。

【生态学特性】 偏好森林中的潮湿地和中度阳光的环境。抗寒，经受霜冻损伤茎秆后，能在春季再生。阳性，喜湿热，耐旱能力不强。

【栽培管理】 不常开花，常采用扦插进行无性繁殖。在扦插后直到生出根前，要适当浇水，保持土壤湿润。待其生根，有新叶长出时，可定期进行浇水。

【观赏部位及利用价值】 菲黄竹是园林观赏植物中常用的铺地竹类，其新叶纯黄色，非常醒目，在园林中常给人眼前一亮的视觉享

图6-52 菲黄竹

受。随着年龄的增加，嫩叶逐渐变绿，让人感到大自然的变幻无穷。秆矮小，用于地表绿化或盆栽观赏。片植，构成竹篱，可收到一片竹海，随风荡漾，波浪起伏的视觉享受。与中高竹类搭配构成竹径，创造竹径通幽的竹林景观，产生深邃雅静"竹径通幽处，人在画中行"的意境。孤植常与园林建筑及园林小品搭配，与假山配合造景，低矮的观赏菲黄竹，茎叶密集，色彩富有变化，覆盖力及适应能力强，既使景观富有层次变化，又增加了自然野趣。在建筑墙边、角隅或门旁，散置数秆菲黄竹，不仅对建筑构图中的某些缺陷起到遮蔽作用，还可丰富庭院色彩创造幽深环境，别具诗情画意。

6.16 芦竹属（*Arundo*）

多年生、粗壮草本，株高1~3 m，高者可达6 m。本属约有12种，分布于热带和温带地区。我国常见有芦竹（*A. donax* L.）及台湾芦竹（*A. formosana* Hack.）2种，秆可为篱笆、箫管、萧簧、编织、造纸、建屋和钓竿等用。

图6-53 芦 竹

6.16.1 芦竹（*Arundo donax*）

英文名：Giant reed；别名：荻芦竹、江苇、旱地芦苇。

多年生草本植物，茎干直立挺拔，叶片宽大鲜绿，形似芦苇。芦竹在我国分布甚广，北起辽宁，南至广西，生产最多的是江苏、浙江。芦竹的适应能力很强，也易于繁殖，三年生芦竹根约35 kg/m²，既耐旱又耐涝，既耐热又耐寒，无论是沼泽地、河滩地、河岸、沙荒或旷野地上都能生长，在贫瘠的土地也能生长，不用施肥防病虫害，而且生长在污水地带还可以净化污水。原分布于热带亚热带地区，早为欧洲人用于造纸，英国采用较多，日本也曾用于制造人造丝。

【形态特征】 多年生草本，具根茎，须根粗壮。

秆直立，高 2 ~ 6 m，径 1 ~ 1.5 cm，常具分枝。叶片扁平，长 30 ~ 60 cm，宽 2 ~ 5 cm，嫩时表面及边缘微粗糙(图 6-53)。圆锥花序，较紧密，长 30 ~ 60 cm，分枝稠密，斜向上升，小穗含 2 ~ 4 花。花期 10 ~ 12 月。

【生态学特性】　主要生长在温带和亚热带地区，阳性，喜湿热，耐寒性不强。在多数情况下，能忍受碱性土壤和海滨地，通常淡水中植株高度达最大，生长最有活力。芦竹生长对土质要求不严格，以黏土、壤土为最好。

【栽培管理】　靠地下茎或地上茎两种方法来繁殖，为保证成活率，当前多采用地下茎繁殖，一般在春季进行。在温暖气候条件下可产生有繁殖力的种子，但在冬季温度降低到零下则不生产可育种子。地下茎繁殖选 1 年以上健壮芦竹根，无病虫、无霉变、无伤害，每墩重 0.5 ~ 1 kg，有生长芽 3 ~ 5 个，于 3 月上旬待芦竹根芽萌发前成带状种植；行距 1.5 m，墩距 0.8 m，每隔 15m 留 5 m 的交通管理带，开沟或挖穴深 15 ~ 20 cm，栽后覆土 5 ~ 10 cm，踏实，浇足水，盐碱较重地块，先浇水压碱。每亩种植 555 墩。黏土地以先造墒，后耕翻种植为好，以防地表干裂。出苗后加强管理，做好中耕、除草工作。破除土表板结，防止土壤返盐；在肥水管理中，一般追肥 2 次，于 5 月上旬一次，7 月上旬芦竹生长旺盛期一次，亩施尿素 10 ~ 15 kg，追肥后浇水，进入雨季要排除积水，注意防治病虫害。

芦竹地下根茎生长速度快，扩散能力强，容易产生环境风险，特别是在温暖潮湿地区。应注意隔离，避免其逃逸。

【观赏部位及利用价值】　芦竹花序干枯后不散落，形成银灰色渐尖"枪头"，颇为美丽。在温暖气候条件下为四季常绿植物，为公园保持一抹绿意，与其他乔冠木形成鲜明的对比。芦竹适宜成片种植做观赏背景，也可单独种植。特别适宜开阔的滨水或湿地环境，形成壮观的观赏效果(图 6-54)。

图 6-54　芦竹景观

6.16.2　斑叶芦竹(花叶芦竹、彩叶芦竹) (*Arundo donax* var. ' *Variegatum* ')

【形态特征】　多年生宿根草本植物，根部粗而多结，秆高 1 ~ 3 m，茎部粗壮近木质化，有节间，似竹，中空。叶互生，排成两列，弯垂，具白色条纹。叶宽 1 ~ 3.5 cm。圆锥花序长 10 ~ 40 cm，小穗通常含 4 ~ 7 个小花。花序形似毛帚，花小，两性(图 6-55)。

【生态学特性】　适应范围广，年平均降水量 300 ~ 4 000 mm 的地区都能生存，主要分布在温带和亚热带。在热带地区生长不良，而寒带或温带结冰的地区不能生长，需作保护以越冬。喜温、喜光、耐湿，生长在贫瘠、盐碱土壤，对肥料反应敏感。可适应各种土壤类型，砂土、壤土都行，但更喜欢生长在河岸、小溪边排水良好的土壤上。

【栽培管理】　可用播种、分株、扦插方法繁殖，一般用分株方法。早春用铁锹沿植物四周切成有 4 ~ 5 个芽一丛，然后移植。扦插可在春天将花叶芦竹茎秆剪成 20 ~ 30 cm 一节，

(a)   (b)

图 6-55　斑叶芦竹

每个插穗都要有间节，插入湿润的泥土中，30d 左右间节处会萌发白色嫩根，然后定植。栽培土质以富含有机质之砂质壤土为佳，栽植于池沼或湖边生长最盛。管理非常粗放，可露地种植或盆栽观赏，生长期注意拔除杂草和保持湿度。无需特殊养护。

　　【观赏部位及利用价值】　茎干高大挺拔，形状似竹。叶色随季节而变化，叶条纹也稍有变化，早春叶色黄白条纹相间，后增加绿色条纹，盛夏新生叶则全为绿色，是园林中优良的水景背景材料，用于河道绿化、河水水质净化、水面绿化、水上浮岛、河岸护坡、人工湿地、湿地水处理、小区绿化、湿地植被修复等绿化景观、水处理工程，点缀于桥、亭、榭四周。盆栽可用于布置庭院，花序可用作切花。另外，斑叶芦竹还有净化污水的效用。

6.17　洽草属(*Koeleria*)

　　洽草属由约 30 多个一年生、多年生种组成，原生于美洲和欧亚大陆北部温带地区。其中，仅有 2 个种用于观赏草，即蓝绿洽草和大花洽草，二者之间极其相似，仅植株颜色存在差异；有时也把二者归为同一物种。二者均为冷季型草，通常 6 月开花，在炎热潮湿地方花后部分或完全休眠，在凉爽地带能保持整个美观秋季色调。为多年生植物，直立生长，叶片纤细，丛生，叶片顶部着生窄小直立穗状圆锥花序。花序淡绿色，透明，干后呈现令人愉悦的浅黄色。比大多数禾本科开花早，能和多种开花多年生草搭配以丰富景观。在炎热地区，于边沿栽种其他植物遮掩其休眠枯黄。在全光照、湿润或中度干燥土壤上生长良好，可用种子繁殖或分株繁殖。根据种子的来源不同，其抗寒性存在较大差异。

6.17.1　蓝洽草，蓝绿洽草(*Koeleria glauca*；*Koeleria macrantha* var. *glauca*)

　　原生于欧洲和亚洲北部温带，特别是砂质土壤地区。在我国分布于内蒙古、宁夏、青海、西藏等 20 多个省份，多生长于荒地、路旁、山坡草丛以及天然草地，尤以过度放牧的盐碱化草地为多，在砂壤中生长尤其茂盛。

【形态特征】　多年生冷季型草本植物，植株密集丛生，株高 25~30 cm，叶片狭窄，直立向上，成圆丛型，叶色深蓝绿色，基生，长 15~20 cm，宽 0.3~0.9 cm。穗状花序密集丛生在花葶顶部，花序直立生长，6 月开花，幼嫩花序蓝绿色，成熟后呈金褐色(图 6-56)。

【生态学特性】　喜光照充足、排水良好、贫瘠或弱碱性土壤的环境，不耐黏重、潮湿土壤和荫蔽环境。喜欢全光照，或至少 5~6h 午后光照。耐旱、耐寒，对土壤要求不严，喜微碱性、肥力不太高的土壤。喜欢贫瘠土壤，在肥沃土壤时生长不良。在干热环境中，轻度遮阴和充足水分供应下生长最好。为冷季型草，主要生长在春秋两季。春季返青早，当气温超过 24℃时生长最快，绿期长。夏季干热时停止生长，但依然保持其美观色彩。在潮湿、肥沃土壤中，蓝洽草只能短时表现良好，一两年后就需要替换更新。在炎热环境中生长不良。

图 6-56　蓝绿洽草

【栽培管理】　分株繁殖，春季分株效果好。种子(1 600 粒/g)繁殖，发芽率低，萌芽需光。早春育苗，当年可达到观赏效果，每穴播种 3~5 粒种子，可直接播于盆中，播种后覆盖一层薄薄的蛭石以保持土壤湿润。温度为 21℃时，7~14 d 可出芽。

栽培管理中防止过度浇水，尤其在冬季。避免在晚春进行植株修剪，以免花蕾败育。保持种植园区整洁，以防病菌繁殖。冬末，草丛变得松散，剪去地上 2/3 高度枯枝。最好仅利用 1~2 年，在炎热地区为短命多年生植物，后期逐步衰退。

【观赏部位及利用价值】　蓝洽草为多年生丛生型草，高可达 25~30 cm，成熟时可达 50 cm。叶片蓝绿色，纤细，常绿，花序形似小麦，顶生，无论鲜活或枯黄，花序均极为美观。可用作地被，不需修剪，养护管理成本低。或在草地上做点缀植物，丰富绿地的色彩；也可盆栽，冬季室内摆设。由于色泽亮丽，外形美观，可作为植物配置的前景植物，以界定边界和用于景观过渡，是理想的边界植物；也适用于岩石园或混合盆栽，营造动感和趣味。可用于岩石和沙地花园，屋顶绿化，群植效果佳；用于苗床、人行道和天井中庭效果也极好。

6.17.2　大花洽草，阿尔泰洽草[*Koeleria macrantha* (Ledebour) Schultes]

原生种分布于近极地到北温带地区，主要在美国西部、中部和北部的高草草原和开阔的草甸，以及欧洲和亚洲温带地区，生于从海平面到 3 900 m 高度的山坡、草原、路边上。在我国安徽、福建、河北、黑龙江、河南、内蒙古、宁夏、陕西、山东、四川、新疆、西藏、浙江等地区均有分布。阿富汗、印度东北部、喀什米尔、哈萨克斯坦、日本、蒙古、尼泊尔、巴基斯坦、俄罗斯、塔吉克斯坦、土库曼斯坦、乌兹别克斯坦、北美、西南亚及欧洲均有分布，也被引入澳洲和其他地方。

【形态特征】　丛生型冷季型草，形态多变，分布极广，常见于各地贫瘠土壤或石质土壤的开阔大草原中，和其他多年生禾草构成复合群落。多年生，密集簇生；基部老叶鞘纸质，宿存。茎粗而直立，高5~60 cm，具柔毛，尤以近花序处为多。叶鞘光滑或有毛，叶片绿色，略带灰色，通常内卷，有时平展，长可达30 cm，宽1~2 mm。圆锥花序椭圆形，长1.5~13 cm，下部通常中断开裂，银绿色或浅紫色，花轴和分株柔毛状，小穗3~7 mm，小花2~3朵(图6-57)。花果期5~9月。

【生态学特性】　喜光照充分、排水良好的沙质或砾质土壤。在全光照或轻度荫蔽下生长最好。适应土壤类型较广，从沙质到黏重土壤均能生长，但喜中性或略碱性、干旱、贫瘠土壤，不喜黏重、潮湿或湿润、肥沃土壤，也不耐荫蔽环境。在排水良好情况下，耐轻度荫蔽和湿润。耐一定程度的干旱，分布于海拔3 000 m以上地区。

【栽培管理】　可种子繁殖，建植较为容易。也可春季利用分株方式繁殖。病虫害较少。

【观赏部位及利用价值】　植株蓝绿色，叶片中

图6-57　大花洽草

等绿色到浓绿色，半常绿株丛的色彩在秋季非常美丽；花序高于植株30~45 cm，亮绿色，枯干后呈金褐色，6月开花，7月花色艳丽，既可观赏植株、花序，还可作为切花装饰。由于景观诱人，可种植于苗床或与其他多年生混种作为前景置于显著位置。可在炎热、夏季干旱气候环境用于地被或坡地植被，在开阔草甸或高大树木下作为底层植被较为适宜。

6.18　甘蔗属(*Saccharum*)

6.18.1　烟袋甘蔗(*Saccharum officinarum* 'Peles Smoke')

图6-58　烟袋甘蔗

甘蔗原产于热带、亚热带地区，是一种高光效的植物。栽种后不久即生根，长出许多嫩芽，形成丛状。我国台湾、福建、广东、海南、广西、四川、云南等南方热带地区广泛种植，是全世界热带糖料生产国的主要经济作物，尤其在东南亚太平洋诸岛国、大洋洲岛屿和古巴等地。

【形态特征】　多年生高大实心草本，根状茎粗壮发达，秆高3~6 m。直径2~5 cm，具20~40节，下部节间较短而粗大，被白粉。叶鞘长于其节间；叶片长达1 m，宽4~6 cm，无毛，中脉粗壮，白色，边缘具锯齿状粗糙。圆锥花序大型，长50 cm左右；总状花序多数轮生，稠密；小穗线状长圆形，长3.5~4 mm(图6-58)。

【栽培管理】　甘蔗种植不由种子开始，一般都直

接种植蔗苗。蔗苗来源很多，最主要是蔗茎。甘蔗育种需要有性杂交，而繁殖则是无性繁殖。

【观赏部位及利用价值】　可孤植于地被植物中，叶色深色，与周围景致形成对比。也可群植，作为背景。

6.18.2　火烈鸟甘蔗(*Saccharum cookianum* 'Flamingo')

火烈鸟甘蔗是 *Saccharum cookianum* 的一个栽培变种，主要形态特征是茎干红色，作为观赏草主要是观赏其茎干，是盆栽型观赏草。

【形态特征】　多年生草本，杆高大粗壮，实心，茎干为红色。有广阔、多分枝、被丝毛的圆锥花序；小穗小，有 1 小花，无芒，成对，一无柄，一有柄，孪生于易逐节断落的穗轴各节，均两性或上部的稀为雌性，下承托以长柔毛；花柱长而羽毛状；果离生。

【生态学、生物学特性】　阳性，喜温暖、湿润环境。从播种到收获，可分为发芽期、成苗期、分蘖期、伸长期和工艺成熟期。各时期都有不同的内在生理生化过程和对外界条件的不同要求。对土壤的适应性比较广，以黏壤土、黄壤土、砂壤土较好。不喜盐碱较高的土质，当土壤含盐碱 0.15% ~ 0.3% 时，生长受抑制，更高就难以生长。土壤 pH 4.5 ~ 8.0 范围内都能生长，以 pH6.1 ~ 7.7 的中性土壤为最佳。根系对养分的吸收以氮、磷、钾为最多，钙、镁、硅次之。微量元素需求量很少，但不可缺。火烈鸟甘蔗植株高大，叶面积大，生长期长，需水量大，根系发达，可吸收深层水分，所以特别抗旱。13℃ 以上就可发芽，30 ~ 32℃ 为萌发最适宜温度，超过 40℃ 对萌发不利。

【栽培管理】　①播种选择种茎肥大、蔗芽饱满，无病虫危害，不抽侧芽的梢头苗。一般选 30 ~ 60 cm 长的梢部作种，通过用 2% ~ 3% 石灰水浸种 24h 或者 1 000 倍多菌灵、托布津等溶液浸种 10min，起到杀菌消毒和防治地下害虫的作用，用种量每亩约 500 ~ 600 kg，下种后，覆土 10 cm，可用薄膜覆盖保温，有利于种芽的萌发。

②耕地起畦开行，对于地势低洼、地下水位高、排水不畅的地块，应开控水沟起畦，畦高 16 cm 左右。深耕有利于火烈鸟甘蔗根系发育和疏松土层，在深耕整地的基础上，按种植行距规格开挖种植沟，一般沟底宽 13 ~ 15 cm，沟面宽 33 ~ 40 cm，要求沟底土壤松细，有利于蔗株发根和生长。

③施用基肥，农家肥 20 ~ 30 kg/亩，配施磷肥和速效氮肥，施在种植沟内，有利于培育壮苗。火烈鸟甘蔗各时期的需肥特点是：早期少，中期最多，晚期较多。火烈鸟甘蔗苗期分蘖期吸收的氮肥约占一生需肥总量的 7% ~ 8%，磷肥为 3% ~ 4%，钾肥为 6%；生长盛期吸收氮元素为 50% ~ 60%，磷为 70% 以上，钾约占 80%；成熟期，氮约占 30%，磷 20%，钾约 15%。前期、中期吸收的磷、钾肥，可通过体内转移再利用，故大田生产上施肥应早，尤其是磷肥，其次是钾肥和氮肥。

④田间管理可分为 3 个阶段进行，即种苗萌发期、伸长期、伸长后期至成熟期。

a. 种苗萌发期管理　主要任务是保证全苗、齐苗和培土壮苗，促进早分蘖，抑制无效分蘖，为伸长期打好基础。主要措施是查苗补缺、幼苗施肥、中耕除草培土，并注意水分管理。

b. 伸长期管理　伸长期是决定火烈鸟甘蔗产量的关键时期，此时期的特点是根群发达、吸收水分和养分充足，叶面积迅速扩大，叶片蒸腾作用和光合作用很强，蔗株生长加快，蔗茎迅速伸长增粗。此时期是田间管理的关键时期，必须认真抓好肥水管理，重施攻茎肥，培土和灌溉，剥去最下部的老叶等。亩施碳铵 40～50 kg，磷肥 25 kg，氮肥 2～3 kg。

c. 伸长后期　伸长后期是蔗糖糖分积累加快时期，达到工艺成熟的时期，此时期田间管理主要内容有：补施壮尾肥、剥出老叶等。施肥以速效氮肥为主，亩施 2～3 kg，配施硫酸铵 5～7.5 kg。

⑤病虫害防治。火烈鸟甘蔗在整个生长发育过程中，除了受到气候和环境条件等因素影响外，还受到病虫害的严重威胁，因此，必须注意火烈鸟甘蔗病虫害的防治。常见虫害主要有蔗龟、蔗螟、蔗蚜、蚧壳虫，白蚁等。常见病害有黄斑病、梢腐病、褐条病等。针对火烈鸟甘蔗病虫害，通常采用以下防治措施：种苗消毒用 50% 多菌灵或甲基托布津各 1 000 倍液浸种 10min，或用石灰水浸泡 24h 消毒处理。加强管理，多施氮、磷、钾肥，促使火烈鸟甘蔗早生快发，增强抗逆性。对发病的植株，根据病、虫害发生情况，采用化学防治，对症下药。防治褐条病可用 50% 多菌灵可湿性粉剂 500 倍液喷雾 2～3 次，或用 0.5∶1∶100 的波尔多液每周喷 1 次；蔗蚜可用 40% 乐果 1 000 倍液或抗蚜威等药剂喷雾；蔗龟、白蚁等地下害虫防治可用 3% 呋喃丹颗粒，3～4kg/亩，施于蔗沟；也可用 90% 敌百虫 500g，50% 辛硫磷 500～750g 兑水 1 000～1 500L 淋蔗苗行间等。

【观赏部位及利用价值】　火烈鸟甘蔗有庞大的根系，其纤维状的根系在土壤中形成一个庞大的网络，将土壤牢牢固定住。其红色茎干拔地而起，尽显挺拔、健硕之美，引人注目。常群植，形成一排排明显的红色篱笆，成为其他景致的背景。

6.19　披碱草属(*Elymus*)

披碱草为多年生草本植物。主要分布于我国东北、华北、西北等地，已成为西北地区人工草地建植中重要的禾本科牧草。目前，在东北、内蒙古、河北、甘肃、宁夏、青海等地区广泛栽培。

短筒披碱草(*Elymus magellanicus*)

【形态特征】　多年丛生草本，具扁平或内卷叶片，顶生直立或下垂穗状花序。根系强大，茎直立，落叶丛生草，高约 15 cm。叶片长 5 cm，扁平，内卷，蓝色(图 6-59)。穗状花序直立，长 14～20 cm，小穗 2～3 个簇生，含 3～7 花。

图 6-59　短筒披碱草

【生态学特性】　抗性强，具有抗寒、耐旱、耐碱、耐瘠、抗风沙等特点。分蘖节入土深，在高海拔的青藏高原能安全越冬，适于高寒、干旱地区种植。易在湿润，排水良好的肥沃土壤生长，适宜酸性或中性土壤。

【栽培管理】　依靠散布在周围的种子繁殖。播前要耕翻土壤，深耕 18～22 cm，播时用硫酸铵作种肥，种子应进行断芒处理。春、夏、秋皆可播种，有灌溉条件或墒情好时可春播，否则在雨季抢墒播。分蘖前后除草一次，拔节期和刈割后要中耕松土，及时灌溉，追施速效氮肥。披碱草每年刈草 1~2 次。在 80% 植株种子成熟时收种，过迟则易脱落。病害主要是锈病和白粉病。

【观赏部位及利用价值】　短筒披碱草突出的特征为其蓝色的叶，有蓝绿色的花盛开在晚春或初夏，可用在边界掩护，岩石花园，或者结合多年生粉红色花的植物和矮松柏类的树做景观造型。也可用作调制干草，气味芳香，草色青绿，是优良的贮备饲草，必须在孕穗期至抽穗期刈割，开花后迅速粗老，利用率则降低，再生草作放牧利用。还可作青贮料和青饲料。

6.20　凌风草属（*Briza*）

约 20 种，多分布于南美洲，我国有 3 种，其中仅一种原产我国西藏、四川，另外两种为国外引种。凌风草属植物多为一年生或多年生、矮小草本。常见种有：大凌风草（*Briza maxima* L. ）、凌风草（*Briza media* L. ）、银鳞茅（*Briza minor* L. ）等。

6.20.1　大凌风草（*Briza maxima* L. ）

英文名：Big Quaking Grass；别名：大银铃草、大判草。

【形态特征】　一年生，秆直立，高约 20 cm。叶鞘平滑无毛，与叶片无鲜明界限；叶片扁平，质薄，边缘微粗糙，长 4~10 cm，宽约 5 mm。圆锥花序开展，长 7~10 cm，顶端常下垂，具少数小穗；分枝通常单一，顶端具 1~3 小穗；小穗柄细弱，光滑，俯垂；小穗褐红色，卵形，下垂，长约 12 mm，含 10~12 小花。花期 5~7 月。

【生态学特性】　大凌风草喜光、喜干燥，具有较好的抗旱性。

【栽培管理】　播种、分株繁殖或组织培养繁殖，能栽培在普通或者稍贫瘠、排水良好的土壤中。

【观赏部位及利用价值】　主要观赏部位为花序，采后长久不脱落，可制成干花，还可进行染色，增加观赏价值（图 6-60）。

(a)　　　　　　　　　　　　　　　(b)

图 6-60　大凌风草

(a)大凌风草景观配置　　(b)大凌风草室内盆栽

6.20.2　凌风草(*Briza media* L.)

多年生草本植物，作为观赏价值颇高的新一代园林植物，具有自然质朴，色彩丰富，适应性好，管理成本低的独特景观和生态功能，越来越显示出其在园林应用方面的优势。

【形态特征】　多年生，稀疏丛生。秆直立或基部膝曲，高 40~60 cm。叶鞘平滑，与叶片无明显的界限；叶片扁平，边缘微粗糙，长达 10 cm，宽约 5 mm，顶生者短小。圆锥花序卵状金字塔形，开展，长 8~10 cm，多两歧或三歧分叉；小穗柄细弱，长于小穗；小穗宽卵形，带紫色，长 4~6 mm，宽 5~7 mm，含 4~8 小花(图 6-61)。花果期 7~9 月。

【生态学特性】　喜全光照环境，较抗旱。

【栽培管理】　可通过播种、分株繁殖或组织培

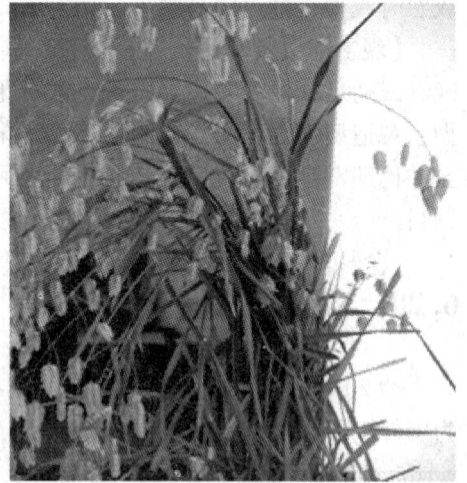

图 6-61　凌风草

养等方式来进行繁殖，能栽培在稍贫瘠、排水良好的土壤中。

【观赏部位及利用价值】　花序具有很好的观赏价值，采摘后，长久不脱落，常用作庭院栽培。制成干花，与一些西洋花卉搭配在一起使用，可以呈现出现代、异国情调的风格，还可染成其他色彩，用作观赏。

6.21　麦氏草属(*Molinia*)

禾本科麦氏草属，多年生。分布于北温带、非洲北部、欧洲、亚洲和美洲。

6.21.1　酸沼草[*Molinia caerulea* (L.) Moench]

【形态特征】　多年生草本植物，植株高达 90 cm，有灌木遮挡时，能生长得更高。茎生长紧密。叶片粗糙，较长而且平，有时顶端有毛，质感细腻；叶舌为环状毛(图 6-62)。小穗较长，约 15 cm，细窄，呈紫色，衰老时呈棕褐色。花期较晚，在 8~9 月开花，种子中有内生真菌。

【生态学特性】　分布于欧洲、西亚以及北非，它可见于低洼之处，也可以在海拔 2 300 m 的阿尔卑斯山脊上生长。能在全光照下生长，喜酸性至中性、潮湿、排水良好的土壤，在 pH 3.5~5 的酸性土壤上生长最好，还能在 pH = 2 的强酸性条件下生长。

图 6-62　酸沼草

【观赏部位及利用价值】　花序具有较高的观赏价值，用作零星点缀，也可配置在池塘边或岩石园中，常与大叶苔草、紫菀、景天科植物搭配使用。由于酸沼草生长很密，可以防止荒原野火蔓延。

6.21.2　'科尔多瓦'酸沼草[*Molinia caerulea*（L.）Moench'Cordoba']

'科尔多瓦'酸沼草由德国的 Ernst Pagels 选育而成，已经在丹麦、德国以及美国应用。
【形态特征】　植株丛生，茎高可超过200 cm，7月开花，秋季逐渐变成金黄色。
【生态学特性】　喜湿润或灌溉良好的土壤，喜全光照。
【观赏部位及利用价值】　可用于花坛镶边，还可用于零星点缀。

6.21.3　彩叶酸沼草[*Molinia caerulea*（L.）Moench'Variegata']

别名：斑叶天蓝沼湿草。
【形态特征】　冷季型草，植株丛生，高30~50 cm。叶片绿色，具浅黄色至白色纵向条纹，入秋叶片变黄，进而变褐色，叶宽中等，叶长30~50 cm。圆锥花序狭长，绿色、稍带紫色，着生在茎端，高50~80 cm（图6-63）。花期夏季至秋季，花序在秋季变为黄褐色。

（a）　　　　　　　　　　（b）
图6-63　彩叶酸沼草

【生态学特性】　能在轻度遮阴以及全光照的环境下生长，在干旱环境下较喜荫，喜潮湿、肥沃、排水良好的酸性土壤。也可在弱碱性土壤上生长，但是会降低其观赏价值。
【栽培管理】　可以播种和分株繁殖，常在春季进行分株。种植间距为30 cm，三株或更多株一起群植效果更佳。生长速度较慢，较易管理和维护。
【观赏部位及利用价值】　可用于布置前庭花园、花坛镶边，还可用于小空间绿化。花序可用作干花。

6.21.4　苇状酸沼草[*Molinia caerulea*（L.）Moench ssp. *arundinacea*]

别名：天蓝沼湿草。
【形态特征】　植株垫丛状，叶片绿色或蓝绿色，成拱形，长约80~100 cm，秋季随着气温降低，叶色逐渐变化，从黄色到褐色。花茎高度为 1.5~2.2 m，有些品种可达 2.5 cm 以上，花序开始为金黄色，后变为黄褐色，花期从 7 月到霜降。

【生态学特性】 原产于欧亚大陆，在全光照下生长，喜常年湿润、肥沃、排水良好的酸性土壤，尤其喜欢沼泽地。

【栽培管理】 可以自播繁衍，遮阴条件下较易发生自播，全光照下一般不发生自播。植株生长速度较慢，因而常常通过分株繁殖。在夏季干旱地区，需要适当遮阴，注意及时浇水。种植间距 60~100cm。

【观赏部位及利用价值】 观赏期从 7 月到冬季，可作为精致植物用作观赏，秋季色彩艳丽，是良好的彩叶植物。可以用作镶边，也可应用在开阔的林地公园中，常与金鸡菊属、景天科植物配置在一起。

6.21.5 '空中赛道' 苇状酸沼草[*Molinia caerulea* (L.) Moench ssp. *arundinacea* 'Sky Racer']

【形态特征】 冷季型草，植株叶片绿色、较宽，直立，长约 50~100 cm。花期 7~8 月，花序高约 150~220 cm（图 6-64）。与其他酸沼草一个较大的区别是这个品种更加直立。

【生态学特性】 喜全光照，在夏季干旱地区，需进行适当遮阴，注意及时浇水。喜湿润肥沃的酸性土壤。种植间距为 75~120 cm。

【观赏部位及利用价值】 观赏期从晚春到冬季，可以用作零星点缀，也可以种植在

图 6-64 '空中赛道' 苇状酸沼草

较大的容器中。常与彩叶酸沼草、棕榈叶苔草、具鞭苔草等植物在一起搭配使用。

6.22 格兰马草属(*Bouteloua*)

本属约 40 种，全部产于美洲，多数产北美。多年生或一年生草本，秆直立丛生，低矮或较高。穗状花序 2 至多枚，呈总状排列于延长的主轴上，有时亦可单生于秆顶，主轴顶端常裸露；小穗无柄，有退化的不孕小花，少数至多数栉齿状或较疏地两行排列于穗轴的一侧，两性花。

6.22.1 垂穗草[*Bouteloua curtipendula* (Michx.) Torr.]

英文名：Side Oats Grama；别名：侧穗格兰马草。

【形态特征】　多年生直立草本，根茎短，密被鳞片。茎丛生，高 30 ~ 100 cm；绿色，秋末变为浅褐色。叶片扁平或卷折，长 20 ~ 30 cm，宽 1 ~ 5 mm，两面粗糙，基部有细柔毛，边缘具疣毛；呈蓝绿色，秋季渐变为棕色（图 6-65）。穗状花序 10 ~ 50 枚，长 8 ~ 18 mm，带紫色，具柄，常下垂而偏生于主轴之一侧（图 6-66）；成熟后整个脱落；小穗不成栉齿状排列。

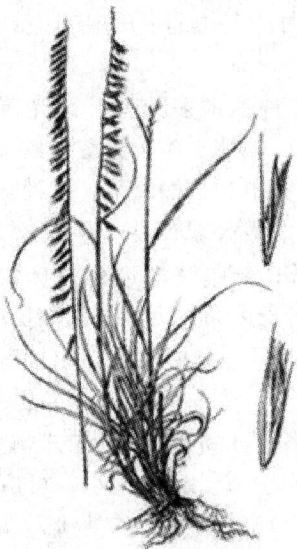

图 6-65　垂穗草

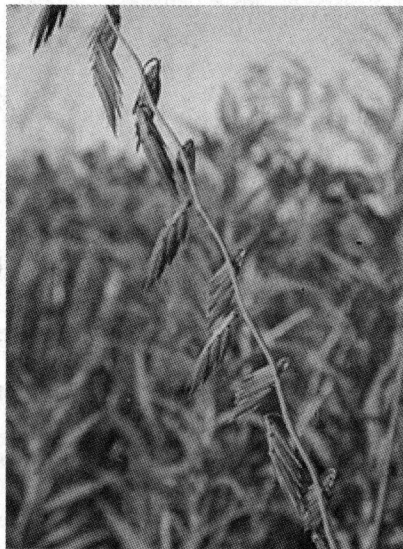

图 6-66　垂穗草花序

【生态学、生物学特性】　原产北美洲和拉丁美洲，属于暖季型草种，喜充足光照，不耐阴，耐寒，耐旱。土壤要求中等，喜干燥、排水良好的土壤，可在黏土、黄土、砾石、沙地等土壤上生长。春季返青早，夏季不休眠。6 ~ 8 月开花。生长速度慢，生长期一般为 5 年，在适宜环境下种子极易自播繁殖。

【栽培管理】　种子繁殖为主，播种量为 15 ~ 20 g/m²，播种深度为 0.5 ~ 1.0 cm。分株繁殖，株距 40 ~ 75 cm。耐旱性极强，除了发芽期需要水，成苗需水很少，一般每月浇水一次即可。

【观赏部位及利用价值】　6 ~ 10 月是最佳观赏时期，罕见、优美的花序使其成为小花园中的景观焦点。可单播建植草坪，可在适度的铁路和公路斜坡上种植。垂穗草和格兰马草都是恶劣生境的优秀景观配置，常混播配置于 LINKS（林克斯）风格高尔夫球场中，或和乡土风格的野花组合搭配。侵占性较强，可用于退化草地植被恢复的优良草种。

6.22.2　格兰马草 [*Bouteloua gracilis* (H. B. K.) Lag. ex Steud.]

英文名：Blue Grama Grass。

【形态特征】　多年生草本，根冠幅 30 ~ 46 cm，深 90 ~ 180 cm。秆丛生，直立，高 20 ~ 60 cm。叶鞘光滑，紧密裹茎；叶片狭长，扁平或稍卷折，长 20 ~ 30 cm，宽 1 ~ 2 mm，上面微粗糙，下面光滑，呈绿色，秋季变为紫色，冬季为黄褐色。穗状花序通常 2 个，稀 1 ~ 3 枚，长 2.5 ~ 5 cm，呈粉色或紫色，成熟时镰形弯曲，宿存；小穗栉齿状地排列于穗轴的一侧（图 6-67）。

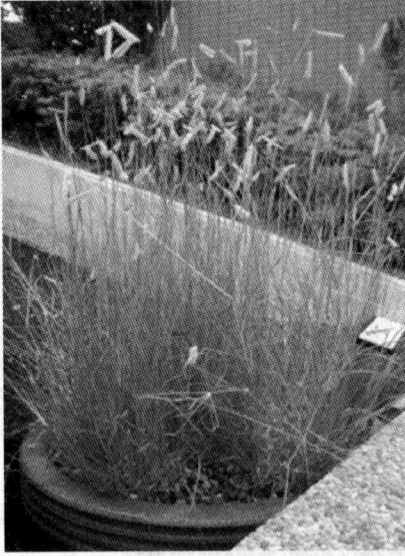

图 6-67　格兰马草

【生态学、生物学特性】　原产北美洲干旱草原，全日照，土壤要求不严，喜排水良好的土壤。耐热、耐寒、耐旱、耐刈割。生长缓慢，生命期长。在干旱或夏季，可进行休眠。长期干旱，根数量和长度增长减缓；在不利生长环境下，可抓住水分补充时机，快速生长，而后进入休眠。4月中旬返青，夏初开花，花期通常为6～8月。

【栽培管理】　种植地多选择开阔光照区域，砂壤土至黏土均可种植，碱性土壤至微酸土壤均宜，以碱性为佳。可采用种子繁殖和分株繁殖，播种繁殖时种子发芽慢，自然情况下扩散区域有限，但是比较容易。分株繁殖可以人为根据其分蘖特性进行分株栽植，株距为15～40 cm，植株自身可通过无性繁殖而扩增。保持3～4周左右浇水一次即可，分蘖期保持土壤湿润可促进分蘖的形成。

【观赏部位及利用价值】　格兰马草是美国科罗拉多州和新墨西哥州的"州草"，也是伊利诺伊州的濒危保护草种。8月至冬季是其景色最美的季节。其株型小，可应用于花境边缘、盆景配置。亦可建植养护低的单播草坪，或与野牛草混播建植，是装点高温干燥场所的首选植物。在花园、岩石庭院、野生植物园、植被恢复区、城市社区绿地、高速公路坡地等均可栽培种植。花型漂亮，可加工制作干花。

6.23　芨芨草属（*Achnatherum*）

多年生丛生草本，本属约20多种，分布于欧、亚温寒地带。我国有14种，其中芨芨草在我国北部至西北盛产，在碱性草滩中自成群落，早春发芽，为该地牲畜的重要饲料之一，又是很好的固沙植物，并可利用其茎叶造纸。

6.23.1　印度芨芨草（*Achnatherum hymenoides*）

【形态特征】　印度芨芨草名字因草种像米粒而由来，是多年生耐寒的冷季型密丛禾草，地上芽植物，根部有固氮生物黏合形成的根鞘包裹。秆直立，坚硬，高10～70 cm，根幅20～30 cm。叶片内卷，圆锥花序松散开展，长2～7 cm，小穗有短柄，开展，小花具芒（图6-68）。花期4～7月。

【生态学特性】　印度芨芨草生长较快，耐盐碱，生态条件不苛刻，适应范围较广。适生于美国西北部盐漠化地区，如

图 6-68　印度芨芨草

科罗拉多州(海拔 1 220 ~ 2 900 m)、蒙大拿州(海拔 1 010 ~ 1 830 m)、犹他州(海拔 1 280 ~
2 900 m)。从荒漠灌木层到松树乔木,从砂土到黏土,均能适应生存,在砂土中生存良好。
草根系深,多纤维,耐寒、耐旱。

【栽培管理】　一般在地域开阔、阳光充足、排水良好的砂土环境生长,能抵抗 −5℃的
低温,适用于冬季较温暖地区。通过种子繁殖,发芽之前需要有冷湿环境,在干燥环境下,
很难繁殖。若草种在质量、形状、厚度方面缺乏一致性,会导致建植时萌发不一致。茋茋草
4 月返青,生长速度快,冬季枯枝保存良好。

【观赏部位及利用价值】　印度茋茋草叶色独特,富有季相变化,休眠期叶色由灰绿色
渐变为棕黄色,花序巨大、优美,是最耐寒的观赏草种之一。根系发达,耐旱、耐盐碱,对
地表侵蚀控制和沙漠重植很适用,对干旱半干湿地区劣质土地的复植很有成效。印度茋茋草
还是野生草食动物的重要食物来源,种子营养非常丰富,含约 6% 糖类和 20% 淀粉,可制作
面包,稀粥等,北美印第安土著人在玉米被引入之前,一直以该植物种子为主食。

6.23.2　拂子茅茋茋草(*Achnatherum calamagrostis*)

又名银穗草、银白茅。

【形态特征】　多年生丛生禾草,基生叶明显,茎秆粗壮,高 60 ~ 120 cm。叶片内卷,
宽 2 ~ 3 mm。圆锥花序开展,椭圆形,长 15 ~ 30 cm,小穗单生,有柄,含 1 小花,披针形,
两侧压扁,长 8 ~ 9 mm[图 6-69(a)];成熟时开裂,脱节于颖之上,小花有很明显的基盘。
颖果梭形。

【生态学特性】　原产欧洲中部、西南部和东南部的高海拔空旷山区,喜欢阳光充足、
湿度较低的环境,在遮阴处亦能生长,但茎秆会变得稀疏。叶片在寒冷地区冬天会干枯脱
落,在温和气候下为半常绿。拂子茅茋茋草非常耐旱,喜欢排水良好、营养较低的土壤,在
肥沃的土壤里生长发育反而表现薄弱,秆叶松弛。

【栽培管理】　在地中海地区和草原气候条件下更适宜引种栽培,可以通过播种繁殖或
春季分株繁殖。

【观赏部位及利用价值】　植物密集簇生,株丛宽度增加缓慢。浑圆的外形和松散下弯

图 6-69　拂子茅茋茋草
(a)拂子茅茋茋草花序　(b)拂子茅茋茋草景色

的花束能让人联想起飞流直下的瀑布。叶片淡绿，形态柔美。6 月开花，花序银绿色，圆锥花序松散开展，易随风摆动，有缥缈之美。7 月底或 8 月，花逐渐变为黄褐色，即使到了冬天，全株仍然具有很强的吸引力。拂子茅芨芨草为中型观赏草，全株观赏，形态优雅，该植物在风的吹动下最为美观[图 6-69(b)]。

园林中常见品种：

①'Allgäu' 中名"阿尔高"，早期 Karl Partsch 从德国南部的阿尔高地区选育而成（图 6-70）。

②'Zukunftsmusik' 由 Karl Partsch 将'Allgäu'种植在阿尔高山下的岩石峡谷选育而成，由于选育地一直有山上融化流下的雪水，所以该品种更耐潮湿环境。

③'Lemperg' 由 Hans Simon 选育而成（图 6-71）。

图 6-70　'Allgäu'

图 6-71　'Lemperg'

6. 23. 3　芨芨草(*Achnatherum splendens*)

芨芨草是该属利用价值最高、分布范围最广、生长最高大的多年生草本植物。在中国主要分布于北方 13 个省份，尤以西北为多。国外在蒙古、原苏联中亚和西伯利亚及部分欧洲地区亦有分布。生于微碱性的草滩上，常形成芨芨草滩。芨芨草在早春幼嫩时，为牲畜的重要饲料。

【形态特征】 高大密丛型植物，须根粗壮，入土深 80～150 cm，根幅 160～200 cm，其上有白色菌根。秆直立，坚硬，内具白色的髓，形成大的密丛，高 50～250 cm，径 3～5 mm，节多聚于基部，具 2～3 节，平滑无毛，基部宿存枯萎的黄褐色叶鞘。叶片纵卷，质坚韧，长 30～60 cm，宽 5～6 mm，上面脉纹凸起，微粗糙，下面光滑无毛。圆锥花序长(15)30～60 cm，开花时呈金字塔形开展，主轴平滑，或具角棱而微粗糙，分枝细弱，2～6 枚簇生，平展或斜向上升，长 8～17 cm，基部裸露；小穗长 4.5～7 mm(除芒)，灰绿色，基部带紫褐色，成熟后常变草黄色(图 6-72)。花果期 6～9 月。

【生态学、生物学特性】 适应性强，耐旱、耐寒，干河沟、湖边、盐碱化低地、卵石滩地都能生长。喜生于地下水深 1.5 m 左右的盐碱滩、砂土地，以轻度盐碱化湿润沙地生长

图 6-72　芨芨草

最为茂盛。与水关系密切，可作为牧区寻找水源、打井的指示植物。4 月下旬萌发，5 月上旬长出叶子，6~7 月开花，8 月末~9 月初种子成熟，籽粒细小，产量极高。返青后生长快，枯枝冬季保存良好，可残留一至几年。再生能力强，群落外貌单一而稳定，抗病虫害，耐践踏。

【栽培管理】　芨芨草对土壤条件要求不高，管理粗放，可通过播种和分根法繁殖。分根移栽易在早春、晚秋，雨后阴天为好，剪去茎秆和叶片。播种繁殖春、秋均可；春播宜早，土壤解冻至 5 月上旬；秋播自 9 月下旬采种至土壤结冻。成熟种子的自然发芽率很高（95% 以上），一年四季都可发芽，出苗时间一般在 5~8d 内，种子在砂壤土、腐质土、轻度盐渍土中发芽率高，出苗整齐，生长快；中度盐渍土种子发芽出苗时间略有推迟，种子播种深度为 0.5~1 cm，播深超过 2~3 cm 时，芨芨草不出苗。

直播苗刚出苗时，叶片细，根系小，日光暴晒失水快，易造成幼苗干枯死亡，成活率低。直播苗越小，耐旱能力越弱，故要保持水分。随着苗长大，耐晒、耐旱能力增强，幼苗长高到 13 cm 以上，有 3~4 片叶时，根系已长出 4~5 支须根深扎于土中，此时即使温度很高，只要适时浇水，幼苗通常都能成活。芨芨草种植第一年需水量略多，以保苗和促苗生长，促进分蘖。种植后第二年开始，每年浇水 2~3 次，一亩地用水总量约 100 m³。

【观赏部位及利用价值】　芨芨草株丛庞大，茎叶繁茂，绿期长，具有极高的观赏价值。根系发达，须根粗而坚韧，避风固土能力强，冬季聚雪量大，同时又抗旱、耐盐碱，是干旱与半干旱地区防风固沙，改良盐土，退耕还草，绿化荒漠，减轻沙尘暴的重要资源植物。芨芨草有多种经济用途，是高级纸浆、人造丝原料，还用于编制筐笼、草帘，扫帚、草绳等。

6.23.4　远东芨芨草(*Achnatherum extremiorientale*)

【形态特征】　多年生草本植物，须根细韧。秆直立，光滑，疏丛，高达 150 cm，径 3~3.5 mm，具 3~4 节。叶片扁平或边缘稍内卷，长达 50 cm，宽 4~10 mm，上面及边缘微粗糙，下面平滑。圆锥花序开展，长 20~40 cm，分枝 3~6 枚簇生，细长而微粗糙，基部裸露，中部以上疏生小穗，成熟后水平开展；小穗长 6~9 mm，草绿色或紫色（图 6-73）。颖果纺锤形。花果期 7~9 月。

图 6-73　远东芨芨草

【生态学特性】　产东北、华北、西北及安徽，生于低矮山坡草地、山谷草丛、林缘、灌丛中及路旁,海拔 800 ~ 3 600 m。朝鲜、俄罗斯西伯利亚地区也有。生态适应幅度较广,较湿润的林下、林间和较干燥的山坡、草地均可生长。耐践踏,喜肥沃、湿润土壤,喜光照,半遮阴下也能正常生长。远东芨芨草非常耐寒,北京及华北地区可在自然条件下安全越冬。

【栽培管理】　适应性强,耐旱,不择土壤,可粗放管理。植株较高而茎秆细,易倒伏,应用时宜密植,形成紧密的丛生茎秆可相互支撑。扩繁采用播种或分株的方式。

【观赏部位及利用价值】　远东芨芨草株丛高大,叶片深绿色,柔美,圆锥花序绿色,开展,多毛,全株均有观赏价值,主要作为园林景观中的点缀植物,丛植或与其他观赏草和草花配置成花境,或在林下、路边成片种植,形成自然清新的景观效果。丛植观赏效果最好。

6.24　印第安草属(*Sorghastrum*)

6.24.1　黄假高粱(*Sorghastrum nutans*)

原产北美洛基山脉以东,从萨斯喀彻温至魁北克及北墨西哥都有分布,起源于大草原上的黄假高粱适应从干到湿的各类丛林和洼地。由于适应贫瘠土壤的特性,目前在路边,废弃的农场等地都能见到它的踪影。

【形态特征】　典型多年生丛生型草,直径约 0.3 m,高 12.7 ~ 17.8 cm,繁茂的根状茎常会聚拢在一起形成一块深达 15.2 m 左右的厚实草皮。叶宽约 1.3 cm,基部窄,叶长25.4 ~ 61 cm,平整光滑。圆锥花序长约 10 ~ 30 cm,直径约 2.5 ~ 7.5 cm,种子有长约1.3 cm 的茶褐色芒(图6-74)。

(a)　　　　　　　　　　　　　　(b)

图 6-74　黄假高粱

【生态学、生物学特性】　作为一种暖季草种,黄假高粱在春季土壤转暖时开始生长,东南地区较中西部开花要早,中西部于 9 ~ 11 月开始授粉,东南部则于 8 ~ 9 月开花结种,在受精后很快就能结种。该草在完全光照条件下生长最好,潮湿的土壤也能大幅促进生长。可以在各类土壤上生长,包括砂子和砾石;最适合生长在肥沃、潮湿、细致的土壤上,还可以在岩砾、壤土、轻盐碱化、甚至在 pH4.5 的酸性土壤上生长。

【栽培管理】   灌溉和施肥可以让黄假高粱更好地生长。生长第一年不可以进行修剪，后期修剪不能低于 10 cm。黄假高粱在进化过程中由于草原大火的影响，经常焚烧反而促进其生长，3~5 年一次的焚烧是比较理想的，一年一次的焚烧会使其生长过于茂盛，晚春的焚烧效果最好。

【观赏部位及利用价值】   黄假高粱经常被用于路边的绿化，修复草原，牧场的扩建以及水土保持工程。可以跟冷季型草混种，也可以跟合适的花卉和暖季型草混种。黄假高粱是一种侵略性极强的草，所以绝对不能和脆弱的花种混种。黄假高粱很容易吸引野生生物，花开时蜜蜂会被吸引过来，吃种子的鸣禽以及小型哺乳动物会被吸引，鹿也会过来吃它的叶子。该草也能提供绝佳的筑巢场所，野鸡、鹌鹑、鸽子以及草原鸡都会到这种草中筑巢。

6.24.2   垂穗假高粱(*Sorghastrum nutans* 'Sioux Blue')

英文名：Blue Indian Grass；别名：垂穗"苏蓝"、蓝印草。

分布于温带和亚热带地区，常作为水土保持植物，或栽植于牧场、林间空地以作观赏使用。以其特有的"蓝绿色"叶片及随季节变幻多样而受人喜爱。

【形态特征】   多年生禾本科草，须根系，茎秆直立，蓝绿色，高 175~200 cm。叶片狭长，条状披针形，叶面中部明显，白色，背面淡绿色；有柔毛，生长旺季呈明亮的蓝色，秋天转黄，冬季为浅黄色，一般长 150~175 cm(图 6-75)。圆锥花序顶生，7 月开花直至霜冻，初期呈黄色，成熟时转为褐色或棕色，最后为灰色；小穗成对或穗轴顶端 1 节有 3 小穗。颖果倒卵形或椭圆形，棕褐色。

【生态学特性】   适应性强，多生于温暖湿润、夏季多雨的亚热带地区，较耐旱，是多年生的根茎植物，能以种子和地下根茎繁殖。对土壤要求不严，砂土、壤土、黏土都能生长，以质地中等，排灌良好的土壤为佳。

【栽培管理】   暖春时播种，在春末夏初之际，当其生长至 30 cm 左右时分开移栽，移栽行距一般为 60~100 cm。过早播种在春天可能会导致根部腐烂。在栽培管理中注意适当施肥，防止被涝。

【观赏部位及利用价值】   垂穗假高粱属变色观赏草，以其颜色变化多样而具有很高的观赏性。茎秆蓝绿色，叶色春夏生长旺季呈明亮的蓝色，秋天转黄，冬季为浅黄色；顶生圆锥花序 7 月开始呈黄色，成熟时转为铜褐色或棕色，最后呈灰色。一年中其整株颜色的变化多样使其展现出不同的景观特色，叶片和花序的颜色形成鲜明的对比。适宜用于大片种植，作为背景，水中小洲上种植，或者自然化的地带种植，在萧瑟的秋季，可给生境带来无限的生机。也可作为建植篱笆植物，垂穗假高粱与其他鲜艳的花卉搭配造景，使得花色与垂穗假高粱整个植株颜色相得益彰，相映成趣。

图 6-75   垂穗假高粱

6. 25 拂子茅属(*Calamagrostis*)

本属约 20 种(欧洲植物志记载该属有 250 种，是因为把野青茅属合并到该属中)，分布于北温带地区的林地、草地、沼泽。我国约 5 种，南北均产，但大部分产于北部和东北部，有些种类可为饲料。本属很多种具有直立羽毛状的花序，在阳光照射下蔚为奇观，欧亚和北美地区已有许多品种。属内经常产生天然杂交现象，使有些种难以鉴定。

6. 25. 1 拂子茅(*Calamagrostis epigeios*)

【形态特征】 多年生，具根状茎。秆直立，平滑无毛或花序下稍粗糙，高 45 ~ 100 cm，径 2 ~ 3 mm。叶片长 15 ~ 27 cm，宽 4 ~ 8 mm，扁平或边缘内卷，上面及边缘粗糙，下面较平滑。圆锥花序紧密，圆筒形，长 10 ~ 25 cm，中部茎 1.5 ~ 4 cm；分枝粗糙，直立或斜向上升；小穗淡绿色或带淡紫色(图 6-76)。花果期 5 ~ 9 月。

图 6-76 拂子茅

【生态学、生物学特性】 生于潮湿地及河岸沟渠旁、沙丘间的低地，海拔 160 ~ 3 900 m 之间均有分布，生态可塑性强，在我国各种气候区均有生长。喜光、稍耐阴、较耐寒、耐盐碱，为轻盐碱化土壤的重要植物。喜生于低洼地，在低洼地可构成单优势种的草甸群落。喜砂质土，可生于坡地、河岸、疏林下、沙丘基部以及盐生植被的外围。喜光植物，根系发达，不怕水淹，在雨水缺乏时，它仍能吸收砂土中水分，在盐碱地中，因叶片吸收了大量盐分，多变成深绿色或绿中发白，一般情况下，早春能优先发芽，但枯萎的时间也比较早。秋季即变成黄褐色，根茎横走。无性繁殖迅速，再生性强，返青早。

【栽培管理】 播种繁殖，或分株扩繁。种子落粒可自繁，北京地区可正常越冬越夏。较耐旱，在干旱年份、春季和入冬前浇水灌溉，其他季节不用灌溉。9 月种子成熟，要及时采收，以防种子落地。种子自然干燥后，经过冬眠，春天遇到雨水即可生根发芽，长成新的植株。种子可以借风传播，有一定的环境风险，但并不严重。幼苗容易除掉，不会造成严重的入侵危害，管理粗放。

【观赏部位及利用价值】 拂子茅除叶片在生长不同时期会变化外，花序也会随季节变化，初花灰绿色至淡粉色，后为淡紫色，秋季变为黄色，挺直紧凑。在园林景观中可以孤植、片植或盆栽种植，应用于花境、地被、组合盆栽中，也可配置于溪边、河岸、坡地、林缘和岩石园中。拂子茅还是牲畜喜食的牧草；其根茎顽强，抗盐碱土壤，又耐强湿，是固定泥沙、保护河岸的良好材料。

6.25.2　假苇拂子茅［*Calamagrostis pseudophragmites*（Hall. F.）Koel.］

【形态特征】　秆直立，高 40 ~ 100 cm，径 1.5 ~ 4 mm。叶片长 10 ~ 30 cm，宽 1.5 ~ 5 (7) mm，扁平或内卷，上面及边缘粗糙，下面平滑（图 6-77）。圆锥花序长圆状披针形，疏松开展，长 10 ~ 20(35)cm，宽(2)3 ~ 5 cm，分枝簇生，直立，细弱，稍糙涩；小穗草黄色或紫色（图 6-78）。花果期 7 ~ 9 月。

图 6-77　假苇拂子茅

图 6-78　假苇拂子茅花序

【生态学、生物学特性】　广布于我国东北、华北、西北、四川、云南、贵州、湖北等地区，欧亚大陆温带区域都有分布。为典型的中生多年生草本植物，自然条件下是低湿地草甸或沼泽化草甸的优势种或主要伴生种，多生于海拔 350 ~ 2 500 m 的平原或山地中、低山带各大河流的河漫滩及河流冲积平原，也见于黄土丘陵的沟谷低地和灌溉农区的渠沟边、田埂、撂荒地或路边低洼处。4 月上旬返青，6 月开花，8 月结实。适宜土壤类型为草甸土。喜湿润、耐轻度盐碱，但在盐渍化轻的盐化低地草甸却少有生长。根茎发达，横走于表土层，与土壤表面近平行，集中于土壤 3 ~ 8 cm，节向下生不定根，不定根长可达 20 cm 左右。

【栽培管理】　适应性强，管理粗放。利用种子繁殖，播种应在土壤水分适宜的条件下进行，可春播、夏播和秋播。

【观赏部位及利用价值】　全株具有观赏性，在我国还处于野生状态，具有很大的开发利用前景。拂子茅还是牲畜喜食的牧草；根状茎发达，能护堤固岸，稳定河床，是良好的水土保持植物。含粗纤维 36% ~ 40% 左右，可作造纸及人造纤维工业的原料。

6.25.3　覆叶拂子茅（*Calamagrostis foliosa*）

【形态特征】　多年生丛生草本，茎秆直立，或基部有膝曲。高 30 ~ 60 cm，茎秆节间粗糙。叶多基生，叶片内卷，长 20 ~ 50 cm，宽 1 ~ 2 mm，表面光滑。圆锥花序紧缩，细长 5 ~ 12 cm。花序轴粗糙，分枝紧贴主轴。小穗单生，有梗，细丝状。小穗含 1 小花，上部延长有一段无用的小穗轴，有毛。小穗披针形，两侧压扁，长 10 mm，成熟时开裂（图 6-79）。

【生态学特性】　原产北美和美国西南部，喜水量充沛，光照充足的环境，若有少量阴影，也能够生长，适宜沙质酸性土壤。耐旱，较耐盐；喜欢排水良好的酸性、沙质土壤。长成后具备一定的抗风，抗污能力，也能经受食草动物的啃食。

【栽培管理】　播种繁殖或分株繁殖。喜欢水分充足的环境，在生长期，适当补充水分，花期可以持续整个夏季。做观赏草用时，一般在晚冬时节除去老叶，从而不影响来年新叶长出之后的植株外观，可作为主景植物，混合花境或岩石园。

【观赏部位及利用价值】 覆叶拂子茅植株优美，株型紧密，叶片呈蓝绿或草绿色。种穗在春夏季长出，呈米黄色。花序轴从草丛中向四周直伸，花序如焰火喷射。由于花序出现较早，且叶片绿期长至冬季，两者相互映衬，优雅俱现，是一种很好的观赏植物材料。作为主景植物，混合花境或用于有岩石作为景观的公园。

图 6-79 覆叶拂子茅

6. 25. 4 尖花拂子茅(*Calamagrostis* × *acutiflora*)

【形态特征】 尖花拂子茅属中型多年生观赏草，丛生，具根状茎，茎秆直立，无花时高度为 90 ~ 120 cm，开花后，高度为 150 ~ 200 cm。叶基生，春夏季叶片绿色，至深秋变为绿褐色，冬季大部分变为浅黄色。叶片细长，经过春季生长，叶与花序轴分离，叶片弯曲下垂，几达地面。圆锥花序，紧密，圆筒形，直立，具间断，分枝粗糙，从叶丛中间伸出，成熟后可高至 150 cm，易迎风摆动，姿态优美(图 6-80)。花序最初开展，但在几天之内便迅速收缩。花初开浅绿色，很快变为粉红至紫红色，冬天渐变为黄色，全年均有观赏性。花期6 月至冬季。

【生态学、生物学特性】 尖花拂子茅是拂子茅(*C. epigejos*)和野青茅(*C. arundinacea*)的自然杂交产物，自然条件下，这两个种杂交发生频率不是很高，但两亲本的自播能力都很强，尖花拂子茅却很难产出有繁殖力的种子。尖花拂子茅是喜阳植物，适应性广，不择土壤，在重黏土中能生长，但在湿润、肥沃、排水良好的土壤中栽培生长最好。对光照要求不

(a)

(b)

图 6-80 尖花拂子茅

严格，全光照或半遮阴条件下都能健康生长。抗性强，栽培时很少有病虫害发生。耐旱，耐热。通常在晚春或初夏开花。株丛紧簇，茎秆直立，观赏特性超过了亲本。

【栽培管理】 尖花拂子茅不产生可育种子，只能采取分株的繁殖方式，主要在春季进行。栽培管理时要注意通风透光，夏季高温高湿，特别在植株郁闭条件下，容易发生锈病，应及时清理基部枯叶，保持通风透气。

【观赏部位及利用价值】 尖花拂子茅丛生状，膨大的花序华丽而典雅，为其主要观赏部位。花在整个开花过程会改变颜色，在风中亭亭玉立，笔直坚挺，无论冬季还是夏季，都能感受到枝繁叶茂带来的乐趣。适宜丛植组成花境，也可成片种植作背景。由于植株直立向上，可与许多阔叶植物相互配置形成鲜明的对比。冬季植株和花序变为金黄色，紧簇的一丛随风拂动，与冬季雪景相呼应形成独特的冬季景观效果。植株可保留至第二年春季，新芽萌发前再剪掉。盆栽植株密集丛生，挺拔向上，花序紧凑直立，引人注目，是很好的盆栽植物。

常见品种有 3 个(图 6-81)：

①'Stricta''劲直'拂子茅 植物茎秆直立向上，春末开花，初时窄细的花序耸立在绿色光亮的茎秆顶端，高达 1.5m。初夏花序逐渐膨胀开来，变得松散而开展。一旦花期结束，圆锥花序的小穗轴沿着主轴收拢起来，颜色逐渐变为丰富的浅褐色并保持整个夏秋季节一直进入冬季。

②'Karl Foerster''卡尔富'拂子茅 与'劲直'拂子茅相似，花序更华丽醒目，整体表现上竖向感稍差一些。'卡尔富'比'劲直'花期早 10~14d。初夏，当'卡尔富'的花序完全展开的时候，'劲直'的花序还顺着主轴卷缩在一起，像鼠尾一样细。另外，'卡尔富'整个夏季不断产生新的花序，而'劲直'没有这种习性。总体来说，除了竖向性不如'劲直'以外，'卡尔富'是一种更理想的园林植物，属于观赏草中最漂亮最受欢迎的一类。成熟期株高达 2m。初期花序松散柔软，淡紫色。夏末花序紧凑直立，变为淡黄色，一直到冬季花序也不脱落，可用作干花。

(a) (b) (c)

图 6-81 尖花拂子茅的 3 个常见品种

(a)'Stricta' (b)'Karl Foerster' (c)'Overdam'

③'Overdam''花叶'拂子茅　株形挺拔直立。叶片具有平行于叶脉的淡黄色条纹。密集的叶丛微微弯曲，初生的幼叶通常带有淡淡的粉色。与'卡尔富'拂子茅相比植株矮小、细弱，生长速度慢。在夏季凉爽、干燥的气候条件下生长速度快，且黄色条纹明显；在北京地区夏季高温高湿的条件下生长缓慢，叶片条纹颜色反差小。初夏开花，但主要观赏部位为叶片。繁殖方式主要是分株，种植时要适当密植，最好种在其他花卉、灌木的下方或花境的边缘，为其创造凉爽遮阴的生长条件。

6.25.5　宽叶拂子茅(*Calamagrostis brachytricha*)

【形态特征】　多年生，秆直立，节膝曲，丛生，基部具被鳞片的芽，秆1 m左右，平滑。叶片扁平或边缘内卷，长5~25 cm，宽2~7 mm，无毛，两面粗糙，带灰白色(图6-82)。圆锥花序紧密，长8~20 cm，宽1.5~2 cm；分枝3或数枚簇生，长1~2 cm，直立贴生，与小穗柄均粗糙；小穗长5~5.5 mm，草黄色或带紫色(图6-83)。花果期8~10月。产东北、华北诸省。生于山坡草地及路旁，海拔400~1 800 m。日本、韩国和俄罗斯的东部西伯利亚及远东部分也有。中国植物志中记作"短毛野青茅"，认为是野青茅的变种。

图6-82　宽叶拂子茅

图6-83　宽叶拂子茅花序

【生态学特性】　不同于欧洲其他常见栽培观赏草，这个亚洲本土植物通常在8月下旬或10月开花，自然生长在潮湿的落叶林地和林边缘。大部分或几乎所有的西方园林中种植的材料都是由美国宾夕法尼亚州的Richard Lighty在为杜邦花园(Longwood Gardens)远途收集植物时于1966年9月从韩国引进，这些植物原生长在韩国中部山区海拔850 m的河岸。宽叶拂子茅为暖季型，生性强健，耐潮湿，耐热、抗旱，耐阴，是少数能在黏土中生存的观赏草之一，适合在全日照下生长，在适当湿润、排水良好的土壤中生长旺盛。植物冬季休眠。

【栽培管理】　在潮湿、阴凉情况下能轻微程度自播，管理容易，土壤不能太干。地上部分在晚冬或早春新的枝叶出现前剪掉，可以延长观赏期。最好采用种子繁殖，也可在春季分株繁殖。管理粗放，养护成本低。

【观赏部位及利用价值】　宽叶拂子茅丛生状植株和膨大的花序为其主要观赏部位，花期株高可达1.2 m，在阳光充足的环境下，茎秆直立挺拔，花叶繁多。叶绿色有光泽，与尖花拂子茅相比，叶更宽，茎叶质感更显粗糙。叶绿色，秋天变成淡黄色。花序初开时紧凑，发银粉色，后开展为羽毛状，具有强烈的紫红色色调，冬天渐变为棕褐色，是很好的干花材料。在园林绿化中应用，既可以孤植也可以丛植或片植，成片种植时大量的花序同时展示于同一高度，能产生强烈的竖线条感觉。

6.26　粟草属(*Milium*)

粟草属，禾本科一年生或多年生草本，6 种，产于欧洲，分布于欧亚寒温地区，我国有粟草(*M. effusum* L.)1 种，分布于东北各地及新疆、甘肃、青海、陕西、河北、长江流域等地区，生于海拔 700~3 500 m 林下及荫湿草地。

金色粟草(*Milium effusum* 'Aureum')

英文名：Golden Millet Grass；别名：金小米草。

【形态特征】　须根细长，稀疏。秆质地较软，光滑无毛。叶片条状披针形，质软而薄，平滑，边缘微粗糙，春天亮黄色，夏天转为黄绿色，长 5~20 cm，宽 3~10 mm，常翻转而使上下面颠倒(图 6-84)。圆锥花序疏松开展，长 10~20 cm，分枝细弱，光滑或微粗糙，每节多数簇生，下部裸露，上部着生小穗；小穗椭圆形，灰绿色或带紫红色，长 3~3.5 mm。花果期 5~7 月。

【生态学特性】　全世界温带地区也有分布，生于海拔 700~3 500 m 林下及

图 6-84　金色粟草

阴湿草地，是一种色彩鲜艳、适合于种植在花园中阴湿环境下的观赏草。喜欢凉爽、湿润的生长环境。种子萌发最适温度为 16~21℃。不能忍受暴露、寒冷，或者炎热和阳光充足的环境，同时不能忍受过于干燥或者过于湿润的土壤。

【栽培管理】　通常采用种子繁殖方式，繁殖速度快、容易，产生的种子掉落在土壤中，能够自己萌发并发育成新的植株。簇生生长方式，草丛将会在数年后死亡，需要将死亡的枯草除去并且更换新的籽苗，每年都需要进行栽培管理。一般 12 月至翌年 4 月或 6~7 月播种，将种子撒播在土壤表面，20℃播种，播种后用蛭石轻微覆盖，将播种的容器放入温室，14~21 d 种子萌发，种子萌发时需光照，将幼苗移栽在 7.5 cm 的花盆中，使植物适于冷凉环境。次年春天去掉老叶以利于新叶生长，最适宜半隐蔽的环境。生长 2~3 年后草丛中部茎秆逐渐死亡，需要将死亡部分移走并换以新的幼苗。开花期一般在 5~6 月，花枝比营养枝高 30.48~45.72 cm，容易形成种子，具有自播繁衍能力。

【观赏部位及利用价值】　该种草观赏部位主要是叶片，在春夏两季呈现出色彩斑斓的颜色变化，春季呈亮黄色，夏天转为黄绿色，常用于装饰。单枝或成簇的茎秆常常是观赏的焦点，一般高 40~50 cm，在淡绿色的叶片衬托下作为绿色背景非常适宜。将其成熟

花序干燥后可用作室内插花，增添自然与浪漫气息。除此之外，它还是一个茎秆匀称，彰显优雅的拱形茎密集型观赏草。其质地细腻，大多数园林草本植物与其相比相形见绌。常用来作为地被植物、自然化种植或点缀绿色园林景观，一般庭院栽培可地下种植或集装箱种植。本种草质柔软，可作为饲料，谷粒也可作为家禽的优良饲料。秆还可用作编制草帽的良好材料。

6.27　鼠尾粟属(*Sporobolus*)

草原鼠尾粟(*Sporobolus heterolepis*)

　　草原鼠尾粟被认为是最漂亮的观赏草之一，在美国西北部种植用于明确的边界标记，具有非常独特造型效果。叶片精细、质感强、深绿色，深秋变成金黄色。9～10月开小花，花有轻微的香味类似香菜，呈深锈黄褐色，阳光下秋天往往呈鲜亮的橙色。

　　【形态特征】　丛生，成年植株高度50～75 cm，生长幅宽50～75 cm。叶片中绿色，叶宽3 mm，叶长30～60 cm(图6-85)。花精致而易碎，呈红色到橙红色。花期8月到霜降，10月花谢。

(a)　　　　　　　　　　　　　　　　(b)

图6-85　草原鼠尾粟

　　【生态学特性】　原产于美国的地被植物，多年生暖季型草种，喜欢生长在干燥且有阳光的地带及岩石园等干燥贫瘠炎热的地区。开花于秋季，喜湿润排水良好的土壤，具有良好的耐旱性。开放式授粉机制，生长速度中等。作为干旱炎热地带的先锋植物，对维护地区的生态平衡有极其重要的作用。

　　【栽培管理】　草原鼠尾粟可以在没有任何维护管理的情况下自然生长数十年之久，是一种低养护成本植物，主要竞争草种是来自北美小须芒草(*Andropogon scoparius*)。

　　【观赏部位及利用价值】　草原鼠尾粟因其华丽的丛状形态，经常做装饰用，整株造型和花是主要的观赏部位。叶散发出类似于爆米花香的气味，花有轻微的香味类似香菜，可用于香薰植物。叶片精细、有质感，深绿可爱；花往往呈现出鲜亮南瓜橙色，秋天阳光下反光强烈，非常耀眼。

6.28　甜茅属(*Glyceria*)

约 40 种，分布于温带地区，有些在亚热带、热带山地。我国有 10 种 1 变种，产东北至西南。多年生，水生或沼泽地带草本。

金叶大甜茅[*Glyceria maxima*(Hartm.)Holmb. 'Variegata']

英文名：Variegata Mana Grass。

【形态特征】　金叶大甜茅是甜茅属水甜茅的一个栽培品种，是在波兰海岸上找到的甜茅变体。多年生草本，具根茎，茎部常横卧，节上生根。秆单生，直立，高 80 ~ 200 cm，粗壮，基部直径达 10 mm。叶片扁平，质薄而柔软，长 22 ~ 60 cm，宽 7 ~ 20 mm，叶片成浅脊状具明显中脉，叶缘有短硬毛而触感粗糙，叶有纵向条纹，秋天为红色[图 6-86(a)]。有收缩或开展的大型圆锥花序，长 10 ~ 40 cm，稍稠密，每节具 4 ~ 10 分枝，分枝较粗，上升或伸展，粗糙；小穗线形，绿色或带紫色，含 5 ~ 12 朵小花，最上部的小花常不实。花期 5 ~ 7 月。

(a)　　　　　　　　　　　　　(b)

图 6-86　金叶大甜茅

(a)金叶大甜茅叶片　(b)金叶大甜茅作水景

【生态学特性】　产于我国新疆(青河、富蕴、阿勒泰、布尔津)，分布于斯察加半岛、大西洋和欧洲中部、亚洲、地中海北部及北美洲。喜水湿，生长于沼泽、河滩地及水沟边。春季返青早，生长迅速，在湿地环境中易形成巨大的单一群落。可在水深度不超过 15 cm 的地方种植，在阳光较为充足且湿润的环境中生长非常迅速，抑制其他草生长。乳黄色和绿色叶，抗寒力较强。

【栽培繁殖】　分株繁殖，用根茎分蘖繁殖，根茎的一部分带芽分栽就可以再生为一个植株。

【观赏部位及利用价值】　作为典型的斑叶草，其条带化叶片具有黄白色相间的绿色条纹，在绿化沿海地区或池塘等湿地环境及水生园中具有很高的观赏价值[图 6-86(b)]。亦可作插花或干花材料。

6.29　香茅属(*Cymbopogon*)

约70余种,分布于东半球热带与亚热带。我国约有20余种。多年生草本植物。

柠檬茅(*Cymbopogon citrates* Stapf)

英文名:Lemon Grass。

柠檬茅因有柠檬香气,又称柠檬草、柠檬香茅,是热带的芳香草,原产于亚洲的印度、斯里兰卡、印度尼西亚和非洲等热带地区。柠檬草的茎叶中具有特有的柠檬香味,提炼的柠檬草油是芳香疗法及医疗中用途最广的精油,用于调和皂用香精,也可用于室内当芳香剂。在印度和马来西亚已有很久的栽培历史,荷兰人把柠檬草用于鱼料理的调味品,一般可作为腌菜的香味料和作咖喱果子露、汤、甜酒的配香,也可泡制饮用。主要产地为斯里兰卡、爪哇、马达加斯加、南非,其中以爪哇品质较好,本世纪才被大量商业使用,近年来更是大受青睐。

【形态特征】　多年生直立草本,茎秆丛生,植株粗壮、潇洒,株高可达1~2 m,根系发达,分蘖性强。基部膨大形成肉质匍匐枝或地下茎。叶片宽条形,质柔软,基部到顶端由宽变细,宽10~20 mm,淡绿色或黄绿色,密集丛生,成熟叶边缘粗糙且锋利无比。抱茎而生,先端渐尖,叶脉平行,中脉明显,两面粗糙(图6-87)。植株两性,圆锥花序。

(a)　　　　　　　　　　　　　　　　　(b)

图6-87　柠檬茅

【生态学特性】　柠檬草是阳性植物,喜光,喜温湿气候,耐寒性差。对光照要求强烈,长日照、强光有利其生长。喜温暖湿润环境但不耐水淹,不耐寒,只要有轻霜叶尖就开始发生冻害,气温低于-1.8℃时叶片几乎全部受害。对土壤要求不高,不择土壤,但以排水良好的砂质壤土为好。

【栽培管理】 柠檬草需养分较多，种植前在土壤添加有机质、腐殖质等以保证全年生长的营养需求。繁殖方式采用分株和播种繁殖，以分株繁殖为主，分株种植在 4 月进行，采用根茎或分根进行繁殖，一般分根后 2~3 周出苗；5 月时施肥 1 次，7 月高温干旱时要注意浇水，保持土壤湿润。每 3~4 年移栽 1 次。北京地区 5 月中下旬定植，定植时采用开深穴浅植的方式。行距 80~90 cm，株距 60~70 cm。浅植后覆土至与根茎相平，然后浇水，水渗后再检查，如发现有露出根部时应立即培土，以能遮盖住根部为度。在生长期需要通过修剪以形成漂亮的形态。播种繁殖，一般在春季或秋季播种，5~15d 出苗，很少开花。在有寒冷冬季的地区，需要在 5 月初将其修剪为 15 cm 高，利于根茎生长。

【观赏部位及利用价值】 柠檬草丛生大方，漂亮的株丛、潇洒秀丽的叶片、芳香的柠檬味带来美的享受。在园林工程中通常是盆栽点缀花园，展现出古朴自然的视觉效果，或丛植与玫瑰组合构成花境。在南方，广泛用于道路小区绿化，花坛及园林小品点缀。在北方可保护地栽培或家庭盆栽。因香茅植株具有柠檬香味，广泛用于烹饪和饮料以及香水、洗发液、化妆品等多种日化品，香茅在食用、药用方面更有其独到之处，它不仅是多种食品的香辛调料，也是东南亚、南亚国家料理不可缺少的用材。

6.30 针茅属(*Stipa*)

大针茅(*Stipa gigantean* Link)

英文名：Giant Feather Grass。

原产地葡萄牙、西班牙等地中海地区。现分布于我国内蒙古中东部、东北(松辽平原)、宁夏、甘肃和青海境内，俄罗斯(东西伯利亚南部、远东东南部，外贝加尔)，蒙古东部和北部也有。是植株最高的针茅，最招人喜爱的观赏草之一。

【形态特征】 多年生密丛常绿旱生禾草，植株高大，株丛大而松散，高 90~120 cm。叶片狭长，呈灰绿色，叶挺直或呈弧形，基部叶片密集丛生成圆形(图 6-88)。开放的圆锥花序呈黄棕色或金色，具有银白色的芒，长 20~30 cm，花径可达 210 cm。花期长，6~8月；晚春或初夏开花，可持续到秋季。

【生态学特性】 适宜在冷凉气候条件下生长，如英国、北欧等。大针茅草地分布区，具有温带半干旱气候的特征，年降水量 230~400 mm，6~8 月降水 180~240 mm，年平均气温 -1~4℃，≥10℃ 年积温介于 1 800~2 200℃，湿润系数为 0.28~0.44，一般每年有 1~3 个月的半干旱期，有的年份可达 4~5 个月，干旱期一般不超过 1 个月，生长期 170~210d，冬季覆雪日数多在 70d 以上，最高可达 140d。土壤一般为土层较厚的壤质或砂壤质典型栗钙土与暗栗钙土。在经常受地下水影响的草甸土或盐碱化土上，不适于大针茅的生长。大针茅对沙质土壤具有一定的适应性，因而在沙质栗钙土上常可见到发育良好的大针茅。生长期需要充足的光

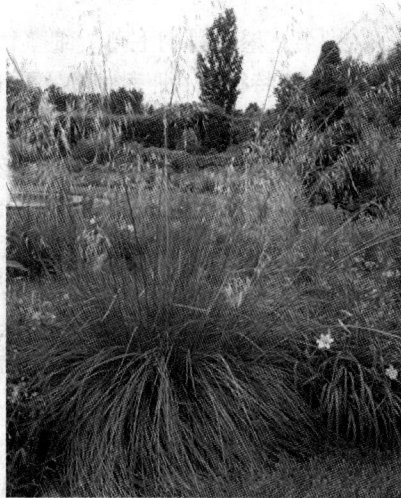

图 6-88 大针茅

照，耐寒，耐旱，不耐涝，喜排水良好的肥沃土壤，可以生长于海滨花园或多风地带。

【栽培管理】 大针茅需定期灌溉，需不定期梳理株丛中的枯叶，剪掉叶尖褐色的部分，4 月需分株。种子繁殖，也可分株繁殖。在内蒙古草原区，大针茅一般在 4 月下旬 ~5 月上旬开始萌动，7 月上中旬孕穗，7 月末 ~8 月初芒针外露进入抽穗期，8 月中、下旬进入盛花期，绛紫色的花穗构成醒目的初秋草原季相，9 月初颖果陆续成熟并开始脱落，9 月中旬以后便开始枯萎而进入休眠期。大针茅丛幅直径约 40 ~60 cm，株丛基部宿存多年的枯老残枝，对其更新芽度过冬季严寒起着保护作用。根系发达，根量大部分集中在 50 cm 以上的土层中，其中 0 ~10 cm 土层中的根量占总根量的 32.8%，10 ~20 cm 层占 32%，极少数的须根可入土 100 cm 左右。根在砂质土壤中具有砂套，使之免受土壤对其机械损伤。在我国北方地区种植时，高温高湿的夏季一定要注意排水，土壤不能有积水，同时光照要充足，避免遮阴。

【观赏部位及利用价值】 大针茅是一种著名的造景植物，其叶片细长，灰绿色，呈密集丛生状，株丛高达 60 cm，开花时长长的花枝可达 150 cm，花穗下垂形似喷泉，在夏初光线照耀下显得美丽动人，构成一幅美丽的喷泉画。高大、羽状开张的花，随风舞动增加了花园景色和活力，可全年观赏。园林景观配置中适于孤植，作点缀植物时，其金色的圆锥花序和高大的株型非常吸引人。大针茅属于高大禾草，适宜点缀使用，需与一些大型的灌木或小树相配。

6.31 单花针茅属(*Nessella*)

约 80 种，本属的多个物种在分类时也划分到 *Stipa* 属。原生于开阔、光照充足的北美和南美生境，南美分布最为广泛，其中以阿根廷、玻利维亚和智利为甚。本属质地细腻，株型优美，通常具长而明显的芒，大多结实良好。该属植物均为冷季型草，越冬后春季开花，夏季部分或全部休眠。

细茎针茅[*Nessella tenuissima*(Trinius)Barkworth]

别名：墨西哥羽毛草、细茎针芒、利坚草。

【形态特征】 细茎针茅是质地细腻、纤细、柔美的观赏草种之一。直立丛生型，叶片如针纤细，黄绿色，柔韧，形成 45 cm 高度和宽度的株丛。绿色的发丝状叶片和线状茎秆密集，呈喷泉形，植株绿色，亮丽如彩虹（图 6-89）。圆锥花序开展，具毛状分枝，不脱落，丝绒状，花开如丝，绿色，成熟时转为金色。芒纤细，长达 8 cm，数量众多，逆光时形成独特景观，大面积种植时形成波澜起伏的壮丽景观。花序观赏期为 6 月至秋末。

【生态学特性】 原生于美国德克萨斯州、新墨西哥州及墨西哥和阿根廷干旱开阔地带、疏林或石质山地斜坡，喜欢干旱、温带气候、年降水量 300 ~800 mm 的环境。喜欢充足光照，在轻度荫蔽下也能生长良好。通常

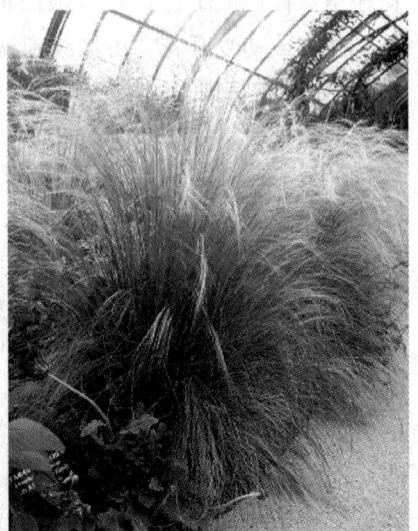

图 6-89 细茎针茅

在高海拔地区全光照生长最旺盛，但在海拔低的沙漠地区喜欢轻度遮阴。极为耐旱，不耐积水的土壤。当生长在凉爽气候地区，为提高抗寒性，必须种植于排水良好的土壤。细茎针茅通常在冬季也能保持绿色，但在炎热的夏季常休眠，其物候期取决于环境条件。细茎针茅初夏开花，花簇生，绿色，宿存，到秋季转为金黄褐色。

【栽培管理】　细茎针茅在天然生境内生长在石质斜坡上、干旱开阔森林或草原，栽培生长要求全光照或部分遮阴。苗床应该肥沃，排水良好。不要将其根颈种植太深或覆盖太重，否则将会引起衰退或腐烂。细茎针茅通过种子繁殖，其种子能存活4年以上。在南美，种子萌发期为秋季和初冬，在冬季雨季来临前萌发出土。种子容易附着在衣服或牲畜身上，也能通过机具传播，或混杂于粮食或饲料之中，其千粒重为0.26 g。Moretto and Distel (1998) 发现细茎针茅只能在没有其他植物根、茎竞争的情况下才能顺利萌发出苗，近地表温度的波动有利于减少其种子休眠，促进其快速发芽。细茎针茅生长快，寿命短，容易通过落粒自播自繁侵入庭院、园林其他地方。为减少落粒自播，应采用滴灌方式灌溉，避免种植在降水量高的地方。

【观赏部位及利用价值】　在温暖气候下春季开花，凉爽气候下初夏开花，花序可达60 cm长，逐渐变为美观诱人的稻黄色，成熟时如同流动的金色鬃发，色泽可持续到冬季。在温和气候下夏季休眠，冬季保持绿色。其叶细而柔软，花似轻盈的羽毛，在微风吹拂下随风飞舞，轻柔飘逸，景观极为诱人。而其生性坚强，耐瘠薄干旱，又给人以外柔内刚的印象。在园林绿化中不仅可以给人以美的享受，再对比其生长环境及养护条件时，又可以给人生活中的启发。可谓"细叶羽花柔似雪，遇挫弥强魂如钢"。细茎针茅单栽、丛植或大片栽种均极具景观效果。可孤植或群植，为良好的装饰材料，可盆栽，也可用作干花和切花。可用于斜坡覆盖地表，防治水土流失效果极好。还可用于干旱地区的公园、岩石园和堤岸公园。细茎针茅草花型独特、美观，特别是栽培伴生于岩石或其他质地粗粝的植物，与之构成强烈的对比。株丛间距于30~45 cm为宜，逆光下景观效果极为突出，在微风吹拂时花序随风荡漾，独有韵味。和紫叶狼尾草等搭配较为美观，也可和其他鼠尾草、楼斗菜、牛眼菊、金光菊等混植以丰富色彩，并在造型、大小、质地等方面构成强烈对比。

6.32　菅草属(*Themeda*)

本属含19个种，原生于东亚热带稀树草原以及欧洲旧大陆的热带和亚热带地区，只有黄背草用于观赏草。

黄背草[*Themeda japonica* (**Willdenow**) **C. Tanaka**]

别名：菅草、黄背茅、红山草。

原产于日本、韩国、中国和印度，自然条件下生长在浅山、低地或山坡、路旁，多生长于火成岩如花岗石初风化的土壤或南方干旱贫瘠的红壤土。由于开花时花序不明显，黄背草的使用常被忽视，但黄背草具有独特的造型，为庭院增加了美感。丛生，植株呈约1.5 m的喷泉形。我国除新疆、青海、内蒙古等地区以外均有分布；生于海拔80~2 700 m的干燥山坡、草地、路旁、林缘等处。

【形态特征】　黄背草是多年生禾本科草，簇生草本。叶片柔软，叶量丰富，色泽青绿，秆粗壮，秆高 0.5 ~ 1.5 m，圆形、压扁或具棱，下部直径可达 5 mm，光滑无毛，具光泽，黄白色或褐色，实心，髓白色，有时节处被白粉。茎秆多叶，从基部发散，直立丛生，形成喷泉形株丛，长宽约 75 ~ 120 cm。叶片线形，长 10 ~ 50 cm，宽 4 ~ 8 mm，基部通常近圆形，顶部渐尖，中脉显著，两面无毛或疏被柔毛，背面常粉白色，边缘略卷曲，粗糙。大型伪圆锥花序多回复出，由具佛焰苞总状花序组成，长为全株的 1/3 ~ 1/2；佛焰苞长 2 ~ 3 cm；总状花序长 15 ~ 17 mm，具长 2 ~ 5 mm 的花序梗，由 7 小穗组成。花果期 6 ~ 12 月。

【生态学特性】　黄背草属于暖季型草，喜欢阳光充足或轻度荫蔽的湿润、肥沃土壤，在温暖、光照充足的气候条件下生长旺盛，耐强烈阳光、炎热和潮湿。耐寒，耐贫瘠，适宜土壤范围广，一旦建植成功就极耐干旱。喜酸性至中性土壤，在肥沃、潮湿的土壤中容易徒长，导致植株松散、倒伏。根系发达，具有良好的固土护坡能力，是干燥地区保持水土的重要植物，同时也是组成荒坡地植物群落的优势种群。只要水分充足，高温对其生长有利。黄背草耐旱性强，但在干旱气候区干热条件下生长不良，应轻度荫蔽，要求较高积温才能开花。耐海滨盐碱环境，耐沙质土壤和多风环境。

【栽培管理】　种子繁殖，出苗率高，幼苗整齐。也可在春季分株繁殖，病虫害少。黄背草是光中性种子，虽然具有一定的耐盐碱能力，但在萌发期，高浓度的盐溶液仍不利于种子的萌发。NaCl 胁迫下的种子，芽和根生长缓慢。黄背草播种可分为冬播（从种子采收后到土地封冻前）和春播（从土地解冻后到 4 月底），适宜播种深度为 1.0 ~ 2.5 cm，以 1.5 cm 播种深度的出苗率最高，种后覆土 1 cm 厚，顺垄镇压后再耙平或搂平。11 月直播，翌年 3 ~ 4 月，一遇降雨种子即可破土出芽，出苗率在 90% 以上，可避免 3 ~ 4 月播种往往遇到的春旱，造成出苗困难现象。播种当年，生长期内需要中耕锄草，保证旺盛生长。

【观赏部位及利用价值】　叶片夏季亮绿色，10 月初呈明亮橘黄色，叶片半透明，增强了其捕获光线的能力。花序长，向外突出呈拱形，7 ~ 8 月开花，花簇生于茎顶部，看起来不显眼。花序成熟时下垂，高出植株 30 ~ 60 cm。秋季时，花茎和植株呈现明亮的橘黄色，直到第二年返青生长。休眠植株保持诱人的红褐色或紫铜色，在冬季依然保持良好的景观效果。仲冬时期，叶片呈铜褐色，茎秆呈金黄色。由于黄背草独有的生长习性，在室内观赏其花、叶效果最好，栽培时要保证充足的空间间距以充分展现其植株和花序。在大庭院、公园、水边或高尔夫球场中丛植或大片栽植景观宜人，适用于庭院秋色景观，其花序丰富了活体和枯黄植物配置的色泽和质地结构。

6.33　猬草属(*Hystrix*)

猬草属约有 8 种，5 种分布于东亚，其中 1 种延伸至喜马拉雅西部，另 1 种产新西兰，2 种产北美，多年生高大草本。我国有猬草等 2 种，可作饲料。

6.33.1　猬草(*Hystrix duthiei*)

【形态特征】　多年生高大草本，丛生。秆直立或基部倾斜，高 80 ~ 100 cm，具 4 ~ 5 节；叶片较薄，长 10 ~ 20 cm，宽 6 ~ 18 mm，质地粗糙。穗状花序细弱下垂，长 10 ~ 15 cm，穗轴节间被白色短柔毛；小穗孪生，各含 1 花，小穗轴长 3 ~ 4 mm，花果期 5 ~ 8 月。

【生态学特性】　生于林下荫处，耐部分荫蔽。喜排水良好的土壤，也耐一定的干旱。

春末夏初生长旺盛。

　　【观赏部位及利用价值】　秆叶柔软，具有一定的观赏价值。同时牲畜喜食，为优良牧草。

6.33.2　刺猬草(*Hystrix patula*)

　　【形态特征】　多年生草本，丛生状。茎秆直立，75~120 cm。叶片深绿色，狭窄，质感粗糙。花序为奇特的瓶刷状，着生于 90~120 cm 的茎端，在夏天为亮绿色，秋季后变为棕褐色，并散布种子。花期 6 月下旬~7 月(图 6-90)。

(a) 　　　　　　　　　　　　　　　　　　(b)

图 6-90　刺猬草

　　【生态学特性】　刺猬草部分荫蔽，耐干旱及排水良好的肥沃土壤。

　　【栽培管理】　一般采用播种繁殖，种子容易脱落，采种时需要在盛花期将整个花序一起采下。种子脱落后，种皮会宿存在花序上，因此要检查花序是否已经发生了种子脱落。播种时间一般为 8 月末至 9 月初。

　　【观赏部位及利用价值】　花序形状奇特，可零星点缀于庭院中，也可应用于开阔、湿润的林地。

6.34　钝叶草属(*Stenotaphrum*)

　　钝叶草属约有 8 种，分布太平洋各岛屿以至非洲与美洲，我国有钝叶草(*S. helferi* Munro)和锥穗钝叶草(*S. subulatum* Trin.)2 种，产云南和南部海岸沙地上。森特钝叶草(*S. secundatum*)原产于非洲与美洲地区，广泛应用于美国、墨西哥、澳大利亚等国。

斑叶钝叶草[*Stenotaphrum secundatum*（Walt.）Kuntze cv. *variegatum*]

斑叶钝叶草又叫斑叶奥古斯丁草，是禾本科钝叶草属多年生草本植物，从森特钝叶草中选育出的一个栽培种。

【形态特征】　斑叶钝叶草与森特钝叶草的形态特征极为相似，植株低矮，质地粗糙，具发达的匍匐茎，侵占性强，芽中叶片折叠；叶片扁平，宽4~10 mm，两面光滑，顶端稍钝，叶尖呈变形的船形，叶鞘压缩又突起，顶端和边缘有纤毛，在叶环处的叶片与叶鞘呈90°直角。斑叶钝叶草与森特钝叶草唯一区别在于斑叶钝叶草叶片颜色略白，并有黄绿相间的细条纹，十分美观（图6-91）。

【生态学特性】　斑叶钝叶草是暖季型草，适于亚热带及热带气候，在温暖潮湿、温度较高的地方生长。匍匐性好，质地柔软，生长快速。耐旱性弱、耐阴性极强、耐踏性中等、耐

图6-91　斑叶钝叶草植株

粗放管理、耐盐性强，尤适宜在海滨坡堤作水土保持植物。适宜广泛的土壤条件，在潮湿、排水良好、沙质、中等到高肥力的弱酸性土壤上生长良好。

【栽培管理】　斑叶钝叶草的种子量少且活力较低，以营养繁殖为主，即通过分株或匍匐茎短枝，或草皮块进行扩大繁殖。

①栽培时间　一年之中，春天至初夏为斑叶钝叶草的最佳栽植季节。栽植时间过早，温度太低，不利于萌蘖；时间过晚，又会错过最佳的快速分蘖时期。

②整地　最好选择沙质壤土，如果土壤过于黏重，可以加入沙或泥炭改良土壤。首先清理地面的杂草和石块等杂物；其次翻耕土壤深至15~25 cm，同时对土壤消毒，并施入有机质做基肥。

③栽培　分株栽植时，要保证每株有2~3条匍匐茎，将植株种于穴中后一定要填土压实，让根与土壤紧密结合，利于成活。茎段栽植，每个茎段保证有3个节，按15cm×25 cm的株行距挖深3~4 cm浅沟进行栽植，栽植过程中要使一部分枝条露出土壤表层，覆土后压紧耙平，茎段覆埋后要经常浇水，在保持土壤湿润条件下可接近100%存活。草皮铺植通常在建植面积大的地方采用，在草皮铺植中注意，草皮块之间留2 cm的空隙，并用不含杂质的壤土填满空隙。草皮铺植后要轻度滚压，使草皮根系与土壤更好接触，利于根系的恢复生长。

④管理　栽植初期要注意勤除杂草，勤浇水，适当施肥。斑叶钝叶草喜湿润土壤，不耐旱，因此在整个管理过程中，尤其在炎热的夏季，要注意补充水分，保持土壤湿润。此外，在早春，初夏，晚秋应注意施肥管理。

【观赏部位及利用价值】　斑叶钝叶草叶片淡乳黄色，镶嵌着精致纤细的绿色条纹，黄绿相间，十分美丽，而且耐阴性强，可以单独栽培，作为室内观叶植物欣赏；如果在书房几案放上一盆斑叶钝叶草，顿时让人倍感清新。斑叶钝叶草不适合用于大面积的草坪，因为一

且形成大面积草坪后，其黄绿相间的条纹反而觉得无朝气，仅适合小面积造景或天井遮阴处使用，也可以和色彩鲜艳的观赏草或花卉搭配，彼此相宜得章，既突出了斑叶钝叶草的素雅，也彰显了花朵艳丽(图6-92)。

图 6-92 斑叶钝叶草景观配置
(a)室内观叶植物应用 (b)室外花坛景观配置

6.35 狗尾草属(*Setaria*)

棕叶狗尾草[*Setaria palmifolia* (Koen.) Stapf]

别名：叶草、雏茅、马草、南竹七、箬叶菜、叶孚箬、叶荸箬、叶荸、竹头草、樱茅、樱叶草、樱茅、樱叶草、皱茅(海南)和棕叶草(广西)等。

禾本科狗尾草属，原产于非洲，印度与马来西亚也有分布，在我国浙江、江西、福建、台湾、湖北、湖南、贵州、四川、云南、广东、广西、西藏等地区生长。棕叶狗尾草具有强大的固土保水能力，是一种治理水土流失的优良草种，在公园庭院也可作为观赏植物。

【形态特征】 多年生草本植物，具有根茎，须根较坚韧。秆直立或基部稍膝曲，高 0.75 ~ 2 m。叶片纺锤状宽披针形，先端渐尖，基部窄缩呈柄状，叶表有明显的直皱折，近基部边缘有疣毛，具纵深皱折，两面具疣毛或无毛(图6-93)。圆锥花序主轴延伸甚长，呈开展或稍狭窄的塔形，主轴具棱角，分枝排列疏松，甚粗糙，长达 30 cm；花果期8 ~ 12 月。

【生态学、生物学特性】 喜温暖湿润的气候，适宜生长于山坡、山谷的阴湿处或林下，具有一定的抗旱性和耐寒性，在福建省北部，冬季最低气温在 -9℃ 的情况下能顺利越冬。对土壤肥料要求不严，适宜在南方红壤或黄壤地区栽培。在瘠薄、干旱的水土流失地区，也能正常生长和发育。无论何种栽

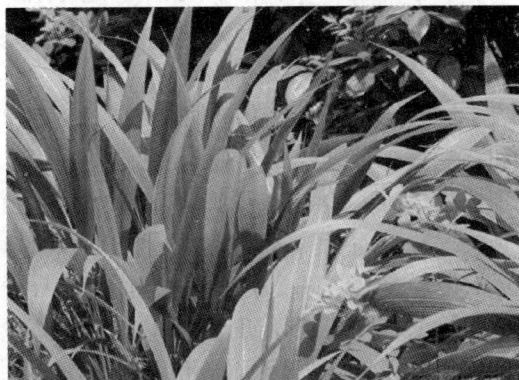

图 6-93 棕叶狗尾草

培条件，均未发现病虫危害。冬季最低温度在 0℃以上保持终年青绿，但生育期仍然为
190 d 左右。

【栽培管理】　棕叶狗尾草主要靠种子繁殖，但发芽率较低，播种当年，幼苗生长比较
缓慢，单播时，不易迅速覆盖地面。对整地要求不同，山坡地应耕翻耙平，耕深 15 cm 左
右；平地宜采用畦作，以利排水。基肥最好用有机肥料，施用量 500 kg/亩，或者利用尿素、
过磷酸钙拌种做种肥代替基肥。播种前，对种子应进行晒种，可提高其发芽率。

【观赏部位及利用价值】　棕叶狗尾草具有较强的耐阴性，在公园庭院树林下可作为观
赏植物。具有发达的根系，繁茂而宽大的叶片，不仅能充分利用太阳光能，而且具有强大的
固土保水能力，是一种治理水土流失的优良草种。

6.36　金发草属(*Pogonatherum*)

金发草[*Pogonatherum paniceum*（Lam.）Hack.]

金发草别名竹篙草、黄毛草、笔须、龙奶草、羊丕草、蓑衣草、竹叶草、露水草等，是
我国本土栖息的多年生岩生草本植物，广泛分布于湖南、湖北、广东、广西、福建、云南、
重庆、贵州、四川和台湾等地区，以及喜马拉雅地区、印度半岛、东南亚、大洋洲各地和非
洲。金发草形似小竹，自然形态美观，生长迅速，根系十分发达，致密的茎枝对地面具有较
强覆盖能力，是一种优良的地被植物和观赏植物，在水土保持、生态边坡防护、绿化等方面
具有良好的应用前景，具有开发为新型国产草坪草种的潜力。也是一种清热、利湿、消积的
优良药材。

【形态特征】　多年生草本，常具坚硬根头。秆质坚硬似小竹，基部被密毛的鳞片，直
立或基部倾斜，高 30~60 cm；节常稍凸起而被髯毛，上部各节多回分枝。叶鞘短于节间，
但分枝上的叶鞘长于节间，边缘薄纸质或膜质，上部边缘和鞘口被细长疣毛。花果期 4~
10 月。

【生态学特性】　金发草具有极强的生态适应能力，多生长于低山岩壁缝隙、路旁、河
岸草地的干旱向阳处，以风化岩石表面分布最为广泛，是一种耐瘠薄、抗旱性较强的岩生植
物，在植被演替中充当先锋植物的作用。具有可塑性较强的发达根系，可以覆盖整个岩石表
面。该植物四季常绿，无枯黄期和返青期，能适宜夏季酷暑和冬季寒冷，且病虫害危害小。
根可扎入岩石 15~20cm，并随坡度增大而呈现加深趋势。金发草种子很小，幼苗抗逆性较
差，不易成苗。

【栽培管理】　金发草种子采收后应在 2 个月内及时播种，或在 -5℃冰箱中贮藏；分株
和移栽宜在春季进行。播种量的选择决定于护坡植物在坡面的密度，一般为 800 株/m²，合
理播种量为 0.304 3~0.422 6 g/m²。岩生植物成坪速度受到坡度影响，坡度越陡，成坪时间
稍长。3~4 月为开花结实期，种子采收的时间相对较短，种子随着成熟度的提高会不断被
风吹散脱落，但只要注意采收期间追踪种子的成熟度，及时采收即可。

【观赏部位及利用价值】　金发草枝繁叶茂、外形美观，株型紧凑，具有较高的观赏价
值，国外称为"微型竹"，可用于庭院栽培，也可用之于生态景观建设。在 4~10 月花期，
整个株丛金黄一片。根系发达，具有很强的穿透能力，能够深入岩石汲取养分，具有较强的

地面覆盖能力，在秋冬季枝叶即变红，是一种优良的公路边坡、城市堡坎、堤岸绿化的护坡彩叶植物。金发草亦可用作中药材，具有清热、利湿和消积等功效。

6.37　白茅属（*Imperata*）

红叶白茅（*Imperata cylindrical* var. *koenigii* 'Red Baron'）

别名：血草，由日本引进，也称日本血草。

禾本科白茅属，原种产于中国、日本、朝鲜等国家。在我国辽宁、河北、山西、山东、陕西、新疆等北方地区均有分布，生于低山带平原、河岸草地、沙质草甸、荒漠与海滨。也分布于非洲北部、土耳其、伊拉克、伊朗、中亚、高加索及地中海区域。

【形态特征】　多年生草本，冬季休眠，具有发达的根系，根深 0.4～1.2 m。根茎广泛蔓延，长达 2～3 m 以上，能穿透树根，断节再生能力强。秆单独或簇状，高 25～120 cm，直径 1.5～3 mm，1～4 节。叶丛生，剑形，常保持深血红色，表面有疏松柔毛，边缘粗糙，基部狭直，顶端长而坚（图 6-94）。春季先开花，后生叶子，花穗上密生白毛。圆锥花序，小穗银白色，花期夏末，柱头紫色或者黑色。

(a) 　　　　　(b)

图 6-94　红叶白茅

【生态学特性】　红叶白茅适应各种土壤，无论是黏土、壤土、砂土以至石骨子土、红壤、黄壤、紫色土、褐土或冲积土等均有分布，但以较疏松的土壤发育更为良好，在荒坡草地、林边、疏林下、灌丛中、地边、田边、路旁、河边、沟边、堤埂均能生长。由于其根茎发达，从土表延伸到 20～30 m 的土层中（土疏松时），根茎穿刺，蔓延能力很强，竞争力特别旺盛，许多地方形成单优势植物群落。适应性强、耐阴、耐瘠薄和干旱，在适宜的条件下，每年4月下旬返青，12月上旬枯黄。

【栽培管理】　通过分株法进行扩繁，易成活，但应注意季节的选取，时间应选在休眠期进行。红叶白茅除靠根茎进行营养繁殖以外，也能进行种子繁殖，3～9月播种，以4月播种最为适宜，5～6月抽穗，6～8月开花结实。播种前，应将苗床浇透水，使其保持湿润。种子较小，播下后不能立即浇水，以免把种子冲掉。再盖上约 3～4 mm 薄土，注意遮阴，约 10d 后可出苗。当小苗长出 3～4 片叶时移植，以后逐步定植或上盆培育。先用小口径盆，逐渐换入较大的盆内，最后定植在 20 cm 口径的大盆内。10d 后开始施液肥，每隔一周施 1 次。定植后，对植株主茎要进行打顶，增强其分枝能力；基部开花随时摘去，这样会促使各枝顶部陆续开花。红叶白茅生存力强，适应性好，一般很少有病虫害。如果气温高、湿度大，会出现白粉病，可用 50% 基硫菌灵可湿性粉 800 倍液喷洒防治。如发生叶斑病，可用 50% 多菌灵可湿性粉 500 倍液防治。主要虫害是红天蛾，其幼虫会啃食叶片，如发现有此虫害，可人工捕捉灭除。

【观赏部位及利用价值】 红叶白茅具有较高的观赏价值，既可单株种植起点缀作用，又可成片种植形成红叶白茅花坛，还可成排种植形成优美的边界屏障。红叶白茅的花序如瓶刷状，在夏季微风吹拂下，柔美的花序随风起伏，不仅具有静态美，也具有动态美。另外，它的叶片色彩还可随季节变化，春季为淡绿色，夏季为深绿色，秋季为金黄色，可形成具有鲜明特色的四季景观。红叶白茅丰富的株型、叶色、花序和质朴自然的气质，既为园林增加了独特的美感和田园趣味，又符合现代人渴望回归自然的心理需求，可以极大地促进节约型园林的发展，对建设节水型、环保型园林具有积极意义。

6.38 雀麦属(*Bromus*)

禾本科雀麦属，约 150 余种，广布北温带地区。我国近 20 种，多为优良饲料植物，该属应用最多的观赏草种是无芒雀麦(*Bromus inermis*)，产东北、华北、西北、西南等大部分地区，生于海拔 1 000 ~ 3 500 m 之间的林缘草甸、山坡、谷地、河边路旁，为山地草甸草场优势种。

无芒雀麦(*Bromus inermis*)

【形态特征】 多年生，具横走根状茎。秆直立，疏丛生，高 50 ~ 120 cm，无毛或节下具倒毛。叶片扁平，先端渐尖，两面与边缘粗糙，无毛或边缘疏生纤毛。圆锥花序长 10 ~ 20 cm，较密集，花后开展；分枝长达 10 cm，微粗糙，着生 2 ~ 6 枚小穗，3 ~ 5 枚轮生于主轴各节。颖果长圆形，褐色。花果期 7 ~ 9 月。

【生态学、生物学特性】 无芒雀麦寿命长达 25 ~ 50 年，适应性广，喜冷凉干燥的气候。耐寒性强，在青海海拔 3 000 m，冬季最低气温在 − 30 ~ − 28℃的地区能安全越冬。无芒雀麦在年降水量较多的地方生长旺盛，耐干旱，在年降水量 400 ~ 500 mm 的地区可正常生长；耐湿性也较强，可耐水淹达 56 昼夜。对土壤要求不严，耐瘠薄，适宜在排水良好的肥沃壤土或黏壤土上生长，在轻砂质土壤中也能生长，土壤 pH 7.5 ~ 8.2 的轻度盐碱地生长良好。在盐碱土和酸性土壤中表现较差，不耐强碱或强酸性土壤。分蘖力强，播种当年分蘖可达 10 ~ 37 个，第二年大量开花结实。春季返青早，秋季枯萎晚，青绿期长。开花结实后不死亡，可生长多年，第 2 ~ 4 年生长最盛。

【栽培管理】 无芒雀麦种子发芽要求充足的水分和疏松的土壤，大面积种植必须适时耕翻，翻地深度应在 20 cm 以上。有灌溉条件的地方，翻后应灌足底墒水，以保证发芽出苗良好。春播、夏播或早秋播均可，需因地制宜，东北、西北较寒冷的地区多行春播，也可夏播。北方春旱地区，应在 3 月下旬或 4 月上旬，也就是土壤解冻层达到播种深度就可以播种。如果土壤墒情不好，也可错过旱季，雨后播种。东北中、南部于 7 月上旬雨后播种；华北、西北等地于早秋播种，也能安全越冬。播种当年生长较慢，易受杂草为害，因此，要特别重视除草工作，苗期除杂草 2 ~ 3 次。常见的病害有白粉病、条锈病和麦角病等，可用石硫合剂、代森锌、托布津、敌锈钠等杀菌剂防治，害虫较少。

【观赏部位及利用价值】　株丛和花序具有观赏性，在园林景观中可以孤植、片植或盆栽种植，应用于花境、地被、组合盆栽中。无芒雀麦也是著名优良牧草，为建立人工草场和保土固沙的主要草种，世界各地均有引种栽培。

主要栽培品种：'Skinner's Gold'，'金色斯金纳'无芒雀麦。叶片有黄色与白色相间的条纹。7 月开花。花期株高 90 cm，适应性广，抗旱，对土壤要求不严，耐瘠薄。适宜在阳光充足、排水良好的土壤上生长。

6.39　裂稃草属(*Schizachyrium*)

本属约 50 种，分布于热带、亚热带地区；我国有 3 种，产东北南部经华东、华中至华南。栽培种有红裂稃草、裂稃草、斜须裂稃草、宝蓝帚芒草等。

宝蓝帚芒草(*Schizachyrium scoparium* 'The Blues')

英文名：'The Blues' Little bluestem；又称帚状须芒草、小须芒草。

禾本科裂稃草属，原产北美地区，是土生土长的草原草，起源于美国密苏里州，北到魁北克，东到缅因州，南到佛罗里达，西到亚利桑那州的野外都发现此草，是美国内布拉斯加州官方州草。

【形态特征】　多年生丛生禾草，株高 90 ~ 120 cm，簇生、茎大部分直立。叶细长，宽 6 ~ 7 mm，多坚挺，呈扫帚状，绿色或蓝绿色，银蓝色茎叶在秋天变为橘黄色或红棕色，保持至冬季。总状花序，一般在春季或夏季开花，花的颜色很丰富，有栗色、红色、粉红色、银色、白色、黄色和米色等。秋季开花，花变得集群蓬松，银白色种子可能持续到初冬。

【生态学特性】　原产北美大草原、森林、干旱区域等，可较好的适应炎热、干旱地区。全日照，可忍受轻微荫蔽，抗旱性强，在常年湿润、排水良好的土壤上生长最好。花期为夏末到秋季。

【栽培管理】　宝蓝帚芒草是美国一种广泛种植的旱地草，易于栽培，没有严重的病虫害，除了在苗期保持充足水分，后期自然生长即可，维护成本很低。通常种子繁殖为主，播种时间在春末夏初，如果播种时间在初春或晚秋，根由于水分过多，太冷，容易腐烂。越冬返青后，修剪在新草刚长出时进行，但是要避开寒冷的冬季，留茬 7 ~ 10cm。宝蓝帚芒草和其他裂稃属草不同，过多的水分和营养物质会使其长势不好，所以此种草不能栽培在湿润、肥沃的土地上，需要良好排水性，土壤中镁含量较高，最好在植被多的地方种植。

【观赏部位及利用价值】　叶片漂亮的蓝色及变色是其主要的观赏点，在生长期，茎呈淡紫色类似于薰衣草，成熟后呈深紫色，秋季色彩变化引人入胜。通常用于旱地增添草地、草原、林地边缘植被景色，也可用于边框，平房花园的配置。生长速度快，利于野地游憩区的景观恢复，从而为野生动物提供食物和庇护场所。生长速度特别快，在季节变化的时候，都可以看到它的生长变化，与紫色灌木配合栽培呈现别具风格的景观(图 6-95)。

图 6-95　宝蓝帚芒草

（a）春季宝蓝帚芒草　　（b）秋季宝蓝帚芒草

6.40　淡竹叶属(*Lophatherum*)

淡竹叶(*Lophatherum gracile* Brongn.)

　　淡竹叶分布于我国长江流域以南及西南地区，印度、斯里兰卡、缅甸、马来西亚、印度尼西亚、新几内亚岛及日本均有分布。多野生于山坡林下的阴湿处，叶似竹叶形，故有"林下竹"之雅名；须上长块根，似麦冬，所以又有"竹叶麦冬""野麦冬"之称。淡竹叶草群致密、均一、平整、色泽翠绿美观，具有很高的观赏价值。

　　【形态特征】　多年生，具木质根头，须根中部膨大具纺锤形小块根。秆直立，疏丛生，高 40~80 cm。叶片披针形。圆锥花序长 12~25 cm，分枝斜伸或开展，不育外稃向上渐狭小，互相密集包卷，顶端具长约 1.5 mm 的短芒(图 6-96)。颖果长椭圆形，花果期 6~10 月。

　　【生态学、生物学特性】　淡竹叶生长于丘陵、林地下或阴湿环境，属阴生植物，适宜在土质深厚、疏松、腐殖质丰富、排水良好、pH 值为 5.7~6.2 的酸性或中性土壤中生长，根系发达，枝叶茂盛，也可在瘠薄的山地生长。淡竹叶为暖季型禾草，耐热、耐旱性强，在亚热带地区，3 月中旬气温达到 12℃以上时，淡竹叶即可萌芽返青，但生长缓慢，日增长量仅为 0.2~0.3 mm，4 月中旬后当日平均气温达到 18~22℃时，进入生长旺盛期，日增长量达 0.6~0.8 mm，7 月进入高温干旱期，地上部分生长趋缓，地下根茎继续分蘖生长，到 7

月下旬进入盛花期，9~10 月种子成熟，11 月全株开始枯黄，整个生活史周期约为240~260 d。

【栽培管理】　目前栽培的淡竹叶皆为野生种，淡竹叶既可采用种子繁殖，又可采用分株繁殖。

①播种繁殖　淡竹叶种子发芽率较高，于9~10 月种子成熟时采摘，即可播种，也可将种子阴干后干藏，于次年春季(3~5 月)播种。播种需整地，首先在播种地上每亩施入有机肥1 000~1 200 kg，翻耕入土，平整后将种子均匀撒播，然后可用小硬耙将土壤轻轻耙松一下，让种子覆盖一层土，厚度以1~1.5 cm为宜，或者播种后均匀地撒上一层薄土、锯屑、稻草均可。播种后，必须保持土壤湿润，使种子早日萌发。

②分株繁殖　分株繁殖一般于春季(3~5 月)进行，栽植前应深翻整地，翻土深度为25~30 cm。每亩施入有机肥1 000~1 500 kg，充分翻匀后将坪床整平。栽培时，选择生长健壮、根系发达的植株，剪去部分叶片和须根，留叶长度

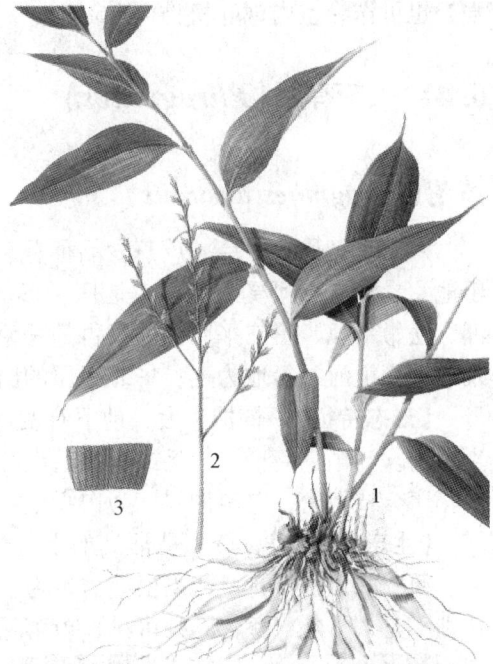

图 6-96　淡竹叶的植株形态(椿学英绘)
1. 植株　2. 花序　3. 叶部分放大

8~10 cm，留根长度6~8 cm，栽植密度为30cm×30 cm。栽完后，覆土约4~6 cm，然后浇水，保持土壤湿润，约2 个月即可成形。

③养护与管理　淡竹叶的管理较为粗放，春季以施肥为主，植株长到4~6 cm时可施入尿素6~8 g/m²，施肥应在雨天进行，做到少量多次。春季也是杂草生长旺盛期，及时除去杂草。夏季，淡竹叶的养护工作以病虫害防治、适当灌溉为主，淡竹叶病虫害较少，应以预防为主。主要病虫害有白粉病，常危害叶片，严重时也可危害叶鞘、茎秆、穗部，一旦发现有白粉病，可选用20% 粉锈宁2 000 倍液进行喷洒防治。当夏季连续干旱时，可对淡竹叶进行浇灌，以确保植株生长，浇水应避开中午阳光强烈时段，尽可能在清晨或傍晚作业。秋季对淡竹叶可作适当修剪，去除部分花枝及枯黄枝叶，可以增加平整度、适当延长青绿期。冬季，应适当覆土，厚度为1~2 cm，确保植株顺利过冬及来年迅速生长需要。

【观赏部位及利用价值】　淡竹叶覆盖度高，草层整齐、致密，耐阴，可作为地被，在园林景观中与乔、灌木立体搭配种植。淡竹叶姿态优雅，青绿期长达240~260 d，特别在秋季叶色枯黄后，也具有一定的观赏性，可与色彩鲜艳的花卉搭配种植。此外，淡竹叶姿态优美，耐阴性

图 6-97　淡竹叶生长环境

强，也可作为室内观叶植物(图 6-97)。

6.41　芦苇属(*Phragmites*)

芦苇(*Phragmites australis*)

　　芦苇，又称苇、芦、芦苇。品种有卡开芦、爬苇、日本苇、丝毛芦、细叶芦苇等。生长于池沼、河岸、河溪边等多水地区，形成苇塘。在我国分布广泛，其中以东北的辽河三角洲、松嫩平原、三江平原，内蒙古的呼伦贝尔和锡林郭勒草原，新疆的博斯腾湖、伊犁河谷及塔城额敏河谷等地为主；华北平原的白洋淀，是大面积芦苇集中的分布地区。

　　【形态特征】　植株高大，地下有发达的匍匐根状茎。茎秆直立，秆高 1~3 m，节下常生白粉。叶鞘圆筒形，无毛或有细毛。叶舌有毛，叶片长线形或长披针形，排列成两行。圆锥花序分枝稠密，向斜伸展，为白绿色或褐色[图 6-98(a)]。花期为 8~12 月。

　　【生态学特性】　芦苇是常见的水边植物，多生于低湿地或浅水中。喜光，不耐旱。具长、粗壮的匍匐根状茎，以根茎繁殖为主。常与寒芒搞混，区别是芦苇的茎是中空的，而寒芒则不是，另外，寒芒到处可见，芦苇是择水而生[图 6-98(b)]。

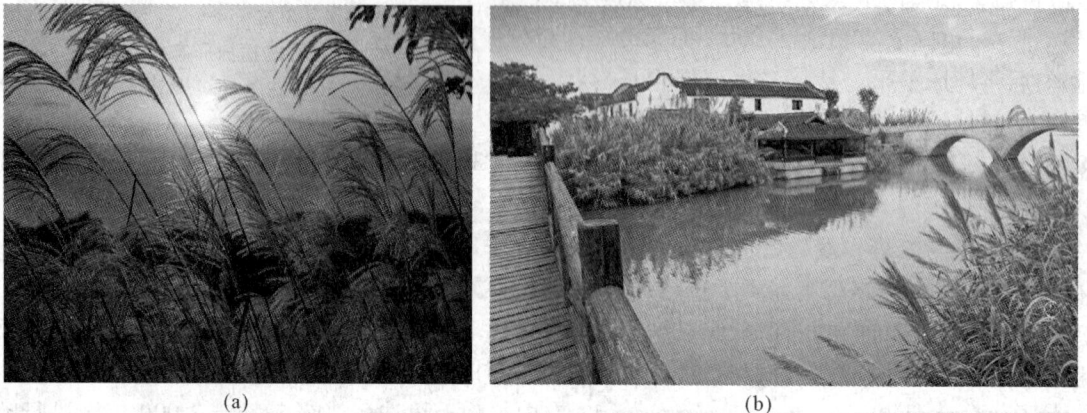

图 6-98　芦　苇
(a)傍晚时分的芦苇　(b)水池两侧的芦苇

　　【栽培管理】　芦苇具有横走的根状茎，在自然生境中，以根状茎繁殖为主，根状茎纵横交错形成网状，甚至在水面上形成较厚的根状茎层，人、畜可以在上面行走。根状茎具有很强的生命力，能较长时间埋在地下，1 m 以上的根状茎，一旦条件适宜，仍可发育成新枝。也能以种子繁殖，种子可随风传播。对水分的适应幅度很宽，从土壤湿润到长年积水，从水深几厘米至 1 m 以上，都能形成芦苇群落。在水深 20~50 cm，流速缓慢的河、湖，可形成高大的禾草群落，素有"禾草森林"之称。在华北平原白洋淀地区，发芽期 4 月上旬，展叶期 5 月初，生长期 4 月上旬至 7 月下旬，孕穗期 7 月下旬至 8 月上旬，抽穗期 8 月上旬到下旬，开花期 8 月下旬至 9 月上旬，种子成熟期 10 月上旬，落叶期 10 月底以后。上海地区 3 月中、下旬从地下根茎长出芽，4~5 月大量发生，9~10 月开花，11 月结果。在黑龙江 5~6 月出苗，当年只进行营养生长，7~9 月形成越冬芽，越冬芽于第 2 年 5~6 月萌发，7~8 月开花，8~9 月成熟。

【观赏部位及价值】　芦苇为保土固堤植物，作为观赏植物，常种在公园的湖边，开花季节特别美观。尤其是其花序，白绿色或褐色，呈絮状，给人一种温婉柔和之美。群植时，茎秆和叶皆翠绿色，亭亭玉立，给人清新可人之感。在欧洲国家的公园，经常可见到芦苇优雅的身影。

参考文献

Anon. 1954. Indian grass(*Sorghastrum nutans* L. Nash) and switchgrass (*Panicum virgatum* L.) [M]. klahoma: Agr. Res. Sta. . Forage Crops.

Bornstein, Carol, David Fross and Bart O'Brien. 2005. California Native Plants for the Garden. Los Olivos[M]. CA: Cachuma Press.

Brickell C. 2004. The american horticultural society A-Z encyclopedia of garden plants[M]. Dorling Kindersley Ltd. .

Comis D. 2006. Switching to Switchgrass makes Sense [J]. Agricultural Research.

Greenlee J. 1992. The encyclopedia of ornamental grasses: how to grow and use over 250 beautiful versatile plants[M]. New York: Michael Friedman Publishing Group. Inc. .

Harlow, Nora and Kristin Jakob. 2003. Wild Lilies, Irises, and Grasses: Gardening with California Monocots. Berkely and Los Angeles[M]. CA: University of California Press.

Heide O M. 1994. Control of flowering in Phalaris arundinacea[J] . Norwegian Journal of Agricultural Sciences, 8: 259 – 276.

Hopkins A A, Taliaferro C M, Murphy C D and Christian D . 1996. Chromosome number and nuclear DNA content of several switchgrass populations[J]. Crop Science 36: 1192 – 1195.

Hunter, KAM, Wu, L. 2005. Morphological and Physiological Response of Five Californian Native Grass Species to Moderate Salt Spray: Implications for Landscape Irrigation with Reclaimed Water[J]. Journal of Plant Nutrition, 28: 247 – 270.

Jordan, T A. 2003. Ecological and Cultural Contributions of Controlled Fire Use by Native Californians: A Survey of Literature[J]. American Indian Culture and Research Journal, 27: 1, 77 – 90.

Ketema S. 1993. Tef [*Eragrostis tef* (Zucc.)Trotter]: Breeding, Genetic Resources , Agronomy , Utilization- and Role in Ethiopian Agriculture [M] . Addis Ababa : Inst . Agric. Res. .

Lewandowski I, Kicherer A, Vonier P. 1995. CO_2 – balance for thecultivation and comustion of Miscanthus [J]. Biomass and Bioenergy.

Lewandowski I, Scurlock J M O, Lindvall E, *et al.* 2003. Thedevelopment and current status of perennial rhizomatousgrasses as energy crops in the US and Europe[J]. Biomassand Bioenergy.

Marten G C. 1985. Reed canary grass. In: Heath M E, Barnes R F, Metcalfe D S. eds. Forages: the science of grassland agriculture[M]. 4th ed. Iowa: Iowa State University Press.

Sahramaa M. 2004. Evaluating germplasm of reed canary grass, Phalaris arundinacea L. [M] . Helsinki: University of Helsinki. (http: / / ethes is. hel sinki. fi/ julkaisut / maa/ sbiol/vk / sahramaa)

Sahramaa M. 2003. Evaluation of reed canary grass for different end-uses and in breeding [J] . Agricultural and Food Science in Finland, 12(3 – 4): 227 – 241.

Sahramaa M , Hmm L, Jauhiainen L. 2004. Variation in seed production traits of reed canarygrass germplasm [J] . Crop Science, 44: 988 – 996.

Shawna L N, Stephen P M, Abdul KAL – Shoaibi, *et al.* 2003. Cold Tolerance of C_4 photosynthesis in Miscanthus × giganteus: Adaptation in Amounts and Sequence of C_4 Photosynthetic Enzymes[J]. Plant Physiology, 132.

Thompson P A. 1980. Germination Strategy of a Woodland Grass：Milium effusum L. ［J］. Annals of Botany, 46：593 – 602.

Wu Z L, Peterson P M. 2006. Muhlenbergia［J］. Flora of China, 22：486 – 487.

边秀举, 张训忠. 2005. 草坪学基础［M］. 北京：中国建材工业出版社.

陈怀满. 1997. 香根草净化富养水体的初步试验［C］. 国际香根草研讨会论文集.

陈世鐄, 张昊, 王立群. 2001. 中国北方草地植物根系［M］. 长春：吉林大学出版社.

程洪. 1998. 香根草在我的应用及研究综述［J］. 水土保持通报, 03：78 – 82.

樊守金, 张学杰, 李法曾, 等. 2010. 羊茅属(禾本科)新类群［J］. 广西植物, 01：28 – 30, 52.

付为国, 李萍萍, 王纪章, 等. 2007. 镇江河漫滩草地藜草光合特性研究［J］. 草地学报, 04：87 – 91.

高鹤, 刘建秀, 郭爱桂. 2008. 南京地区观赏草的适应性和利用价值初步评价［J］. 草业科学, 08：135 – 142.

高鹤, 宗俊勤, 陈静波, 等. 2010. 7种优良观赏草光合生理日变化及光响应特征研究［J］. 草业学报, 04：90 – 96.

顾文毅. 2007. 发草种子繁殖技术研究［J］. 青海科技, 04：32 – 34.

郭学斌. 2006. 山西北部荒漠化防治配套技术研究［M］. 北京：中国林业出版社.

郝建朝, 吴沿友, 刘惠芬, 等. 2008. 藜草作为湿地适生植物可行性分析［J］. 天津农学学报, 02：40 – 43.

何卫华. 2008. 立方钝叶草在绿地中的适应性及其草坪建植养护技术要点［J］. 广西园艺, 05：40 – 41.

侯宽昭. 1982. 中国种子植物科属词典［M］. 2版. 北京：科学出版社.

胡松梅, 龚泽修, 蒋道松, 等. 2008. 生物能源植物柳枝稷简介［J］. 草业科学, 06：33 – 37.

黄芳. 2009. 我在美景中飘逸——四种芒属观赏草推介［J］. 南方农业, 05：21 – 23.

黄娟, 夏汉平, 蔡锡安. 2006. 遮光处理对三种钝叶草的生长习性与光合特性的影响［J］. 生态学杂志, 07：37 – 42.

黄楠, 谢光辉. 2009. 能源作物柳枝稷栽培技术［J］. 现代农业科技, 17：45, 53.

黄永高, 奚惠良, 沈志远. 2007. 论观赏竹与园林造景［J］. 安徽农业科学, 36：195 – 196.

江苏新医学院. 1977. 中药大辞典［M］. 上海：上海人民出版社.

姜峻, 李代琼, 黄瑾. 2007. 柳枝稷的生长发育与土壤水分特征［J］. 水土保持通报, 05：79 – 82, 92.

赖先齐. 2007. 绿洲盐渍化弃耕地生态重建研究［M］. 北京：中国农业出版社.

李迪昂, 孙彦, 张芸芸, 等. 2009. 不同种类冷季型草坪草品种耐热性筛选研究［J］. 北方园艺, 04：192 – 194.

李高扬, 李建龙, 王艳, 等. 2008. 利用高产牧草柳枝稷生产清洁生物质能源的研究进展［J］. 草业科学, 05：19 – 25.

李龙先. 2008. 草坪草高羊茅的生长规律和养护技术［J］. 上海农业科技, 04：92 – 93.

李文送. 2007. 我国香根草繁殖方法的研究进展［J］. 草业科学, 07：36 – 39.

李秀玲, 刘君, 宋海鹏, 等. 2010. 13种观赏草在南京地区夏秋两季观赏价值的灰色关联分析［J］. 草业科学, 02：43 – 48.

李秀玲, 刘君, 杨志民. 2010. 九种观赏草在南京地区的适应性评价［J］. 中国草地学报, 03：78 – 83, 89.

李燕. 2009. 十种冷季型草坪草引种适应性评价［J］. 山西林业, 02：33 – 34, 42.

刘光欣. 2005. 抗赤霉病小麦—大赖草易位系的鉴定及聚合［D］. 南京农业大学图书馆.

刘兴权. 2006. 药用植物良种引种指导［M］. 北京：金盾出版社.

刘宇. 2008. 大赖草的生殖生态学研究［D］. 新疆农业大学图书馆.

刘月明, 独军. 2009. 四种优良彩叶地被植物引种栽培及园林应用评价［J］. 甘肃科技, 05：142 – 144.

刘志民，李雪华，李荣平，等.2003. 科尔沁沙地 15 种禾本科植物种子萌发特性比较[J]. 应用生态学报，09：20 – 24.

陆维承，等.2005. 竹叶和淡竹叶考辨[J]. 中医药学刊，12：150 – 151.

么春花，张金伟，马隽.2008. 蓝色羊茅草在唐山城市绿化中的应用[J]. 河北农业科技，06：32.

南茜 J·安德拉.2008. 观赏草在美国园林中的应用[J]. 金荷仙，林冬青，蔡宝珍，译. 中国园林，12：10 – 18.

彭秀，李彬，董其友.2009. 香根草育苗与栽植技术[J]. 防护林科技，05：114 – 116.

祁承经.1987. 湖南植物名录[M]. 长沙：湖南科学技术出版社.

秦忠时.2004. 东北草本植物志[M]. 北京：科学出版社.

石道义.2008. 紫竹引种关键技术分析[J]. 中国林副特产，03：49 – 51.

司友斌，包军杰，曹德菊，等.2003. 香根草对富营养化水体净化效果研究[J]. 应用生态学报，02：118 – 120.

孙吉雄.2003. 草坪学[M].2 版. 北京：中国农业出版社.

孙振中，尹俊，罗富成，等.2008. 4 个画眉草品种在云南嵩明地区的比较[J]. 草业科学，04：64 – 67.

谭宏超，谭洪万.2006. 紫竹的丰产栽培技术及其特殊用途[J]. 林业调查规划，S1：157 – 159.

田家怡.2005. 黄河三角洲湿地生态系统保护与恢复技术[M]. 青岛：中国海洋大学出版社.

王常慧，董宽虎.2002. 冷季型草坪的建植与养护管理[J]. 草原与草坪，02：51 – 52，54.

王贤.2006. 牧草栽培学[M]. 北京：中国环境科学出版社.

温海峰，刘昆良.2009. 常用观赏草及其在园林中的配置[J]. 中国花卉园艺，15：20 – 23.

武菊英.2007. 观赏草及其在园林景观中的应用[M]. 北京：中国林业出版社.

席国庆，刘玉新.2005. 高大禾草加工技术概况[J]. 草业科学，01：34 – 35.

萧运峰，王锐，高洁.1995. 五节芒生态—生物学特性的研究[J]. 四川草原，01：25 – 29.

肖文一，陈德新，吴渠来.1991. 饲用植物栽培与利用[M]. 北京：农业出版社.

谢保令，郭勇，覃柳燕，等.2007. 我国香根草的利用和研究现状[J]. 大众科技，01：134 – 136.

谢龙，汪德爝.2009. 花叶芦竹潜流人工湿地处理生活污水的研究[J]. 中国给水排水，05：96 – 98.

徐泽荣，杨林.2009. 四川的芒草资源及其开发利用前景[J]. 草业与畜牧，09：26 – 31，58.

叶绣珍，徐向明，李煜祥，等.1995. 偏序钝叶草(*Stenotaphrum secundatum*)与地毯草(*Axonopus compressus*)营养器官特点的研究[J]. 亚热带植物学报，03：50 – 55，88 – 89.

于淑玲.2010. 地膜覆盖香茅的栽培技术[J]. 北方园艺，03：59 – 60.

约翰·雷纳.2008. 澳大利亚园林中的观赏草[J]. 陈进勇，译. 中国园林，12：19 – 23.

张树林，丘荣.2009. 园林花卉实用手册[M]. 武汉：华中科技大学出版社.

张永亮，骆秀梅.2008. 藕草的研究进展[J]. 草地学报，06：118 – 125.

张远兵，刘爱荣，张雪平.2009. 13 个冷季型草坪草品种在蚌埠地区的适应性研究[J]. 草业科学，04：130 – 136.

昭田真，姜恕，祝廷成，等译.1986. 草地调查法手册[M]. 北京：科学出版社.

赵兰，邢新婷，江泽慧，等.2010. 4 种地被观赏竹的抗旱性研究[J]. 林业科学研究，02：75 – 80.

赵忠祥，徐玉鹏，孔德平，等.2009. 15 个羊茅类草坪草种的适应性比较[J]. 河北农业科学，02：28 – 29.

中国科学院昆明植物研究所.2003. 云南植物[M]. 北京：科学出版社.

中国科学院昆明植物研究所.2003. 云南植物志·第九卷(种子植物)[M]. 北京：科学出版社.

中国科学院植物研究所.2002. 中国高等植物图鉴(第五册)[M]. 北京：科学出版社.

中国科学院中国植物志编辑委员会.1997. 中国植物志[M]. 北京：科学出版社.

中国饲用植物志编辑委员会.1989. 中国饲用植物志·第二卷[M]. 北京：农业出版社.

中国饲用植物志编辑委员会.1991. 中国饲用植物志·第三卷[M]. 北京：农业出版社.

庄财福，陈志勇，洪耀明，等.2005. 植生对边坡生态工法的稳定性评估[J]. 明道学术论坛.

邹官辉，刘来红，陈兴福，等.2003. 紫竹生物学特性及丰产栽培技术研究[J]. 中国林副特产，02：46 - 48.

第 *7* 章

其他科观赏草

7.1 莎草科(Cyperaceae)

7.1.1 苔草属(*Carex*)

苔草属是莎草科中的最大的一个属,至今已知的共有约 2 000 个种。大多数分布在寒带或者温带地区。中国约有 500 种,主要分布于东北、西北、华北和西南高山地区,南方种类较少。喜潮湿,多生长于山坡、沼泽、林下湿地或湖边。苔草属多数是多年生草本植物,少数为一年或两年生。

苔草属植物有不少种类可作牧草,如东北、华北、西北产的优良牧草有脚苔草、低苔草、宽叶苔草和毛缘苔草等,特别是在早春,可为牲畜补充能量[图7-1(a)];有些种类茎叶纤维可作造纸原料,如乌拉草、乳突苔草、披针苔草、羊胡子苔草和砂钻苔草(筛草)等。一些种类具有很高的观赏价值,如白颖苔草和异穗苔草等,可用于草坪美化环境[图7-1(b)]。还有一些乡土种类,可用于野生生境的恢复或构建可持续低投入的景观。

(a)　　　　　　　　　　　　　　　　　(b)

图7-1　苔草植物的用途

(a)作为牧草饲用　(b)作为景观观赏

7.1.1.1　克抑长穗苔草(*Carex dolichostachya* 'Kaga Nishiki')

该品种培育于日本,目前在很多国家引种栽培。

【形态特征】 植株低矮,丛生,高约为 20~40cm,宽幅 30~60cm。植株生长健壮、生育期长；叶片细长，弧形镶金边。花序不明显，主要观赏部位是叶片(图7-2)。

【生态学特性】　在冬季温暖地区，可以保持常绿。在夏季凉爽的地区，若保持较好的湿度，可以在全光照下栽培。喜荫或半荫，对土壤质地和酸碱度要求不高，喜肥沃湿润土壤。易于维护，一般可通过修剪叶片来越冬。

【观赏部位及利用价值】　用作潮湿荫蔽区域的镶边植物尤为合适，常与玉簪属和蕨类植物搭配在一起使用。具有较好的质感，维护成本低，可用于前庭

图7-2　克抑长穗苔草

花园、高山岩石园、花坛镶边、地被绿化，还可用于容器栽培。

7.1.1.2　具鞭苔草(*Carex flagellifera*)

【形态特征】　多年生常绿草本，植株低矮，丛生，约为20~30cm，宽幅30~60cm。叶片重叠排列，中等宽度，橙色到褐色。花序很小，褐色，花期较长，可从初夏开花持续到仲夏(图7-3)。

图7-3　具鞭苔草

【生态学特性】　原产于新西兰，可以栽培在冬季气候温暖的地区。喜全光照，可耐半阴；对土壤质地和酸碱度要求不高，在pH值5~8的土壤中生长良好。具有较好的抗旱性。

【栽培管理】　具有自播繁衍能力，适宜在春天进行播种、分株繁殖；栽培成活后，维护管理简单。

【观赏部位及利用价值】　非常适合用作花坛镶边种植，也可在斜坡上种植，防止山体滑坡和水体流失，还可种植在岩石园中或容器中。

7.1.1.3　斑叶宽叶苔草(*Carex siderosticha* 'Variegata')

【形态特征】　植株低矮，高约15~20cm，宽幅30~60cm。叶片较宽，绿色，叶缘有亮乳白色的条纹，外观看起来很像矮生的玉簪。花序棕褐色，较小，花期在春夏之交(图7-4)。

【生态学特性】　喜湿润土壤，具有较好的抗旱性，耐半阴。对土壤质地和酸碱度要求不高，易于维护。

【栽培管理】　可以播种繁殖，也可在生长芽出现后进行分株繁殖。栽培成活后，维护管理较容易。

【观赏部位及利用价值】　在荫蔽的园林中应用较多，可用作斜坡绿化和公园地被，可

(a)   (b)

图 7-4 斑叶宽叶苔草

种植在混合容器中。

7.1.1.4 金叶苔草(*Carex oshimensis* 'Evergold')

别名：金色苔草、花叶苔草、花叶蒲苇。

【形态特征】 植株低矮，约 15～20 cm，宽幅 20～30 cm。叶片革质，常绿，有亮乳白色或黄色斑点，重叠排列。花序褐色，较小，开花在春夏之交(图 7-5)。

【生态学特性】 耐遮阴或半荫，喜湿润肥沃的土壤，对土壤的质地、酸碱度以及水分条件要求不高，易于维护。

【栽培管理】 早春进行分株繁殖。在荫蔽环境下，本品种具有较高的抗旱性。

图 7-5 金叶苔草

【观赏部位及利用价值】 具有较好的质感，可用于高山岩石园、镶边、地被绿化，还可用于容器栽培，常与蔷薇科、玫瑰、月季、野蔷薇等一起搭配使用。因其比较喜湿，也可在水生园中应用。

7.1.1.5 伯克莱苔草（*Carex numdicola*）

英文名：Berkeley Sedge。

【形态特征】 植株散状丛生，常绿。叶纤细，深绿，呈弧形。花期为春季，花序呈褐色(图7-6)。

【生态学特性】 适宜全日照到荫蔽生境，喜欢四季潮湿的土壤，但经充分生长发育后也具有一定的耐旱性。

【观赏部位及利用价值】 可配置于自然式小路的两侧。

7.1.1.6 密苞叶苔草（*Carex phyllocephala*）

【形态特征】 株丛高20~60 cm，叶长于秆，密集排列于秆的顶端，披针形，宽8~14 mm，顶端锐尖，革质，边缘外卷。苞片叶状，密集生于秆的顶端，长于花序。小穗集生于秆的顶端；顶生小穗线状圆柱形，锈褐色。花果期6~9月(图7-7)。

图7-6 伯克莱苔草

【生态学特性】 分布于日本以及中国大陆的福建等地，生长于海拔500~1 000m的地区，目前在我国尚未有人工引种栽培。喜湿润，肥沃土壤，对光照要求不高，耐阴，一般生于林下、路旁以及沟谷等潮湿地。

【观赏部位及利用价值】 密苞叶苔草可做地被植物，植于小道两侧，花坛外围，亦可种植于小溪边。

图7-7 密苞叶苔草

图7-8 雪线苔草

7.1.1.7 雪线苔草（*Carex conica* 'Snowline'）

【形态特征】 雪线苔草植株低矮，高15cm左右，宽幅25~30 cm；叶片绿色，较窄，边缘为银白色；五月开花，花序绿色，较小(图7-8)。

【生态学特性】　原产日本，喜欢潮湿，耐半阴。对土壤质地和酸碱度要求不高，易于管理。

【栽培管理】　在早春，叶尖容易变褐色，需将褐色部分剪除。可以进行分株繁殖，所取子株较大时，才能取得较好的种植效果。

【观赏部位及利用价值】　雪线苔草生长缓慢，非常适合作绿篱，也可以群植，或应用于岩石园，或种植在容器中。

7.1.1.8　棕榈叶苔草(*Carex muskingumensis*)

【形态特征】　多年生常绿或半常绿草本，丛生，株高 20～50 cm。叶片亮绿，狭窄，渐尖，螺旋状着生，形如棕榈，长 10～15 cm，宽 6～7 mm，叶色随季节变化，叶缘会变成黄色，在早霜后叶色将变成黄色或褐色。初夏开花，花序呈黄绿色，高于叶丛，花穗小，不醒目，花期 5～6 月，为风媒传粉(图7-9)。

【生态学特性】　原产北美，我国已引种栽培。喜湿润，肥沃土壤，对光照要求不高，耐阴，高湿地区宜栽植于半阴条件下，全光照条件下叶片明显偏黄，耐湿，一般生长于土壤湿润且有机质丰富的土壤，也可生长于浅水中。

【栽培管理】　采用播种繁殖，也可于春、秋季进行分株繁殖。

【观赏部位及利用价值】　叶形奇特，秀丽多姿，为良好的庭园造景植物材料。

图 7-9　棕榈叶苔草

宜成片种植于湿润的疏林下，其亮绿的色彩，可为地被景观增色不少，喜水湿，尤其适合于水滨种植，丛植于桥头，池旁或溪边，与其他湿生植物巧妙配植，生动自然，还可以起到保持水土的作用，形成优美的湿地景观。也可作花境前、中景布置，增添色彩和质地的变化。

7.1.1.9　灰色苔草(*Carex grayi*)

【形态特征】　秆密丛生，高 30～75 cm，锐三棱形，栗褐色。叶片扁平，亮绿或草绿，一直保持到秋季甚至初冬。夏到仲夏开花，穗状花序大而圆，呈黄绿色，干后变成黄褐色。果囊淡绿色，密生小瘤状突起，花果期 6～7 月(图7-10)。

【生态学特性】　原产于黑龙江、吉林、内蒙古；生于湿地或沼泽，海拔 590m。分布于朝鲜、俄罗斯(东西伯利亚和远东地区)。喜湿润，肥沃土壤，适生于砂土到黏壤土等常见类型的土壤。有一定的抗酸碱能力，可适应 pH 5～8 的土壤。对光照要求不高，耐阴。

【栽培管理】　采用播种繁殖，也可于春、秋季进行分株繁殖。

【观赏部位及利用价值】　果序具有较高的观赏价值，可用作地被植物和牧草。

7.1.1.10　青铜新西兰发状苔草(*Carex comans* 'Bronze')

别名：缨穗苔草。

【形态特征】　植株低矮，发状簇生，高约 20~30 cm，宽幅为 30~60 cm；叶片很细，呈铜褐色，重叠排列。花序很小，为褐色，花期从初夏到仲夏(图 7-11)。

【生态学特性】　原产新西兰，分布范围很广，在冬季较温暖的地区和热带地区均可生长良好。全光照下生长良好，在热带喜半阴的环境。对土壤质地要求不高，可以在壤土、砂土和黏土上生长，有一定的抗酸碱能力，在 pH 5~8 的土壤中均可生长。能适应干旱环境，具有较好的抗污染能力，还可以防止山体滑坡和水体流失，具有较好的抗风能力。

图 7-10　灰色苔草

【栽培管理】　可以在早春进行播种、分株繁殖，而其自身也可通过种子进行自播繁衍。

【观赏部位及利用价值】　常用作绿篱，也可在岩石园和容器中种植以供观赏。

7.1.1.11　苔草(*Carex flacca*)

【形态特征】　多年生草本，株高 20 cm 左右。地上部茎叶绿色，地下部分呈灰绿色。黑色或紫色穗状花序，绝大部分茎干具两个合生雄蕊，易被误认为只有一个雄蕊。果实略圆，具有不到 0.3 mm 的壳尖。

【生态学特性】　原生于欧洲，北非及北美东部。喜光，耐半阴，喜湿润土

图 7-11　青铜新西兰发状苔草

壤，但不耐涝，在低洼积水处不宜种植，要避免积水，否则易造成烂根。适应性较强，耐瘠薄，有一定的耐寒性，在黄河以南地区可露地越冬，具有较好的抗风抗旱能力。根系发达，可以用作边坡绿化，防止山体滑坡和水体流失的发生。

【栽培管理】　苔草一般采用分株繁殖，但繁殖速度较慢，可通过组织培养的方法快速繁殖优良单株。

【观赏部位及利用价值】　叶片观赏价值较高，可用作花坛、花境镶边，也可用于盆栽观赏，还可应用于庭院和别墅绿化中。生态适应性强，维护管理容易，有利于建造低成本的园林景观。可以在草原、荒地、裸地以及盐沼边缘地带生长，常用于生态恢复。

7. 1. 1. 12 斑叶苔草 (*Carex morrowii* 'Variegata')

别名：莫罗氏苔。

【形态特征】 多年生常绿草本，丛生，植株低矮，自然高度一般在 7 cm 以下。叶丛生于茎基部，叶色绿白相间，为斑纹叶，较粗糙。花序黄绿色，生殖枝高度一般不超过 20 cm。4 月初返青，返青后很快就抽薹开花，5 月下旬或 6 月上旬即进入盛花期(图 7-12)。

【生态学特性】 属冷季型草种。具有青绿期长、植株低矮、株型优美、覆盖繁衍快、耐践踏等特点。适应性强，喜温暖湿润和阳光充足的环境，耐半

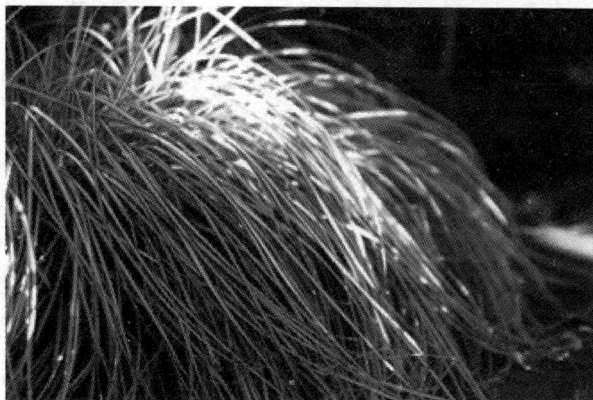

图 7-12 斑叶苔草

阴，怕积水。具有较好的抗风能力，可用作边坡绿化，防止山体滑坡和水土流失的发生。

【栽培管理】 斑叶苔草采用分株、播种法繁殖。繁殖容易，养护管理相对简单，因而非常有利于低投入的持续性园林景观的形成。

【观赏部位及利用价值】 既可盆栽观赏，布置节日花坛、会场等，也可作地被植物、花坛、湿地水景、盆栽以及固土护坡等。

7. 1. 1. 13 金碗苔草 (*Carex elata* 'Aurea')

【形态特征】 多年生常绿或落叶草本，丛生，株高达 40~60 cm，冠幅 15 cm。叶纤细、金黄色，叶缘绿色。穗状花序，孕穗期 3~5 月，小穗黑褐色，春夏之交开放。小坚果为三棱形(图 7-13)。

图 7-13 金碗苔草

【生态学特性】 主要分布在亚热带中低山及丘陵地区，喜温暖湿润的生态环境，在炎热潮湿的环境也能生长。抗污染性较强，有一定的抗风能力，可以在用于边坡绿化，防止山体滑坡和水体流失的发生。

【栽培管理】 多用分株，播种繁殖，组织培养亦可。在阳光充足的情况下，叶片颜色鲜艳具光泽，也能耐受一定荫蔽。适宜种植在湿润的土壤及水中，深度约 5 cm。春季需水较多，而后蓄水量逐渐减少。

【观赏部位及利用价值】 叶片色泽光鲜亮丽，生长密集，抗性强，病虫害少，是优良的观叶植物。植株生长密集，具有很好的覆盖性，既可作为地被植物成片种植，也可作为草坪、花坛、园林小路的镶边。

7.1.2 莎草属(*Cyperus*)

莎草属为一年生或多年生草本，约55种，全产温带和热带地区。我国约30余种及一些变种，大多数分布于华南、华东、西南各地区，少数种在东北、华北、西北一带亦常见到。多生长在潮湿处或沼泽地。

纸莎草(*Cyperus papyrus*)

【形态特征】 多年生常绿草本植物，茎秆直立丛生，光滑粗壮，三棱形，不分枝，高1.2~1.8 m。叶退化成鞘状，覆盖于茎的下部；托叶狭长，绿色，簇生于茎的顶部。总苞叶状，顶生，带状披针形。花小，淡紫色，花朵呈扇形花簇，长在茎的顶部，瘦果三角形，花期6~7月。

【生态学、生物学特性】 原产于欧洲南部、非洲北部以及小亚细亚地区，主要在尼罗河沿岸区域。生长在浅水中，分布遍及沼泽、浅水湖和溪畔等湿生环境。纸莎草的花在暮夏盛开，并且倾向于在全日照到半阴凉的环境中开花。与许多典型的热带植物一样，纸莎草对霜很敏感。在热带至亚热带的环境中，不论是潮湿森林或干燥沙漠，只要全年平均气温在20~30℃且土壤pH6.0~8.5就可以生长。喜温，喜湿，喜光，一般生长在浅水边、溪流旁、河岸带等潮湿地点。

【栽培管理】 繁殖方式主要是分株，植株高大，水分条件充足时，能长到4.5 m，用作观赏的品种植株相对矮小。具有发达的地下根茎，容易控制在一定范围内，没有环境入侵风险；茎秆粗壮，基部无叶片。硕大伞形花序生长在茎秆的顶端，花序直径可达30 cm以上，花期长，持续整个夏季。我国北方地区不能露地越冬，冬前要移至温室内。

【观赏部位及利用价值】 沼泽水生植物，茎叶殊雅，摇曳生姿，为插花高级叶材，可盆栽或用于庭园潮湿地、水池美化。园林中用于水景，在水边、浅水处、池塘旁等点缀；或容器种植，作室内观赏植物。纸莎草盛产于埃及与中东，数千年前，埃及人用该草作造纸原料，故称为纸莎草。该地区以其制造的纸莎草纸闻名于考古学界，古埃及大量文献都记录在这种纸上，并得以保存至今(图7-14、图7-15)。

图7-14　纸莎草远景

图7-15　纸莎草近景

7.1.3 藨草属(*Scirpus*)

草本，全世界约有200多种，欧洲、美洲、亚洲或大洋洲都有分布，自然条件下生长在湖边、河湾或浅水塘中，形成自然群落。中国产 37 种、3 杂种及一些变种，广布于全国。

水葱（*Scirpus tabernaemontani* **Geml.**）

别名：翠管草、冲天草。

【**形态特征**】 多年生草本植物，具粗壮匍匐根状茎。秆单生，直立，圆柱状，高 1 ~ 2 m，平滑，内为海绵状，基部具 3 ~ 4 个叶鞘，叶鞘长达 38 cm，管状，膜质，仅最上部的 1 枚具叶片。叶片线形，长 2.5 ~ 11 cm；茎顶端有苞片 1 枚，直立，钻状，为杆的延长，短于花序。聚伞花序顶生，具 4 ~ 15 或更多的辐射枝，小穗淡黄褐色；鳞片红棕色。小坚果倒卵形。花期 6 ~ 8 月，果期 7 ~ 9 月（图 7-16）。

图 7-16 水 葱

【**生态学特性**】 喜水湿，喜光照，在土壤肥沃的条件下生长茂盛。适应性强，能耐寒、耐阴，也耐盐碱。

【**栽培管理**】 盆栽宜用富含腐殖质肥沃松散的壤土。在寒冷地带，冬季地上茎干枯，地下茎休眠。如进入 10℃ 以上温室养护，能继续生长，保持常绿。冬季可将地上部剪掉，排水，留根部在土壤中越冬。分株扩繁，春季是分栽最佳季节。水葱盆栽均用分株繁殖，早春萌发前，倒出根坨，按 2 ~ 3 节一段分割，用 40 cm 口径无排水孔的大盆，装松散肥沃的壤土，下垫蹄片少许做基肥。将几段根茎均匀栽好，以保持株丛生长疏密适度，丰满悦目。盆土填到盆深的 2/3。初栽保持盆土湿润，放置于通风光照较强处。随气温上升株丛生长，逐渐把盆水加满。盛夏宜放疏荫环境，保持植株翠绿。入冬休眠剪去枯茎放入冷室保存。

【**观赏部位及利用价值**】 水葱特殊的株形已备受园艺家的重视，植株挺立，生长葱郁，色泽淡雅洁净，是典型的观茎植物。园林中主要种植在水塘、水池及流动平缓水体中，作为水景布置中的障景或后景，普通水葱伴随荷花、睡莲，组成水生花坛，构成优美清爽景观。盆栽置于庭院、水榭中，进行庭院布景装饰用，景观清新别致。花叶水葱摆设庭院或客厅更显美观文静。除了观赏外，水葱秆可作纺织材料或造纸原料。茎入药，有清凉利尿之功效。秆也可编席子。

7.1.4　羊胡子草属(*Eriophorum*)

多年生草本，本属在我国共有6种，多分布于东北、西北和西南各地区。用作观赏草的目前仅1种。

窄叶羊胡子草(*Eriophorum angustifolium* Honck.)

英文名：Narrow-leaved Cotton Grass；别名：棉花草。

【形态特征】　多年生草本，蔓生性，高30~45cm。叶亮绿色，细长。花序白色，花冠似棉花，簇生在茎端。花期为春季至初夏，持续数月[图7-17(a)]。

【生态学特性】　喜酸性强的土壤，常常种植于盛有酸性土壤的种植篮中或容器中。喜欢全日照条件，喜湿润或潮湿土壤。可生长于湿地至水深5cm的地方。

【栽培管理】　新收的种子可以直接播种，受休眠及外界条件影响，发芽率变化较大。春季分株繁殖，但发芽率不能得到保证。

【观赏部位及利用价值】　银白色飘逸的花冠形态特别，适合庭园水边、湿地种植观赏[图7-17(b)]。

(a)　　　　　　　　　　　　(b)

图7-17　窄叶羊胡子草

(a)窄叶羊胡子草花序　(b)窄叶羊胡子草景观

7.2　灯心草科(Juncaceae)

共9属，300种；我国有2属，约80种。多年生或稀一年生草本；常具根状茎，根须状。茎多簇生，叶基生或同时茎生。叶片扁平至圆柱状，披针形、条形或毛发状，有时退化呈芒刺状；叶鞘开放或闭合，常具叶耳。

7.2.1　地杨梅属(*Luzula*)

我国有 16 种 1 亚种和 3 变种，主产东北、华北、西北和西南地区。多年生草本植物，叶多基生，边缘多少具缘毛；叶鞘闭合。聚伞花序，花先于叶开放。蒴果仅有 3 枚种子。本属约 70 种，广布于温带和寒带地区，尤以北半球为最多，少数种分布在靠近热带的高山地区。生长在山坡林缘、水沟边或路旁、溪边湿草地。

7.2.1.1　丛林地杨梅(*Luzula sylvatica* 'Aurea')

英文名：Golden woodrush；别名：金黄大地杨梅。

【形态特征】　多年生草本，株高 60 cm，株丛宽幅为 45 cm。叶片金黄或黄绿色[图 7-18(a)(b)]。

【生态学特性】　耐遮阴，不耐直射光照。耐旱，抗逆性强；喜湿润但排水良好的土壤。生长速度慢，持久性强。

【栽培管理】　易种植，维护成本低，建植后几乎不需要额外的灌溉；但是在定期浇水条件下，可以旺盛生长。分株繁殖，一般在 4～6 月进行。

【观赏部位及利用价值】　是沼泽花园中的理想观赏草，其明亮的金色叶片给人带来愉悦的欣赏，在寒冷地区的冬季也是一种不错的观赏植物。在一些遮阴渐入区域盆栽可获得良好的色彩视觉感受，同时，亦可用于小路、走道等小空间绿化，是一种很好的地被植物[图 7-18(c)]。

(a)　　　　　　　　　　(b)　　　　　　　　　　(c)

图 7-18　丛林地杨梅

(a)丛林地杨梅整植株　(b)丛林地杨梅花序　(c)丛林地杨梅近景

7.2.1.2　白穗地杨梅(*Luzula nivea*)

英文名：Snowy woodrush。

【形态特征】　多年生草本，弱蔓生性，垫丛状，株丛疏松，高 30～60 cm。叶狭长，灰绿色或深绿色，叶缘具毛。春季及初夏盛开白花。花序白色、棉絮状，密生于茎端，后花序变为黄褐色[图 7-19(a)]。

【生态学、生物学特性】　喜欢荫蔽，适应性强，喜欢常年湿润排水良好且腐殖质丰富的土壤。春季及初夏盛开白花，之后变为黄褐色。

图 7-19　白穗地杨梅

(a)白穗地杨梅花序　(b) 白穗地杨梅路边景观

【栽培管理】　维护成本低，不耐受直射光照，在热季需要一定的遮阴。每周一次充分灌溉。

【观赏部位及利用价值】　一般在小路、走道及小空间遮阴处配置[图 7-19(b)]。

7.2.2　灯心草属(*Juncus*)

多年生或稀一年生草本，茎常簇生根茎上。叶圆柱形或扁平，无毛；叶鞘开放。花有先于叶开放或无，蒴果有多数种子。本属约 200 种，分布于世界各地，主产温带和寒带。

7.2.2.1　开展灯心草(*Juncus patens* E. Mey. & Buchen.)

英文名：California gray rush。

【形态特征】　茎尖锐簇生，呈灰绿色，高 45 ~ 80 cm；叶纤细，直立，叶片蓝色(图 7-20)。

【生态学特性】　喜光，耐轻度荫蔽；喜潮湿或湿润的肥沃土壤。冬季年均最低温低于 − 12.2℃ 的地区不宜生长。

【栽培管理】　配置于阳光充足的地块，需保持土壤湿润。

【观赏部位及利用价值】　叶片蓝色是景观中亮丽的风景，在水生园配置可使色彩丰富。

图 7-20　开展灯心草

7.2.2.2　'旋叶'灯心草(*Juncus effuses* 'Spiralis')

英文名：Corkscrew rush。

【形态特征】　散状丛生，高 30 ~ 60 cm，茎青绿或深绿，呈奇怪的卷曲或扭曲状。花红褐色(图 7-21)。

【生态学、生物学特性】　野生性强，生长缓慢。喜充足的阳光，全日照或轻微荫蔽，喜欢终年湿润土壤或潮湿的土壤，可耐受10 cm水淹。初夏开花，花呈黄色或褐色。

图 7-21 '旋叶'灯心草

【观赏部位及利用价值】 用于水生园。

【栽培管理】 分株繁殖。

【观赏部位及利用价值】 用于水生园。

7.2.2.3 '车夫'灯心草(*Juncus effuses* 'Carman's Japanese')

英文名:'Carman's Japanese' rush。

【形态特征】 也称灯心草,丛生,叶细弱亮绿,茎常绿,高 60～90 cm,花乳白色,果穗为红褐色。夏季开花结实(图 7-22)。

【生态学特性】 全日照,耐轻微荫蔽,喜湿植物,喜四季湿润的土壤或静水。

【栽培管理】 分株繁殖。

(a)

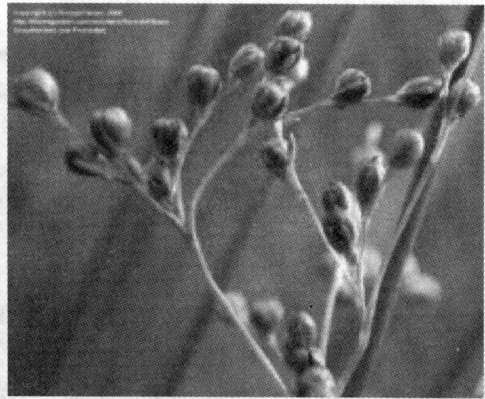

(b)

图 7-22 '车夫'灯心草

(a)'车夫'灯心草植株 (b)'车夫'灯心草种子

7.3 花蔺科(Butomaceae)

花蔺科,单子叶植物,泽泻目,5 属,约 10 种,分布于温带和热带地区,我国有 3 种,产北部和云南。水生或沼生。多年生草本,常有乳状汁液,具根状茎,叶茎生或基生。花两性,单生或排成伞形花序;花被片 6 枚,2 轮,外轮萼状,内轮花瓣状;雄蕊 8～9 或多数,多数时,其外轮的常仅有花丝而无药,花丝分离,花药 2 室;心皮 6 至多数,分离或仅基部连生;胚珠倒生,多数,生于网状分枝的侧膜胎座上;果为蓇葖果。植物四季常青,花时香气袭人,果时红润晶莹,常年具有观赏价值。

7.3.1 花蔺(*Butomus umbellatus*)

【形态特征】 多年生水生草本,叶基生,茎伸出水面,条形,呈三棱状,长约 30～120 cm,宽约 3～10 mm。花葶圆形,直立;花序在花葶顶端排成伞形花序;苞片 3;花梗细长;外轮花被片 3,片状,带紫色;内轮花被片 3,花瓣状,淡红色。花果期 5～9 月[图 7-23

（a）]。

【生态学特性】　分布于东北各地及新疆、陕西、内蒙古、河北、山西、山东、河南、江苏；欧洲及亚洲其他地区也有。挺水观花植物，生于常年积水的池沼、洼地或沿河湿沙地。耐寒，不择土壤，砂土、壤土和黏土中均能生长。在酸性和碱性土壤中生长良好，但要求充足阳光，不喜欢阴凉环境。花蔺是北方地区为数不多的水生植物之一，多栽培在池塘和沼泽花园中，能在 30 cm 的浅水中正常生长。

【栽培管理】　近年来花蔺在湿地人工恢复和重建工作中的需求越来越大，它不喜欢阴凉环境，因此在引种栽培时应注意环境的选择。其繁殖方式包括有性生殖和通过地下茎进行的无性繁殖，地下茎产生休眠芽体越冬，并有类似禾本科植物的分蘖现象。通过野外观察发现，花蔺的无性繁殖方式除了通过地下茎外，夏末花期末期还能在花序轴顶端产生珠芽，通过珠芽也能越冬和繁殖。

花蔺种子成熟后最好在温室内播种，种子通常在春天发芽。如果种子不保持湿润很快就失去了活力。当种苗长到一定大小时，把它们分栽到一个个单独的花盆里，在花盆下放置盛有水的托盘。到春末夏初，再从温室内移植到室外露地。花蔺在春季进行分株繁殖也非常容易。可以从母株分出较大的株丛直接移栽，也可以分成小块先在室内育苗，到夏天再移出。

【观赏部位及利用价值】　花蔺整株都具有观赏性，特别是花序中繁簇的小花，淡红至紫红色，在湖中可与荷花比美，花朵有苦杏仁味。多运用于池塘和沼泽花园[图 7-23（b）]。花蔺根茎含淀粉37% ~ 40%，可制淀粉、酿酒。根、叶和种子均可入药；植物对二氧化硫等有毒气体有较强的抗性。

(a)　　　　　　　　　　　　　　　　　　(b)

图 7-23　花　蔺

(a)花蔺花序　(b)花蔺在水景中的运用

7.3.2　黄花蔺(*Limnocharis flava*)

黄花蔺是花蔺科黄花蔺属的唯一种，多年生挺水草本植物，是从国外新引进的优秀水生观赏植物。生长于热带，是盛夏水景绿化的优良材料。其拉丁种名 flava 是"黄色的"意思，指它的花黄色。

【形态特征】　水生草本，叶丛生，挺出水面；叶片卵形至近圆形，亮绿色；叶柄粗壮，三棱形。伞形花序有花 2～15 朵，有时具 2 叶；苞片绿色；花梗长 2～7 cm；内轮花瓣状花被片淡黄色，基部黑色；花丝绿色；雌蕊黄绿色。果圆锥形，为宿存萼片状花被片所包。种子褐色或暗褐色，马蹄形。花期 7 月下旬至 9 月，果期 9～10 月［图 7-24（a）］。

(a)　　　　　　　　　　　　　　　　　(b)

图 7-24　黄花蔺
（a）黄花蔺花序　　（b）黄花蔺水景

【生态学、生物学特性】　我国分布于云南（西双版纳）和广东沿海岛屿。国外分布于缅甸南部、泰国、斯里兰卡、马来半岛、印度尼西亚以及美洲热带地区。生长于沼泽、湿地中，水稻田中也很常见。黄花蔺喜温暖、湿润，在通风良好的环境中生长最佳，在北京作为一年生植物栽培。黄花蔺对土壤 pH 值要求不严，在 pH4.5～7.0 的条件下都能正常生长发育。气温低于 15℃时停止生长，0～2℃会发生冻害，北方露地栽培，冬季需保护越冬。种子采收后经水藏过冬，4～5 月播种，生长周期 180～200 d。花期时，花葶基生，直立生长，顶端形成 6～7 支小花梗于顶部开花，花后花葶弯伏，果实浸于水中生长发育成熟；地栽植株，花葶紧贴地面，果实发育后期，花葶端部长出幼苗，仍与母株相连，以便从母株上吸取养分、水分，供幼苗长叶、生根。花葶弯伏入水也有利于种子随水传播，而这种有性繁殖和无性繁殖相伴的繁殖方法，使果实无论在水中还是在湿润的泥土中，都能根据其生长环境选择相适应的繁殖方式，有利于种群的繁衍。

【栽培管理】　肥力与生长发育有着密切关系，土壤肥沃，花多，色彩艳丽，花期长，整个植株生长旺盛，观赏期长。肥少，植株则表现差。黄花蔺的繁殖方法分为有性繁殖和无性繁殖，两者也可同时进行。无性繁殖是用花茎分生新株进行繁殖，于 7～8 月从花茎上分生新的幼苗，初期靠吸收母株的营养供幼苗生长，当幼苗长出数片叶，其下生根，便可独立生长。截取花茎端部的幼苗作繁殖材料。

有性繁殖即用种子播种繁殖。9～10 月采收种子。用纱布包裹整个果序，以防果实开裂种子散入水中，收集果实后，用清水漂净杂质，5～10℃条件下保存，经常换水，保持水质清洁。用种子有性繁殖，北京 4 月室内气温达到 15℃以上开始播种。将过筛的细土装入盆中弄平，均匀撒入种子，覆盖一层细土，浸入水中，加水至 2 cm 深，上盖塑料薄膜或玻璃，保持湿度，10 d 左右即可发芽。当幼苗长出 3~4 片幼叶时进行第一次分栽，以园土和砂土 2:1 混匀作基质，按 3cm×3 cm 株行距分栽。幼苗长出 7~8 片叶时进行第二次分栽，以园土和砂土 4:1 混匀，加入适量麻酱渣，以 8cm×8 cm 株行距栽植。当苗封行时，将其带土定植，盆径 25~35 cm，以园土加农家肥作基质。日常管理时，应经常除去盆内杂草、水苔，保持水质清洁，盛花期追施速效氮肥和磷、钾肥，每盆施加 4~5 g 肥料，用带韧性的纸包住，顺盆边插入，或叶面喷施，浓度以 0.5% 为宜。黄花蔺生长期常有蚜虫为害，可喷 1/1 000乐果防治。发生白粉病时，可用 800 倍托布津液或 1 000 倍多菌灵液喷治。

【观赏部位及利用价值】 黄花蔺植株中型，适合各类水景使用，是应用最广泛的种类之一。植株株形奇特，叶黄绿色、叶阔，四季常青，花黄绿色、朵数多、开花时间长，整个夏季开花不断，黄色花朵灼灼耀眼，香气袭人，果实红润晶莹，深受人们喜爱。园林应用中单株种植或 3~5 株丛植，也可成片布置，效果均好。也用盆、缸栽，摆放到庭院供观赏。还可食用或作家畜饲料。

此外，花蔺科具有观赏价值的植物还有拟花蔺(*Butomopsis latifolia*)，一年生草本，叶基生。花草长 10~30 cm；伞形花序具花 3~15 朵；花梗长 5~12 cm，基部有膜质小苞片，外轮花被片广椭圆形，内轮花被片白色。种子褐色。分布于北非，热带亚洲及大洋洲。我国产云南；生物习性与花蔺相似，喜生于沼泽地带，半水生或沼生。

7.4 香蒲科(Typhaceae)

香蒲科仅香蒲属 1 属，约 15 种，分布于温带和热带，中国约有 10 种，大部分产于北方沼泽地。多年生沼生草本，有伸长的根状茎，上部出水。叶直立，长线形，常基出，花单性，成狭长的肉穗花序，雄花集生上方，雌花集生下方。果实为小坚果。

7.4.1 香蒲(*Typha orientalis* Presl)

英文名：Cat tail；别名：蒲草、蒲菜。

【形态特征】 因其穗状花序呈蜡烛状，故又称水烛。多年生落叶、宿根性挺水型草本，根状茎乳白色。叶片条形，长 40~70 cm，宽 0.4~0.9 cm，翠绿色。雌雄花序紧密连接，肉穗花序呈蜡烛状，黄褐色。小坚果椭圆形至长椭圆形；果皮具长形褐色斑点，种子褐色；花果期 5~8 月[图 7-25(a)]。

【生态学特性】 美洲、亚洲，全国各地广泛分布。生于湖泊、池塘、沟渠、沼泽及河流缓流带。喜温暖、光照充足的环境。对土壤要求不严，以含丰富有机质的塘泥最好，较耐寒。生于池塘、河滩、渠旁、潮湿多水处，成丛、成片生长。

【栽培管理】 可用播种和分株繁殖，多用分株繁殖。分株可在初春把老株挖起，用快刀切成若干丛，每丛带若干个小芽作为繁殖材料。盆栽或露地种植，一般 3~5 年要重新种植，防止根系老化。

【观赏部位及利用价值】 香蒲叶绿、穗奇，常用于点缀园林水池、湖畔，构筑水景[图 7-25(b)]。宜做花境、水景背景材料。也可盆栽布置庭院。蒲棒常用于切花材料。花药药用，称"蒲黄"，用于行瘀利尿，炒炭可收敛止血，用来治疗肾结石，痛经，子宫异常出血，脓肿和淋巴系统癌症；雌花称"蒲绒"，作填充用。

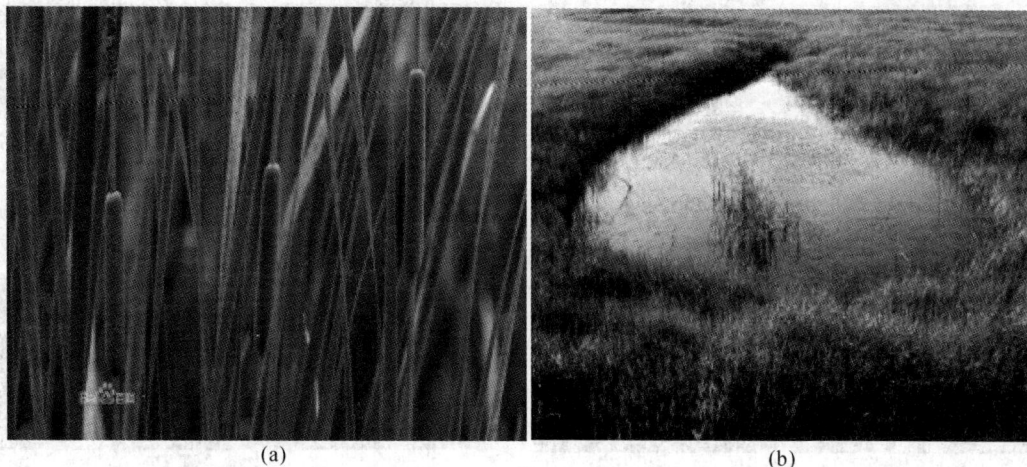

图 7-25　香　蒲

（a）香蒲成熟开花　（b）香蒲群植水景

7.4.2　宽叶香蒲（*Typha latifolia*）

【形态特征】　多年生水生或沼生草本，根状茎乳黄色，地上茎粗壮，高 1～2.5 m。叶条形，叶片长 45～95 cm，宽 0.5～1.5 cm。雌雄花序紧密相接，肉穗花序呈蜡烛状；花期时雄花序比雌花序粗壮。小坚果披针形，褐色，果皮通常无斑点。种子褐色，椭圆形。花果期 5～8 月［图 7-26（a）］。本种外部形态与香蒲相似，但其白色丝状毛明显短于花柱，柱头呈披针形，不孕雌花子房柄较粗，不等长，植株粗壮，叶片较宽等，易于与香蒲区分。

【生态学特性】　产于黑龙江、吉林、辽宁、内蒙古、河北、河南、陕西、甘肃、新疆、浙江、四川、贵州、西藏等地区。生于湖泊、池塘、沟渠、河流的缓流浅水带，亦见于湿地和沼泽。日本、俄罗斯、巴基斯坦及亚洲其他地区、欧洲、美洲、大洋洲均有分布。对土壤要求不严，可以在水中生长，以富含有机质的塘泥生长最好。较耐寒，不能在遮阴下生长，栽植的地方应阳光充足，通风透光。地下根茎较发达，在遇到适宜的环境时入侵性生长迅速，很快会长满整个池塘，所以引种栽培时应加以控制。

【栽培管理】　播种繁殖时，将种子种在花盆里，花盆浸在 3 cm 深的水中。在幼苗生长时期，根据苗的大小，及时更换花盆并适当增加水的深度，等生长到夏天就可以从花盆里移出。宽叶香蒲在春季进行分株繁殖也非常容易，选择 10～30 cm 高、并生有不定根的子株直接移栽定植。宽叶香蒲生长容易，在池塘或在 15 cm 深的浅水沼泽中生长良好，因此栽植管理较粗放。在酸性、石灰性土壤中可以成功栽培，有机质丰富的土壤中生长更好。为了防治该植物的入侵性生长，可以在池塘里放置一定大小的无底容器，在这些容器中种植，以限制其根系的横向生长。

【观赏部位及利用价值】　宽叶香蒲叶片挺拔，花序粗壮，花色土黄，常作为水景花卉丛植于河岸、桥头［图 7-26（b）］。叶片肉质、栅栏组织发达，是国际上公认和常用的一种治理废水污染的植物，长期生长在高浓度重金属废水中可形成特殊结构以抵抗恶劣环境，并能自我调节某些生理活动，以适应污染毒害。经济价值较高，花粉即蒲黄可入药；叶片用于编织、造纸等；幼叶基部和根状茎先端可作蔬食；雌花序可作枕芯和坐垫的填充物。

图 7-26　宽叶香蒲及其景色

（a）宽叶香蒲开花　（b）宽叶香蒲景观

　　该植物园林应用中主要品种：花叶香蒲（*Typha latifolia* 'Variegata'），叶片有纵向乳白色条纹，在阴凉处性状表现最好。不像原种那样扩散生长，但耐寒性较差。

7.4.3　小香蒲（*Typha minima*）

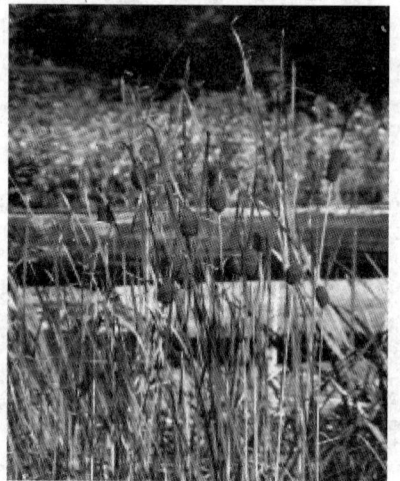

图 7-27　小香蒲

　　【形态特征】　多年生沼生或水生草本，根状茎姜黄色或黄褐色，先端乳白色。地上茎直立，细弱，矮小，高16～65 cm。叶具有大型膜质叶鞘，叶片细线形。穗状花序呈蜡烛状，雌雄花序不相连。小坚果椭圆形，纵裂，果皮膜质。种子黄褐色，椭圆形，花果期5～8月（图7-27）。

　　【生态学、生物学特性】　分布于我国东北、华北、西北各地区，在国外欧亚大陆皆有分布。为暖温性中湿生植物，多生于河漫滩与阶地的浅水沼泽、沼泽化草甸及排盐渠沟边的低湿地里。土壤多为壤质、砂壤质沼泽土、沼泽化草甸土及低湿的盐化草甸土，但在轻度盐碱化的沼泽土壤中生长较好。抗旱能力差，在较干燥的土壤上一般不能生长。多在低湿地生长，形成面积较小的群落。以根茎繁殖为主，种子繁殖力较弱。

　　【栽培管理】　小香蒲可丛植，也可盆栽；多采用分枝繁殖，春季进行，易成活，每段根茎取10 cm长，带2～3芽即可。适应性强，管理粗放，一般在4月初返青，5月中旬至5月底雌花可形成小的圆柱状花序，雄花在6月初形成，雌雄花序开放时间大致在6月底左右，7月中旬开始结果，8月初果实成熟，8月底开始枯黄。植株枯黄后，经过一段时间的日晒，长有长绒毛的果实干燥后，在圆柱状花序上变得轻软疏松，碰触便可脱离母体随风飘散，四处飞舞，扩大其分布范围。生长期应保持5～10 cm深的清水。

　　【观赏部位及利用价值】　在香蒲大家族中，小香蒲秀气玲珑，花序小巧可爱，株丛纤秀，叶片和花序均具观赏价值。适于小型水面及池中点缀，亦适宜于沼生园布置。可用于构筑水景或作花境、背景材料等。与香蒲科其他植物相同，茎、叶、花和花粉都具有广泛利用价值。

7.4.4　长苞香蒲(*Typha angustata*)

长苞香蒲又被称为长苞水蜡烛，是因为它的花序像支蜡烛一样，黄色的花冠随着花朵盛放会转为红色。

图 7-28　长苞香蒲
(a) 长苞香蒲花序　(b) 长苞香蒲水景

【形态特征】　多年生水生或沼生草本，根状茎粗壮，乳黄色，先端白色。地上茎直立，高 0.7～2.5 m，粗壮。叶片搓揉之后会产生一种香气；上部扁平，中部以下背面逐渐隆起，下部横切面呈半圆形，细胞间隙大，海绵状。花小，单性，雌雄同株，集合成圆柱状肥厚的穗状花序；雌、雄花序离生，雄花序在上部，雌花序在下部；叶状苞片比叶宽，花后脱落。小坚果纺锤形，纵裂，果皮具褐色斑点。种子黄褐色。花果期 6～8 月[图 7-28(a)]。

【生态学特性】　产于黑龙江、吉林、辽宁、内蒙古、河北、河南、山东、山西、陕西、甘肃、新疆、江苏、江西、贵州、云南等地区；生于湖泊、河流、池塘浅水处，沼泽、沟渠亦常见。印度、日本、俄罗斯及亚洲其他地区亦有分布。多年生挺水植物，喜温暖，耐寒，喜阳光充足，不耐阴，适应性强。

【栽培管理】　生性强健，管理粗放，生长期应保持 5～10 cm 深的清水。繁殖方法同小香蒲。

【观赏部位及利用价值】　长苞香蒲具有美丽的竖线条，最适水边种植，叶丛挺秀，色泽光洁淡雅，水体中成片种植或在角隅处点缀，颇有野趣或自然风光，也可盆栽观赏[图 7-28(b)]。与香蒲科其他植物相同，茎、叶、花和花粉都具有广泛利用价值。

7.5 天南星科(Araceae)

本科 115 属 2 000 余种。我国有 35 属 205 种,其中有 4 属 20 种系引种栽培。草本植物,具块茎或伸长的根茎;叶单一或少数时,通常基生,如茎生则为互生,二列或螺旋状排列,叶柄基部或一部分鞘状;叶片全缘时多为箭形、戟形,或掌状、鸟足状、羽状或放射状分裂。在本文介绍最常见的一属。

石菖蒲属(*Acorus*)

(1)欧根石菖蒲(*Acorus gramineus* 'Ogon')

又名金叶菖蒲。

【形态特征】 暖季型草本,株高 20~30 cm,叶直立丛生纤细,金黄色。

(a)
(b)

图 7-29 欧根石菖蒲群植景观

【生态学特性】 主要分布于华东、华中、华南、华北及东北地区。喜光,耐寒,耐旱,耐水湿,耐瘠薄,耐盐碱,湿旱地均可生长,抗病虫害能力强。

【栽培管理】 不择土壤,管理粗放,养护成本低,成景速度快。不需浇水、施肥可正常生长。

【观赏部位及利用价值】 常规绿化、花境、水景、盆栽(图 7-29)。

(2)金线石菖蒲(*Acorus gramineus* var. *pusillus*)

【形态特征】 多年生草本植物,具地下匍匐茎。叶线形,禾草状,叶缘及叶心有金黄色线条,株高 30~50 cm。肉穗花序圆柱状,花白色。花期 2~4 月,果熟期 3~7 月。

【生态学特性】 原产于我国黄河流域,喜温暖、湿润、半阴环境,适生温度为 18~25℃,适于在肥沃河泥土中生长。

【栽培管理】　以分株繁殖为主，亦能播种育苗。

【观赏部位及利用价值】　金线石菖蒲是美丽的观赏草，可作为林下地被或在湿地栽植，亦可盆栽观赏。此外，金线石菖蒲栽植在水池中，能吸收有害气体，净化水质（图 7-30）。

(a)　　　　　　　　　　　　　　　　　(b)

图 7-30　金线石菖蒲

7.6　百合科（Liliaceae）

7.6.1　山麦冬属（*Liriope*）

阔叶山麦冬（*Liriope muscari* 'Pee Dee Ingot'）

阔叶山麦冬别名短葶、山麦冬、宽叶土麦冬、阔叶麦冬和阔叶土麦冬等。百合科山麦冬属，分布于我国广东、广西、福建、江西、安徽、浙江、江苏、山东、河南、湖南、湖北、四川、贵州等地区，日本也有分布。生于海拔 100～1 400 m 的山地林下或潮湿处。

【形态特征】　阔叶山麦冬为多年生草本，根细长，分枝多，有时局部膨大呈纺锤形、椭圆形的肉质小块根。根状茎短，木质，茎短。叶基生，密集成丛，禾叶状，叶片革质。横花葶通常长于叶；总状花序轴长 12～40 cm，多花，花 3～8 朵簇生于苞片腋内；苞片近刚毛状；花被片 6，矩圆状披针形或近矩圆形，紫色或红紫色。种子球形，初期绿色，熟时黑紫色。花期 7～8 月，果期 9～10 月（图 7-31）。

图 7-31　阔叶山麦冬

【生态学特性】　原生于热带、亚热带山地、山谷林下，阴性植物，耐阴性强，喜温暖湿热气候，较耐寒，喜腐殖质丰富、潮湿、排水良好的土壤，忌水涝。适应各种腐殖质丰富的土壤，以砂质壤土最好。

【栽培管理】　山麦冬对土质要求不高，但从经济效益出发要选择疏松肥沃、排水良好、土层深厚的砂质壤土，过砂、过黏以及低洼积水地均不宜种植。栽前深耕细整地，做到深、松、净、平，耕层上虚下实，四周开排水沟。种子采下后10月播种，翌春出苗；春播约50d出苗，播种苗培育一年即可。分株繁殖于4月上旬将老株掘起，剪去上部叶片，保留下部5~7 cm长，以2~3株丛植于一穴，深6~8 cm，株距20~30 cm，2年后即可将地面全部覆盖；每隔4~5年植株拥挤时再分株。管理粗放，以选择阴湿环境为要领。4~6月和8~9月生长旺盛时需施用腐熟饼肥水和少量磷、钾肥。

【观赏部位及利用价值】　阔叶山麦冬叶色浓绿，叶片密集披散，常作地被成片栽植于疏林下、林缘、建筑物背阴处或其他隐蔽裸地，适用于城市绿化中乔、灌、草的多层栽植结构。具有补肺养阴，养胃生津之效。

7.6.2　沿阶草属(*Ophiopogon*)

7.6.2.1　麦冬(*Ophiopogon japonicus*)

麦冬别名沿阶草、麦门冬、墩草、长命草、寸冬、地麦冬、筧麦冬、韭菜草、韭叶麦冬、抗麦冬、马粪草、麦冬、沿阶草、猫眼睛、山韭菜、书带草、细叶麦冬、细叶沿阶草、小麦冬、小麦门冬、绣墩草、浙麦冬等，为百合科沿阶草属多年生常绿草本植物。须根较粗壮，根的顶端或中部常膨大成为纺锤状肉质小块。分布于江西、安徽、浙江、福建、四川、贵州、云南、广西等地区。商品大多为栽培品种，浙江产的为杭麦冬，四川产的为川麦冬。

【形态特征】　多年生草本，根较粗，中间或近末端常膨大成椭圆形或纺锤形的小块根；地下走茎细长。茎很短，高12~40 cm，叶基生成丛，禾叶状，长10~50 cm，边缘具细锯齿。花葶长6~15 cm，通常比叶短，总状花序长2~5cm，具几朵至十几朵花；花单生或成对着生于苞片腋内，苞片披针形，花被片常稍下垂而不展开，披针形，白色或淡紫色。种子球形。花期5~8月，果期8~9月(图7-32)。

图7-32　麦　冬

【生态学特性】　生于海拔2 000 m以下的山坡阴湿处，林下或溪旁或栽培。抗性强，既可生长在阳光下，也可在阴处生长，在阴湿处生长叶面有光泽。喜肥沃排水良好的土壤，能耐瘠薄的土壤。喜温暖和湿润气候，四川、浙江两地麦冬主产区年平均气温都在16~17℃之间，年降水量在1 000 mm以上。稍耐寒，冬季-10℃的低温植株不会受冻害，但生长发育受到抑制，影响块根生长，在常年气温较低的山区或华北地区，虽亦能生长良好，但块根较小而少。干旱和涝洼积水对生长发育都有显著的不良影响。

【栽培管理】　用整地时，将土地耕翻23~26 cm以上，通常要求犁3遍，耕4遍，使土壤疏松细碎，以利根系生长。然后整平地面，作畦130～160 cm宽，沟宽33 cm左右。整地时施基肥，每公顷施用粪37 500～45 000 kg，可加快生长，尽早覆盖地面。繁殖方法用分株繁殖，每一母株可分种苗3～6株，栽植时期在3月下旬～6月初栽植。栽后半月就应除草一次，5～10月杂草容易滋生，每月需除草1～2次，入冬以后，杂草少，可减少除草次数。麦冬的生长期较长，需肥较多，除施足基肥外，还应根据麦冬的生长情况，及时追肥。一般追肥3次以上，第一次在7月中旬，每公顷施猪粪尿30 000～37 500 kg，腐熟饼肥750～1 500 kg。第二次在8月上旬，每公顷施猪粪尿37 500～45 000 kg，腐熟饼肥750～1 500 kg，草木灰1 500～2 250 kg。第三次在11月初，每公顷施猪粪尿30 000～37 500 kg，腐熟饼肥750 kg。追肥时氮肥不宜过多，以免引起地上部分徒长。麦冬宜稍湿润的土壤环境，需水分较多，除栽植后应及时灌水，促进幼苗迅速发出新枝外，5月上旬，天气旱热，土壤水分蒸发快，亦应及时灌水，如遇冬春干旱，则应在2月上旬前灌水1～2次，以促进根块生长。

【观赏部位及利用价值】　麦冬类植物四季常绿，生态适应性广，阴处阳地均能生长良好，繁殖容易，是理想的观叶地面覆盖植物。常栽培于庭院、花坛和小径的周边供观赏。麦冬块根亦可入药，可养阴生津，润肺清心。

7.6.2.2　沿阶草(*Ophiopogon bodinieri*)

沿阶草别名白花麦冬、草麦冬、寸冬、麦冬、麦门冬、土麦冬、野麦冬、扎朱，为百合科沿阶草属植物，分布于亚洲东部和南部的亚热带和热带地区，为东亚分布类型，我国分布于华南、西南各省区，除东北外，大部分地区都有分布，主要分布于江西、安徽、浙江、福建、四川、贵州、云南、广西等地区。

【形态特征】　多年生草本地被植物，根纤细，在近末端或中部常膨大成为纺锤形肉质小块根。茎短，包于叶基中。叶丛生于基部，禾叶状，下垂，常绿，长10～30 cm。花葶较叶鞘短或更长，长6～30 cm总状花序，花期5～8月，花白色或淡紫色，具20～50多花，常2～4朵簇生于苞片腋内，花被片6，分离，两轮排列。种子球形，成熟时浆果蓝黑色，果期8～10月。

【生态学、生物学特性】　沿阶草既能在强阳光照射下生长，又能忍受荫蔽环境，属耐阴植物。在建筑物背阴处或竹丛、高大乔木的阴影下、终年不见直射阳光的地方能茂盛生长，且叶面比直射光下翠绿而有光泽。沿阶草抵抗外界因素干扰的能力较强，茎的生长点很低，处于地表或地下，只有叶部挺立地上形成地被，故修剪、践踏等人为因素对植株的生长发育影响较小，每年修剪6～10次也能照常生长。沿阶草具有地下块根，主要靠块根繁衍扩展，地上部生长郁闭快，有较好的保水固土性能。其出叶和分蘖速度都较快，同时叶片生长速度较慢，符合快速形成迷人的矮型观赏草的要求。沿阶草属于耐旱喜肥植物，除了移栽初期需要适当的水分外，几乎不用浇水也可正常生长。沿阶草具有较强的耐寒和耐热性，能耐受 -9℃的低温和46℃的高温，即使寒冬季节也能保持常绿。沿阶草的生育期长达350 d，其生育期长的主要原因与沿阶草耐寒和耐热性比较强有关。

【栽培管理】　常用播种和分株繁殖。春季播种，行距15～20 cm，每穴下种3～5粒，覆土2 cm厚。第3年可移栽。也可秋季种子成熟时采种，把浆汁洗净，随即播种，播深2～3 cm，播后20～30 d发芽。分株多在春季，起出株丛，分株时，挖出老株丛，将老叶剪去2/3，苗存5～7 d，抖掉泥土，剪开地下茎，分成每丛3～5小株。

沿阶草无论盆栽或地栽均较简单，无需精细管理。但要求通风良好的半阴环境，经常保持土壤湿润。因其生长迅速，除栽植时施足基肥外，生长期还应追肥，最好是每月追一次液体肥。注意清除杂草。抗性强，不易发生病虫害。庭院地多单行植于小径两侧，株距30~40 cm，栽时施入基肥，栽后浇透水，平时注意清除杂草，保持土壤湿润。盆栽可用腐叶土上盆，蔽荫养护，6月施肥两次，其他季节不必施肥，盆土保持湿润。每两年换盆1次，换盆时适当修去1/3的外围老根，并进行分株。地栽冬季可露地越冬，盆栽最好入室，在1~5℃的室内即可越冬。

【观赏部位及利用价值】 沿阶草植株矮小，叶呈禾草状密丛，倒拖于地，比一般的禾本科观赏草叶片窄，质地好，弹性佳。叶片色泽浓绿，光泽好，可产生良好的视觉效果。总状花序，花小，白色或淡紫色，7~9月结出深绿色、半透明球状浆果，十分美观。沿阶草常用作观赏草坪或林缘镶边，特别是在风景林下，往往游人不断，要求有一定程度的植被覆盖，使游人有赏心悦目的感觉。沿阶草膨大的呈纺锤形的肉质块根有滋补、强身、止咳、化痰、清火、利尿、助消化等功用，在中药中也称为麦冬。

7.7 木贼科（Equisetaceae）

7.7.1 问荆（*Equisetum arvense*）

问荆别名接骨草、节节草、笔头菜、马草，蕨类植物门，楔叶蕨亚门，木贼科多年生草本，我国分布在黑龙江、吉林、辽宁、内蒙古、北京、天津、河北、山西、陕西、宁夏、甘肃、青海、新疆、山东、江苏、上海、安徽、浙江、江西、福建、河南、湖北、四川、重庆、贵州、云南、西藏等地区。日本、朝鲜半岛、喜马拉雅地区、俄罗斯、欧洲、北美洲也有分布。问荆具有很好的生态价值、药用价值和观赏价值。

【形态特征】 多年生草本，中小型植物，高15~60 cm。根茎斜升，直立和横走，黑棕色。地上枝当年枯萎，枝二型，能育枝春季先萌发，高5~35 cm，节间长2~6 cm，黄棕色，无轮茎分枝，脊不明显，有密纵沟；鞘筒栗棕色或淡黄色，鞘齿9~12枚，栗棕色，狭三角形，鞘背仅上部有一浅纵沟，孢子散后能育枝枯萎。不育枝后萌发，高达40 cm，主枝节间长2~3 cm，绿色，轮生分枝多，主枝中部以下有分枝。脊的背部弧形，无棱，有横纹，无小瘤；鞘筒狭长，绿色，鞘齿三角形，5~6枚，中间黑棕色，边缘膜质，淡棕色，宿存。侧枝柔软纤细，扁平状，有3~4条狭而高的脊，脊的背部有横纹；鞘齿披针形，绿色，边缘膜质，宿存。孢子囊穗圆柱形，长1.8~4.0 cm，顶端钝（图7-33）。

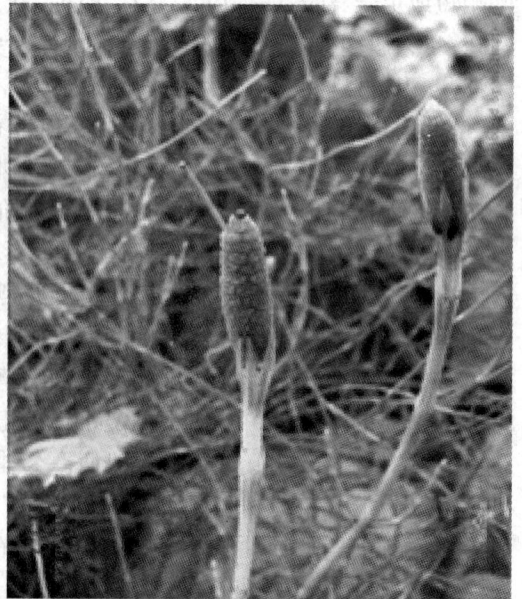

图7-33 问 荆

【生态学、生物学特性】 分布范围较广，对土壤条件要求很低，生长能力强，适宜生长在海拔 0 ~ 3 700 m。喜湿润而光线充足的环境，也较耐阴，白天生长适温为 18 ~ 24℃，夜间 7 ~ 13℃，要求中性土壤，在微酸性条件下生长良好，碱性土壤不利于生长。耐瘠薄，如潮湿的草地、沟渠旁、砂土地、耕地、山坡及草甸等处。在北温带、北寒带及所属一般平均年降水量为 100 ~ 2 000 mm，年无霜期在 220 ~ 240 d 范围内，均可正常生长，以单一群落在河岸上生长，也可与其他杂草和灌木等植被伴生。

问荆的地上茎分繁殖茎和营养茎，出土时间会因温度、湿度、经纬度的不同而不同。在加拿大境内，春枝出土时间一般在 5 月初。大约一个月的时间孢子形成并且分散，春枝即枯萎。在 6 月，夏枝出土。大约在 7 月初至 7 月中旬，有 95% 以上的夏枝出土。

【栽培管理】　问荆可以凭借春枝的孢子繁殖，也可以通过地下多年生的根茎和球茎繁殖。孢子萌发和受精要求条件苛刻，自然条件难以满足，而地下茎为多年生，富含淀粉，繁殖能力强，因此以地下茎进行无性繁殖是问荆延续种族、广泛传播的有效途径。孢子繁殖从孢子囊穗上采下成熟的孢子囊，将孢子叶平铺在土壤的表面，孢子向下，稍加压紧，温度 18 ~ 25℃，湿度 90%，应及时补给清洁水，约 1 ~ 2 月内孢子发芽生长出新的植株。根茎繁殖在早春或秋季将根茎分成 6 cm 长小段，栽于土壤中，覆土 5 ~ 6cm，浇水易成活，利用根茎进行繁殖时要控制好灌水量和灌水时间。在生长期内，要及时除草，施追肥 1 ~ 2 次，使植株生长旺盛，提高观赏效果。

【观赏部位及利用价值】　问荆作为观赏植物，由于其特定的形态特征，使其成为园林中的又一景观。它可以露地栽植，可配于山坡、水溪边，也可盆栽观赏。

7.7.2　木贼（*Equisetum hiemale*）

木贼别名锉草、节骨草、笔头菜、笔筒草，是蕨类植物门、楔叶蕨亚门，木贼科多年生草本，产我国黑龙江、吉林、辽宁、内蒙古、北京、天津、河北、陕西、甘肃、新疆、河南、湖北、四川、重庆等地区，朝鲜半岛、俄罗斯、欧洲、北美洲及中美洲也有分布，具有很好的观赏价值和药用价值，在公园、庭院、园林中作为水生植物，也可以用于盆栽，可栽植在溪边、河岸湿地起到净化水源和空气的效果。木贼可孤植，也可以和其他植物配植。

【形态特征】　多年生草本，大型植物，高 50 ~ 100 cm，根茎横走或直立，黑棕色。地上枝多年生，枝高达 1 m，节间长 5 ~ 8 cm，绿色，不分枝或基部有少数直立的侧枝。地上枝有脊 16 ~ 22 条，脊的背部为弧形或近方形，有小瘤 2 行；鞘筒 0.7 ~ 1.0 cm，黑棕色或顶部及基部各有一圈或仅顶部有一圈黑棕色；鞘齿 16 ~ 22 枚，披针形。顶端淡棕色，膜质，芒状，早落，下部黑棕色，薄革质，基部的背面有 4 纵棱，宿存或同鞘筒一起早落。孢子囊穗卵状，顶端有小尖突，无柄（图 7-34）。

【生态学特性】　适应性强，生态幅度广，适宜海拔 100 ~ 3 000 m 处生长，

图 7-34　木　贼

喜湿润而光线充足的环境、耐寒。适宜生长的温度与问荆相似，耐受 -40℃的低温，常生于山坡潮湿地或疏林下，盆栽冬季可移入不低于0℃的室内越冬。对土壤要求低，适宜生长在中性和微酸性土壤中，耐瘠薄，对水分条件要求不严格。

【栽培管理】　孢子繁殖采下孢子后立即播于土壤表面，稍覆土保持湿度。分茎繁殖将根茎切成3~6 cm长的节段，栽于土壤中，覆土4~5 cm，常浇水，很易生根成活。根据景观的整体要求栽植在沼泽地，光照好，水质纯净的场地，生长期内，要及时除草，施追肥1~2次，使植株生长旺盛，提高观赏效果。若作为盆栽，可放置在阳光充足之地，进行正常的管理即可。

【观赏部位及利用价值】　主要的观赏部位是叶退化后形成的像毛笔头一样的孢子囊穗。木贼具有很好的药用价值，随着园林在我国的迅速发展，这些具有药用价值的野生植物逐渐被用于园林绿化中作为观赏草，用于庭院、公园、别墅，常作为传统水生园常用植物如百合和莲花的完美配置植物。不仅提高了视觉效果，而且还改善了小环境、提高了空气质量；也可以盆栽用于室内绿化。

思考题

1. 结合本章观赏草，从观赏部位：叶（叶色、叶序、株型等）、茎、花、果等分别列举出5种以上观赏草。

2. 水生或水滨观赏草的主要生物学、生态学特性有哪些，其利用形式主要有哪几种？请简单总结本章内容，并举例。

3. 请分别列举出应用于不同季节的禾本科观赏草。

4. 请列举出可作切花的观赏草。

5. 适合室内盆栽的观赏草应具备哪些特性，并举例；室外观赏草的应用形式主要有哪几类，其依据是什么，并举例。

6. 请综合考虑观赏草的生物学、生态学特性、观赏部位、利用价值以及不同季节的观赏性等，为你所在地区的公园设计一个充满野趣的观赏草园。

参考文献

Harrington T J, Mitchell D T. 2002. Colonization of root systems of Carex flacca and C. pilulifera by Cortinarius (Dermocybe) cinnamomeus[J]. Mycological Research, 106(4): 452 – 459.

Speichert G, Speichert. S. 2004. Encyclopedia of Water Garden Plants[M]. Portland: Timber Press.

Rick Darke. 2007. The Encyclopedia of Grasses for Livable Landscapes[M]. Portland: Timber Press.

陈佐忠，周禾. 2006. 草坪与地被科学进展[M]. 北京：中国林业出版社.

丁久玲，俞禄生，沈益新，等. 2006. 沿阶草的绿化应用及研究进展[J]. 草原与草坪，02：16 – 19.

高鹤，刘建秀. 2005. 南京地区观赏草的种类、观赏价值及其造景配置[J]. 草原与草坪，03：14 – 17.

高鹤，刘建秀，郭爱桂. 2008. 南京地区观赏草的适应性和利用价值初步评价[J]. 草业科学，08：135 – 142.

胡静. 2008. 陕西省观赏学资源及观赏草在园林设计中的应用初探[D]. 西北农林科技大学图书馆.

胡松华. 1988. 室内装饰植物[M]. 福州：福建科学技术出版社.

黄书屏，王定忠，唐永洁，等. 2003. 应用麦冬、吉祥草在风景林下建植草坪的试验初报[J]. 贵州林业科技，03：18 – 19.

兰茜J·奥德诺著，刘建秀译. 2004. 观赏草及其景观配置[M]. 北京：中国林业出版社.

李国平. 2009. 山麦冬的栽培技术[J]. 福建热作科技，01：38 – 39.

李敬安，张兴国，张琨，等.2008. 生态环境对麦冬种质资源影响的研究[J]. 安徽农业科学，19：191－192.

梁胜.1999. 沿阶草——耐阴草坪的选择[J]. 广东园林，02：46－47.

刘亨平，李锦卫.1998. 国产沿阶草属植物的地理分布与区系[J]. 湖南林业科技，01：26－30.

刘建秀，周久亚，郭海林，等.2001. 草坪·地被植物·观赏草[M]. 南京：东南大学出版社.

刘兴权.2006. 药用植物良种引种指导[M]. 北京：金盾出版社.

鲁涤非.1998. 花卉学[M]. 北京：中国农业出版社.

孙可群，董保华，龙雅宜，等.1981. 家庭养花[M]. 北京：水利出版社.

孙晓萍.2009. 观赏植物良种繁育技术[M]. 杭州：浙江人民出版社.

谭洪新，周琪，杨殿海.2009. 宽叶香蒲表面流人工湿地脱氮除磷效果研究[J]. 环境污染与防治，05：23－27.

万学锋，黄玉吉，陈菁瑛，等.2008. 山麦冬研究进展[J]. 亚热带农业研究，02：19－22.

王洋.2010. 观赏草在济南地区园林景观中应用的研究[D]. 山东建筑大学图书馆.

韦成虚，谢佩松，周卫东，等.2008. 麦冬、土麦冬和阔叶土麦冬叶表皮形态结构的观察[J]. 植物资源与环境学报，04：11－17.

吴昌宇，华振玲，李学东.2010. 花蔺无性繁殖特性的观察研究[J]. 首都师范大学学报（自然科学版），02：40－43.

吴德领.2007. 广州植物志[M]. 广州：广东科学技术出版社.

武菊英.2008. 观赏草及其在园林景观中的应用[M]. 北京：中国林业出版社.

武菊英，滕文军，王庆海，等. 2006. 多年生观赏草在北京地区的生长状况与观赏价值评价[J]. 园艺学报，05：212－215.

夏宜平.2008. 园林地被植物[M]. 杭州：浙江科学技术出版社.

薛麒麟，郭继红，郭建平.2007. 切花栽培技术[M]. 上海：上海科学技术出版社.

叶华谷，陈邦余.2005. 乐昌植物志[M]. 广州：广东世界图书出版公司.

叶志鸿，陈桂珠，蓝崇钰，等.1992. 宽叶香蒲净化塘系统净化铅/锌矿废水效应的研究[J]. 应用生态学报，02：94－98.

约翰·雷纳，陈进勇. 2008. 澳大利亚园林中的观赏草[J]. 中国园林，12：19－23.

张宏军，赵长山，江树人，等.2002. 多年生杂草问荆生物学特性的研究进展[J]. 杂草科学，02：8－11，14.

张进友.2003. 优良的草坪地被植物沿阶草[J]. 草业科学，02：71－72.

中国科学院植物研究所. 1985. 中国高等植物图鉴[M]. 北京：科学出版社.

中国科学院中国植物志编辑委员会. 1987. 中国植物志·第九卷，第三分册[M]. 北京：科学出版社.

中国科学院中国植物志编辑委员会. 1990. 中国植物志·第十卷，第一分册[M]. 北京：科学出版社.

中国科学院中国植物志编辑委员会. 1997. 中国植物志·第十卷，第二分册[M]. 北京：科学出版社.

中国科学院中国植物志编辑委员会. 2002. 中国植物志·第九卷，第二分册[M]. 北京：科学出版社.

中国科学院中国植物志编辑委员会.2004. 中国植物志·第八卷[M]. 北京：科学出版社.

中国植物志编委会.2004. 中国植物志[M]. 北京：科学出版社.

祝正银.1994. 四川沿阶草属新植物[J]. 广西植物，03：205－208.